高等学校"十三五"规划教材

YUANZIHE WULI DAOLUN

原子核物理导论

主　　编　过惠平
副主编　吕　宁
编　　者　过惠平　吕　宁　尚爱国
　　　　　吕汶辉　赵　括　许　鹏
　　　　　田晨扬

U0202369

西北工业大学出版社

【内容简介】 本书全面、系统地讲述量子力学基础、核的基本性质、核衰变、核反应、中子物理、裂变和聚变等原子核物理学基本内容,介绍有关核物理的应用,以及反映核物理一些前沿领域中的进展。

本书适合作为大学本科原子核物理课程教材,也可供高等院校有关专业研究生、教师以及其他科技工作者阅读和参考。

图书在版编目(CIP)数据

原子核物理导论/过惠平主编. —西安:西北工业大学出版社,2017.1
ISBN 978-7-5612-5212-3

Ⅰ.①原… Ⅱ.①过… Ⅲ.①核物理学 Ⅳ.①O571

中国版本图书馆 CIP 数据核字(2017)第 017230 号

策划编辑:杨　军
责任编辑:张珊珊

出版发行:西北工业大学出版社
通信地址:西安市友谊西路 127 号　　　　邮编:710072
电　　话:(029)88493844　88491757
网　　址:www.nwpup.com
印　刷　者:陕西天意印务有限公司
开　　本:787 mm×1 092 mm　　　　1/16
印　　张:14
字　　数:335 千字
版　　次:2017 年 1 月第 1 版　　　2017 年 1 月第 1 次印刷
定　　价:38.00 元

前　　言

　　本书是笔者在王炎森、史福庭编著的《原子核物理学》和杨福家、王炎森编著的《原子核物理》等教材的基础上,结合长期从事核物理教学和科研的经验及体会,经过进一步修改、补充编写而成的。在此对王炎森、杨福家和史福庭老师表示衷心感谢,他们的经典著作是本书主体框架和基本内容的坚实基础。

　　本书主要讲述低能核物理基础,并注重联系实际,适当介绍有关应用以及当代核物理发展的一些前沿领域。主要内容包括,第一章量子力学基础;第二章原子核的基本性质及结构;第三章放射性衰变规律及其应用;第四章 α 衰变;第五章 β 衰变;第六章 γ 跃迁;第七章原子核反应;第八章中子物理;第九章原子核的裂变和聚变。

　　在编写本书的过程中,笔者比较关注以下几方面:一,讲清理论概念,重视知识应用,适当介绍核物理当前发展的一些前沿领域,简要介绍有关科学史;二,注重实验事实和物理概念以及基本理论的阐述,具有适当的理论深度,针对部分高校本科生学时较短的实际情况,本书避免繁琐的数学推导,使读者易学易懂;三,大部分章节末尾都附有习题,主要是一些基本运算和练习,可以帮助读者深入理解书中知识内容。

　　本书适合作为大学本科原子核物理课程的教材。全书计划学时为 40 学时,建议各部分内容的学时安排:量子力学基础 6 学时、原子核性质 4 学时、原子核衰变 16 学时、原子核反应 6 学时、中子物理 4 学时、裂变和聚变 4 学时,教师可根据教学情况和总学时数做相应调整。本书可作为高等院校核物理专业及其他有关专业大学生和研究生的教材,也可供从事核物理研究和核技术应用的教师和科技工作者参考。

　　本书第一、三、四、六章由过惠平编写,第二、五章由吕宁编写,第七章由尚爱国编写,第八章由吕汶辉、赵括编写,第九由许鹏、田晨扬编写。书中对量子力学基础、原子核基本性质、原子核衰变、原子核反应作了比较系统的叙述;也对中子物理、裂变和聚变作了介绍。各部分相互联系、紧密结合,构成一个完整的体系。

　　第一章"量子力学基础"从说明经典物理学的困难开始,介绍了量子力学产生的历史,然后对比经典力学对质点的描述,阐述了波函数的统计解释,对比经典波的态叠加原理,论述了态叠加原理的一般表达式,继而建立了多粒子体系的薛定谔方程,最后对量子力学中的力学量及算符表示进行了简介。

第二章"原子核的基本性质及结构"所谈到的原子核性质是它的组成、半径、质量、结合能、自旋、磁矩、电四级矩、宇称和统计性质等。原子核的结构主要用各种结构模型来描述,包括液滴模型和单粒子壳模型。原子核性质和原子核结构及其变化有密切关系。为了深入了解原子核结构的微观本质,本章还介绍了核子间的相互作用——核力。

原子核物理学离不开放射性和射线的研究。射线是放射性原子核和原子核反应所发射的极其灵敏的信号,它也是探索原子核深处的最可靠的线索。第三章"放射性衰变规律及其应用"、第四章"α衰变"、第五章"β衰变"、第六章"γ跃迁"等4章内容,实际上构成了本书的主体。在这几章中有原子核物理学中比较基本的知识,比如放射性衰变的一般规律和放射性平衡等;也有比较重要的发现,例如在弱相互作用中宇称不守恒的现象。

第七章"原子核反应"也是原子核物理学中的重要课题之一,因为加速器和射线的测量与分析等研究,都是与原子核反应有关的一些工作。在第七章,除了介绍一些原子核反应的基本概念外,还讨论了原子核反应机制与模型理论问题。

第八章和第九章分别是关于"中子物理"和"原子核裂变与聚变"这两个方面的讨论,它们包括的内容都相当广阔。中子物理学涉及各个方面的应用,有极其丰富的内容。原子核裂变与聚变是当今正处在发展高峰的研究领域,尤其随着人类对清洁能源的需求日益迫切,如何生产更加干净的核能成为各国科学家高度关注的研究项目。本书对这些内容进行了初步的介绍,感兴趣的读者可以查阅更多相关文献。

本书由火箭军工程大学组织编写,从审稿、校阅、编排到出版的过程中始终得到火箭军工程大学训练部、教保处和各级机关的大力支持、鼓励和帮助,在编写本书的过程中还参阅了相关资料,在此笔者一并表示衷心的感谢。

本书虽然经过再三审阅,但限于笔者的水平,错误之处在所难免,希望读者能随时指出,以便再版时更正。

编 者

2016 年 10 月于火箭军工程大学

目　　录

第一章 量子力学基础

第一节 经典物理学的困难及量子力学的产生

19 世纪末,面对经典物理学的辉煌成就,大多数物理学家相信,对自然界的最终描述已经完成,理论上不会再有什么新的发现,剩下来的任务只是如何运用现有的理论把结果算得更精确些。

可是,就在 19 世纪末、20 世纪初,当物理学的研究扩展到高速微观领域时,经典物理学却遇到了一系列困难。为了克服这些困难,在高速领域中建立了相对论,在微观领域则产生了量子力学。经典物理学在微观领域遇到的困难大体可以分为三个方面:

1)经典物理学关于能量连续变化的概念不能解释黑体辐射的能谱以及比热容对温度的依赖;

2)光的波动说不能解释像光电效应这类光与物质相互作用的问题;

3)经典物理学不能给出原子的稳定结构,也不能说明原子光谱的规律。

一、黑体辐射

热辐射同光辐射本质一样,都是电磁波对外来的辐射物体有反射和吸收的作用,如果一个物体能全部吸收投射到它上面的辐射而无反射,这种物体为绝对黑体(简称黑体),它是一种理想化模型。例如:一个用不透明材料制成的开小口的空腔,可以看作是黑体,其开口可以看成是黑体的表面,因为入射到小孔上的外来辐射,在腔内经多次反射后几乎被完全吸收,当腔壁单位面积在任意时间内所发射的辐射能量与它所吸收的辐射能相等时,空腔与辐射达到平衡。研究平衡时腔内辐射能流密度按波长的分布(或频率的分布)是 19 世纪末人们注意的基本问题。

1) 实验表明:当腔壁与空腔内部的辐射在某一绝对温度下达到平衡时,单位面积上发出的辐射能与吸收的辐射能相等,频率 ν 到 $\mathrm{d}\nu$ 之间的辐射能量密度 $\rho(\nu)\mathrm{d}\nu$ 只与温度 T 有关,与空腔的形状及本身的性质无关,即

$$\rho(\nu)\mathrm{d}\nu = F(\nu,T)\mathrm{d}\nu \tag{1.1.1}$$

其中 $F(\nu,T)\mathrm{d}\nu$ 表示对任何黑体都适用的某一普通函数。当时不能写出它的具体解析表达式,只能画出它的实验曲线(见图 1-1)。

2) 维恩(Wien)公式。

维恩在做了一些特殊的假设之后,曾用热力学的方法导出了下面的公式:

$$\rho(\nu)\mathrm{d}\nu = c_1\nu^3 \mathrm{e}^{\frac{-c_2\nu}{T}}\mathrm{d}\nu \tag{1.1.2}$$

其中 c_1，c_2 为常数。将维恩公式与实验结果比较，发现两者在高频（短波）区域虽然符合，但在低频区域都相差很大。

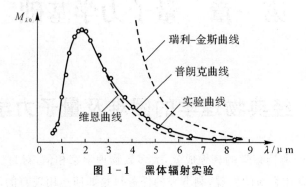

图 1-1 黑体辐射实验

3）瑞利-琼斯（Rglaigh-Jeans）公式。

瑞利-琼斯根据电动力学和统计物理也推出了黑体辐射公式：

$$\rho(\nu)\,d\nu = \frac{8\pi\nu^2}{c^3}kT\,d\nu \tag{1.1.3}$$

其中 k 是玻耳兹曼常数（$k=1.38\times10^{-23}$ J/K）。这个公式恰恰与维恩公式相反，在低频区与实验符合，在高频区不符，且发散。

这是因为

$$\mu = \int_0^\infty \rho(\nu)\,d\nu = \frac{8\pi kT}{c^3}\int_0^\infty \nu^2\,d\nu \to \infty \tag{1.1.4}$$

当时称这种情况为"紫外光灾难"。

由于经典理论在解释黑体辐射问题上的失败，人们便开始动摇了对经典物理学的迷信。

4）普朗克（Planck，1900）公式。

1900 年，普朗克在前人的基础上，进一步分析实验数据，得到了一个很好的经验公式：

$$\rho_v\,d\nu = \frac{8\pi h\nu^3}{c^3}\cdot\frac{1}{e^{\frac{h\nu}{kT}}-1}\,d\nu \tag{1.1.5}$$

式中 h 称为普朗克常数，$h=6.626\times10^{-34}$ J·s。

在推导时，普朗克做了如下假定：黑体是由带电的谐振子组成，对于频率为 ν 的谐振子，其能量只能是 $h\nu$ 的整数倍，即

$$E_n = nh\nu \tag{1.1.6}$$

当振子的状态变化时，只能以 $h\nu$ 为单位发射或吸收能量。能量 $h\nu$ 成为能量子，这就是普朗克能量子假设，它突破了经典物理关于能量连续性概念，开创了量子物理的新纪元。

二、光电效应

经典物理在解释光电效应时也遇到了困难。实验指出，在光电效应中，光电子的速度与光的强度无关，只依赖于光的频率。光的强度只决定光电子的多少。当光的频率低于某一确定值时，再强的光也不能产生光电子。这一情况不能用经典理论解释。按照经典理论，光是电磁波，其能量取决于光的强度，因此，光电子的速度理应由光的强度而不是光的频率决定。任何

频率的光,只要足够强,应该都能打出电子,然而事实却非如此。

为了解释光电效应的特殊规律,1905 年,爱因斯坦发展了普朗克的能量子假说,提出了光的量子理论。他认为光除了波动性外,同时还具有粒子性。光粒子被称为光子,实际上,它就是普朗克能量子的携带者。光的强度决定光子的多少,每个光子的能量为 $h\nu$,只与光的频率有关。当光照射到金属表面时,电子吸收一个光子 $h\nu$,克服金属的脱出功 W,然后飞离金属。根据能量守恒定律,光电子的速度应满足下列爱因斯坦方程:

$$\frac{1}{2}mv^2 = h\nu - W \tag{1.1.7}$$

光电子的数目则与入射光子数成正比,因此正比于光的强度,而每个光电子的速度则只与单个光子的能量有关,因而只取决于光的频率。当光子的能量 $h\nu < W$ 时,它将不能打出电子。这样便很好地解释了光电效应的规律。

爱因斯坦方程完全为实验所证实。以 ν 为横坐标,以光电子的动能为纵坐标,实验结果如图 1-2 所示。动能与 ν 基本上呈线性关系,测定直线的斜率即可由光电效应确定普朗克常量 h。光的量子理论得到了康普顿散射实验的进一步证实。科学家很早就发现 X 射线被物质散射时,波长有所增加,但当时对此并未重视。1922—1923 年,康普顿从光量子理论出发,正确地解释了这一现象,并和我国著名物理学家吴有训一起,以精确的实验证实了其理论的正确。康普顿认为,频率为 ν 的 X 射线,实际上是一群能量为 E 的光子:

$$E = h\nu = \hbar\omega \tag{1.1.8}$$

根据相对论,它同时具有动量

$$p = \frac{E}{c} = \frac{h\nu}{c} = \frac{h}{\lambda} \tag{1.1.9}$$

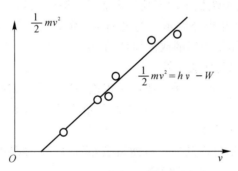

图 1-2　光电效应的爱因斯坦解释

与 X 射线相比,原子中电子的能量很小,可看作是自由的。散射被简单地看作是光子与自由电子的弹性碰撞。仅仅根据能量、动量守恒便能推出散射光波长的改变与散射角 θ 的关系:

$$\Delta\lambda = 2\Lambda\sin^2\frac{\theta}{2} \tag{1.1.10}$$

其中

$$\Lambda = \frac{h}{m_e c} \tag{1.1.11}$$

称为电子的康普顿波长,其值等于垂直方向(即 $\theta = \pi/2$ 时)的散射光波长的改变量。有时也称 λ 为康普顿波长:

$$\lambda = \frac{\Lambda}{2\pi} = \frac{\hbar}{m_e c} \tag{1.1.12}$$

其中 $\hbar = \dfrac{h}{2\pi}$。

实验完全证实了康普顿公式,从而说明了光量子理论的正确性。

三、原子结构方面的困难

除了与光有关的问题外,在原子结构方面,经典物理学也遇到了困难。首先,经典物理学不能说明原子的稳定结构。根据经典电动力学理论,任何做加速运动的带电粒子,都要向外辐射能量。电子绕核运动是加速运动,所以也一定要辐射能量。其结果是电子的能量将不断减少,最后不可避免地要落入原子核中。实际上,原子是稳定的,它是物质稳定性的基础。这说明,原子内部的运动并不服从经典物理学的规律。其次,经典物理学也不能解释原子光谱的规律。实验指出,原子被激发后能辐射发光,而且所发的光具有某些确定的频率。例如,氢光谱的巴耳末系,谱线的频率可由巴尔末公式表示:

$$\nu = Rc \left(\frac{1}{2^2} - \frac{1}{n^2} \right) \tag{1.1.13}$$

其中,$n = 3, 4, 5, \cdots$。

一般情况亦有里兹组合定则,其频率可表示为两谱项之差:

$$\nu = c(T_m - T_n), \quad n > m = 1, 2, \cdots$$

对氢原子,有

$$T_m = \frac{R}{m^2} \tag{1.1.14}$$

根据经典理论,如果电子绕核运动不断失去能量,那么,其运动是非周期的。将其分解为简谐运动的叠加,乃由傅里叶积分表示。与此对应,所发的光应具有连续的谱,这与实验不符。如果电子的运动可看作是周期的或准周期的,这时发光虽有线状光谱,但其频率除基频 ν 外,仅可有倍频 $2\nu, 3\nu, \cdots$,仍与实验不符。

为了克服以上困难,1913 年 N. 玻尔提出了理论解释。他从实验出发,假定:

1)电子在原子中运动,存在着一系列可能的稳定轨道,对应有一系列确定的能级,电子在这些轨道上运动时并不辐射能量。

2)电子由一个可能轨道过渡到另一可能轨道,是以跃迁的方式突然完成的。跃迁时,原子发出或吸收频率为 ν 的光,ν 由下式确定:

$$h\nu = E_n - E_m$$

由普朗克假设可知,上式实际上表达了跃迁过程的能量守恒,可以推出光谱项与能级之间的关系:

$$E_m = -hcT_m \tag{1.1.15}$$

该式第一次揭示了光谱项的物理意义。

最后,为了从理论上得出氢原子的能级,玻尔进一步提出了所谓量子化条件,以便从诸多可能的轨道中,选出所需要的轨道。玻尔理论仅由一些基本常量 e, m, h 便能算出氢原子各条谱线的频率,确实是一个巨大的成功。A. 索末菲等人发展了玻尔理论,也取得了一些结果。但是沿着这一方向走下去,却遇到了严重困难。首先,在理论上,玻尔理论缺乏严格的系统。它仍以经典力学为基础,强行加入量子化条件,既缺乏理论根据,首尾也不能一致。其次,在实践中,尽管对于氢原子,玻尔理论给出了与实验符合的结果,但对于比氢原子稍微复杂的氦原子,虽经多方努力,却始终没有成功。此外,玻尔理论无从说明光谱线的强度和选择定则。对于非周期运动,玻尔理论更是束手无策。临近 1925 年时的情况是,应用玻尔理论计算的问题越多,越是证明它不正确。面临经典物理的困难,必须探索新的出路。结果,在 1925 年左右,同时建立了两种量子力学。一种称为矩阵力学,一种称为波动力学。后来,E.薛定谔证明了它们是等价的,只是数学表达形式不同而已。与此同时,L. V. 德布罗意、E.薛定谔等人则从光的波粒二象性中得到启发,从一个完全不同的角度建立了量子力学,或称波动力学。波动力学比较直观,所用数学工具一般也是大家较熟悉的。

四、量子力学的发展历程

量子力学是在旧量子论的基础上发展起来的。旧量子论包括普朗克的量子假说、爱因斯坦的光量子理论和玻尔的原子理论。

量子力学本身是在 1923—1927 年这一段时间中建立起来的。两个等价的理论——矩阵力学和波动力学几乎同时提出。矩阵力学的提出与玻尔的早期量子论有很密切的关系。海森堡一方面继承了早期量子论中合理的内核,如能量量子化、定态、跃迁等概念,同时又摒弃了一些没有实验根据的概念,如电子轨道的概念。矩阵力学从物理上可观测,赋予每一个物理量一个矩阵,它们的代数运算规则与经典物理量不同,遵守乘法不可易的代数。波动力学来源于物质波的思想。薛定谔在物质波的启发下,找到一个量子体系物质波的运动方程——薛定谔方程,它是波动力学的核心。后来薛定谔还证明,矩阵力学与波动力学完全等价,是同一种力学规律的两种不同形式的表述。事实上,量子理论还可以更为普遍地表述出来,这是狄拉克和约尔丹的工作。

1. 矩阵力学

1925 年,海森堡基于物理理论只处理可观察量的认识,抛弃了不可观察的轨道概念,并从可观察的辐射频率及其强度出发,与玻恩、约尔丹一起建立起矩阵力学。

2. 波动力学

1926 年,薛定谔基于量子性是微观体系波动性的反映这一认识,找到了微观体系的运动方程,从而建立起波动力学,其后不久还证明了波动力学和矩阵力学的数学等价性;狄拉克和约尔丹各自独立地发展了一种普遍的变换理论,给出量子力学简洁、完善的数学表达形式。

在人们认识到光具有波动和微粒的二象性之后,为了解释一些经典理论无法解释的现象,法国物理学家德布罗意于 1924 年提出了物质波这一概念。他认为一切微观粒子均伴随着一个波,这就是所谓的德布罗意波。德布罗意关系 $\lambda = h/p$ 和量子关系 $E = h\nu$,这两个关系式实际表示的是波性与粒子性的统一关系,而不是粒性与波性的两分。德布罗意物质波是粒波一体的真物质粒子、光子、电子等的波动。他提出假设:实物粒子也具有波动性。他认为实物粒子(如电子)也具有物质周期过程的频率,伴随物体的运动也有由相位来定义的相波(即德布罗意波),后来薛定谔解释波函数的物理意义时称为"物质波"。德布罗意的新理论在物理学界掀起了轩然大波。这种在并无实验证据的条件下提出的新理论使得人们很难接受。就连德布罗意的导师朗之万也根本不相信这种观念,只不过觉得这篇论文写得很有才华,才让他得到博士学位。

量子力学与经典力学的差别首先表现在对粒子的状态和力学量的描述及其变化规律上。在量子力学中,粒子的状态用波函数描述,它是坐标和时间的复函数。为了描写微观粒子状态随时间变化的规律,就需要找出波函数所满足的运动方程。这个方程是薛定谔在 1926 年首先找到的物质波连续时空演化的偏微分方程,被称为薛定谔方程。

第二节　波函数的统计解释

一、经典力学对质点的描述

(坐标和动量) 规律:

$$m \frac{\mathrm{d}^2 \boldsymbol{r}(t)}{\mathrm{d}t^2} = \boldsymbol{F}(\boldsymbol{r}, \dot{\boldsymbol{r}}, t)$$

二、自由粒子的波函数(德布罗意假设)

德布罗意仔细分析了光的波动说及粒子说发展的历史,并注意到了 19 世纪哈密顿曾经阐述的几何光学与经典粒子力学的相似性,集合光学的基本原理,可以概括为费米原理,亦即最小光程原理,$\delta \int_A^B n \mathrm{d}l = 0$,$n$ 为折射系数;经典粒子的莫培督(Maupertius) 原理,亦即最小作用原理,$\delta \int_A^B p \mathrm{d}l = \delta \int_A^B \sqrt{2m(E-V)} \mathrm{d}l = 0$,$p$ 为粒子的动量。通过用类比的方法分析,使他认识到了过去光学理论的缺陷是只考虑光的波动性,忽视了光的粒子性。现在在关于实物粒子的理论上是否犯了相反的错误,即人们是否只重视了粒子,而忽视了它的波动性呢? 运用这一观点,德布罗意于 1924 年提出了一个具有深远意义的假设:微观粒子也具有波粒二象性。

具有确定动量和确定能量的自由粒子,相当于频率为 ν 或波长为 λ 的平面波,二者之间的关系如同光子与光波一样,即

$$E = h\nu = \hbar\omega \qquad\qquad (1.2.1)$$

$$\boldsymbol{p} = \frac{h}{\lambda}\boldsymbol{n} = \hbar\boldsymbol{\kappa} \qquad\qquad (1.2.2)$$

这就是著名的德布罗意关系式,这种表示自由粒子的平面波称为德布罗意波或"物质波"。

设自由粒子的动能为 E,当它的速度远小于光速时,其动能 $E = \frac{p^2}{2\mu}$,由式(1.2.2)可知,德布罗意波长为

$$\lambda = \frac{h}{p} = \frac{h}{\sqrt{2\mu E}} \qquad\qquad (1.2.3)$$

如果电子被 V 伏电势差加速,则 $E = eV$ 电子伏特,则

$$\lambda = \frac{h}{\sqrt{2\mu e V}} \cong \frac{12.25}{\sqrt{V}} \text{Å} \quad (\mu \text{ 为电子质量};1\text{Å} = 10^{-10} \text{ m})$$

当 $V = 150\text{ V}$ 时，$\lambda = 1\text{Å}$，当 $V = 10\ 000\text{ V}$ 时，$\lambda = 0.122\text{Å}$，所以，德布罗意波长在数量级上相当于晶体中的原子间距，它比宏观线度要短得多，这说明为什么电子的波动性长期未被发现。

三、平面波方程

频率为 ν，波长为 λ，沿 x 方向传播的平面波可用下面的式子来表示：

$$\Psi = A\cos\left[2\pi\left(\frac{x}{\lambda} - \nu t\right)\right] \qquad (1.2.4)$$

如果波沿单位矢量 $\boldsymbol{n}$ 的方向传播，则

$$\Psi = A\cos\left[2\pi\left(\frac{\boldsymbol{r} \cdot \boldsymbol{n}}{\lambda} - \nu t\right)\right] = A\cos(\boldsymbol{\kappa} \cdot \boldsymbol{r} - \omega t) \qquad (1.2.5)$$

写成复数的形式：

$$\Psi = A\exp\, \mathrm{i}(\boldsymbol{k} \cdot \boldsymbol{r} - \omega t) \qquad (1.2.6)$$

或 $$\Psi = A\exp\left[\frac{\mathrm{i}}{\hbar}(\boldsymbol{p} \cdot \boldsymbol{r} - Et)\right] \quad (\text{量子力学中必须用复数形式})$$

这种波（自由粒子的平面波）称为德布罗意波。

四、德布罗意波的实验验证

德布罗意波究竟是一种什么程度的波呢？德布罗意坚信，一方面，物质波产生于任何物体的运动，这里所说的任何物体，包括大到行星、石头，小到灰尘或电子，这些物质和物质波一样，能在真空中传播，因此它不是机械波；另一方面，它们都产生于所有物体 —— 包括不带电的物体，所以它们不同于电磁波。这是一种新型的尚未被人们认识的波，就是这种波构成了量子力学的基础。

1. 电子的衍射实验

1927 年美国科学家戴维孙（Davisson）和革末（Germer）用实验证实了德布罗意波的正确性。后来，汤姆逊又用电子通过金箔得到了电子的衍射图样。

2. 电子的干涉实验

它是由缪江希太特和杜开尔在 1954 年做出的。后来又由法盖特和费尔特在 1956 年做出。

其他实验表明：一切微观粒子都具有波粒二象性。

我们在 S 处放一把电子枪，S 前放有与 S 等距离的两条平行狭缝，若两缝之间的距离很小，这时两缝构成一对相干源，从两缝发出的电子将在空间叠加，产生干涉现象，在屏幕上记录到的电子强度分布如图 1-3 所示。

3. 物质波的应用

电子显微镜（$d = \dfrac{0.61\lambda}{\sin\alpha}$ 为分辨率的普遍表达式）。

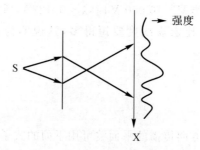

图 1 - 3　双链干涉示意图

五、波函数的统计解释

玻恩首先提出了波函数意义的统计解释：

波函数在空间某点的强度（振幅绝对值的平方）和在这点找到粒子的概率成比例，即描写粒子的波可以认为是概率波。

量子力学的一个基本原理：微观粒子的运动状态可用一个波函数 $\Psi(r,t)$ 来描写。

六、波函数的性质

1)
$$dw(x,y,z,t)=c\mid\varphi(x,y,z,t)\mid^2 d\tau \qquad (1.2.7)$$
表示在 t 时刻，在 r 点，在 $d\tau=dxdydz$ 体积内，找到由波函数 $\Psi(r,t)$ 描写的粒子的概率。

2) 概率密度：
$$\omega(x,y,z,t)=\frac{dw(x,y,z,t)}{d\tau}=c\mid\varphi\mid^2 \qquad (1.2.8)$$

3) 粒子在全空间出现的概率（归一化）：
$$c\int_{-\infty}^{+\infty}\mid\varphi\mid^2 d\tau=1$$

则
$$c=\frac{1}{\int_\infty\mid\varphi\mid^2 d\tau} \qquad (1.2.9)$$

4) $\Psi\Leftrightarrow c\Psi$，描写的是同一态。

令
$$\Psi=\sqrt{c}\,\varphi$$
$$dw=\mid\Psi\mid^2 d\tau$$
$$\omega=\mid\Psi\mid^2$$

$$\int_\infty\mid\Psi\mid^2 d\tau=1 \text{ 为归一化条件}$$

满足上式的波函数称为归一化波函数，使 Ψ 变为 φ 的常数，$\sqrt{c}$ 称为归一化常数。

注意：

1) 波函数在归一化后也还不是完全确定的，还存在一个相位因子 $e^{i\zeta}$ 的不确定，因为 $\mid e^{i\zeta}\mid^2=1$。

2）不是所有的波函数都可按上述条件归一化，即要求 $\int_\infty |\Psi|^2 d\tau$ 为有限的（平方可积的），如果是发散的，则无意义。

例如：自由粒子的波函数 $\Psi_p(\boldsymbol{r},t) = Ae^{\frac{i}{\hbar}(\boldsymbol{p}\cdot\boldsymbol{r}-Et)}$，$\int |\Psi_p|^2 d\tau = A^2 \int d\tau = A^2 \cdot \infty = 1, A \to 0$。

注意：波函数是时间位置的函数，即 $\Psi(x,y,z,t) = u(x,y,z,t) + iv(x,y,z,t)$。

第三节   态叠加原理

一、经典波的态叠加原理

两个可能的波动过程 ϕ_1,ϕ_2 的线形叠加的结果 $a\phi_1 + b\phi_2$ 也是一个可能的波动过程。

二、态叠加原理

如果 ψ_1,ψ_2 是体系的可能状态，那么，它们的线形叠加 $\Psi = c_1\psi_1 + c_2\psi_2$ 也是这个体系的可能状态。

三、两种叠加原理的区别

1）在状态 $\Psi = c_1\psi_1 + c_2\psi_2$ 中，对某力学量 Q 进行测量，测到 Q 值可能是 λ_1，也可能是 λ_2，但绝对不会是其他的值（与抛硬币的情形差不多）。

2）若 $\psi_1 = \psi_2$，则 $\Psi = (c_1 + c_2)\psi_1$，这时 Ψ 与 ψ_1 是同一态，这与经典波的叠加不同。

3）当粒子处于态 ψ_1 和态 ψ_2 的线形叠加态时，粒子既处于态 ψ_1，又处于态 ψ_2。

四、态叠加原理的一般表达式

$$\psi = \sum_n c_n \psi_n$$

其中，$c_1,c_2,\cdots$ 为复数。

五、态叠加原理的一个实例

一个确定的动量 $\boldsymbol{p}$ 运动的电子状态的波函数为

$$\psi_p(\boldsymbol{r},t) = Ae^{-\frac{i}{\hbar}(Et-\boldsymbol{p}\cdot\boldsymbol{r})} \tag{1.3.1}$$

由态叠加原理，在晶体表面上反射后，粒子的状态 ψ 可以表示为 $\boldsymbol{p}$ 取多种可能值的平面波的线性叠加：

$$\psi(\boldsymbol{r},t) = \sum_p c(\boldsymbol{p})\psi_p(\boldsymbol{r},t) \qquad (1.3.2)$$

由于 $\boldsymbol{p}$ 可以连续变化，求和改为积分：

$$\psi(\boldsymbol{r},t) = \iiint_\infty c(p,t)\psi_p(\boldsymbol{r})\,\mathrm{d}p_x\mathrm{d}p_y\mathrm{d}p_z \qquad (1.3.3)$$

式中

$$\psi_p(\boldsymbol{r}) \equiv \frac{1}{(2\pi\hbar)^{\frac{3}{2}}}\mathrm{e}^{\frac{\mathrm{i}}{\hbar}\boldsymbol{p}\cdot\boldsymbol{r}} \qquad (1.3.4)$$

$$c(\boldsymbol{p},t) = \frac{1}{(2\pi\hbar)^{\frac{3}{2}}}\iiint_\infty \psi(\boldsymbol{r},t)\,\mathrm{e}^{-\frac{\mathrm{i}}{\hbar}\boldsymbol{p}\cdot\boldsymbol{r}}\mathrm{d}p_x\mathrm{d}p_y\mathrm{d}p_z \qquad (1.3.5)$$

把式(1.3.4)代入式(1.3.3)得

$$\psi(\boldsymbol{r},t) = \frac{1}{(2\pi\hbar)^{\frac{3}{2}}}\iiint_\infty c(\boldsymbol{p},t)\,\mathrm{e}^{\frac{\mathrm{i}}{\hbar}\boldsymbol{p}\cdot\boldsymbol{r}}\mathrm{d}p_x\mathrm{d}p_y\mathrm{d}p_z \qquad (1.3.6)$$

显然式(1.3.5)和式(1.3.6)互为傅里叶变换式，且 $c(\boldsymbol{p},t)$ 与 $\psi(\boldsymbol{p},t)$ 描写的是一个状态，是同一个状态的两种不同描写方式。$\psi(\boldsymbol{r},t)$ 是以坐标为自变量的波函数。$c(\boldsymbol{p},t)$ 则是以动量为自变量的波函数。

第四节　薛定谔方程

一、薛定谔方程应该满足的条件

1）方程应当是 $\psi(\boldsymbol{r},t)$ 对时间的一阶微分方程。

这是由波函数 $\psi(\boldsymbol{r},t)$ 描写微观粒子状态的基本假设所决定的。

2）方程是线性的。（只包含一次项）

即如果 ψ_1 和 ψ_2 是方程的解，那么它们的线性叠加 $c_1\psi_1 + c_2\psi_2$ 也是方程的解，这是态叠加原理的要求。

3）这个方程的系数不应该包含状态的参量。如动量、能量等。但可含有 $U(\boldsymbol{r})$，因为 $U(\boldsymbol{r})$ 由外场决定，不是粒子的状态参量。

二、自由粒子波函数所满足的微分方程

$$\psi_p(\boldsymbol{r},t) = A\mathrm{e}^{\frac{\mathrm{i}}{\hbar}(\boldsymbol{p}\cdot\boldsymbol{r}-Et)} \qquad (1.4.1)$$

将上式两边对时间 t 求一次偏导，得

$$\frac{\partial\psi_p}{\partial t} = -\frac{\mathrm{i}}{\hbar}EA\mathrm{e}^{\frac{\mathrm{i}}{\hbar}(\boldsymbol{p}\cdot\boldsymbol{r}-Et)} = -\frac{\mathrm{i}}{\hbar}E\psi_p$$

或

$$\mathrm{i}\hbar\frac{\partial\psi_p}{\partial t} = E\psi_p \qquad (1.4.2)$$

上式还包含状态参量 —— 能量 E，故不是我们所要求的方程。

将式(1.4.1)两边对 x 求二次偏导,得到

$$\frac{\partial \psi_p}{\partial x} = \frac{\partial}{\partial x} \left[A e^{\frac{i}{\hbar}(\boldsymbol{p} \cdot \boldsymbol{r} - Et)} \right] = \frac{\partial}{\partial x} \left[A e^{\frac{i}{\hbar}(xp_x + yp_y + zp_z - Et)} \right] = \frac{i}{\hbar} p_x A e^{\frac{i}{\hbar}(xp_x + yp_y + zp_z - Et)} = \frac{i}{\hbar} p_x \psi_p$$

$$\frac{\partial^2 \psi_P}{\partial x^2} = \left(\frac{i}{\hbar} p_x \right)^2 \psi_p = -\frac{p_x}{\hbar^2} \psi_p$$

同理:

$$\frac{\partial^2 \psi_P}{\partial y^2} = -\frac{p_y}{\hbar^2} \psi_p$$

$$\frac{\partial^2 \psi_P}{\partial z^2} = -\frac{p_z}{\hbar^2} \psi_p$$

上三式相加得

$$\left(\frac{\partial^2}{\partial x^2} + \frac{\partial^2}{\partial y^2} + \frac{\partial^2}{\partial z^2} \right) \psi_p = -\frac{p^2}{\hbar^2} \psi_p \tag{1.4.3}$$

令 Laplace 算符

$$\nabla^2 \equiv \frac{\partial^2}{\partial x^2} + \frac{\partial^2}{\partial y^2} + \frac{\partial^2}{\partial z^2}$$

则式(1.4.3)简化为

$$\nabla^2 \psi_p = -\frac{p^2}{\hbar^2} \psi_p \tag{1.4.4}$$

对自由粒子:

$$E = E_K = \frac{p^2}{2\mu} \quad \Rightarrow \quad p^2 = 2\mu E \tag{1.4.5}$$

将式(1.4.5)代入式(1.4.4)得

$$-\frac{\hbar^2}{2\mu} \nabla^2 \psi_p = E \psi_p \tag{1.4.6}$$

比较式(1.4.2)、式(1.4.6)得

$$i \frac{\partial \psi_p}{\partial t} = -\frac{\hbar^2}{2\mu} \nabla^2 \psi_p \tag{1.4.7}$$

显然它满足前面所述条件。

三、薛定谔方程

1. 能量算符和动量算符

由式(1.4.2)$i\hbar \frac{\partial \psi_p}{\partial t} = E \psi_p$ 可看出 E 与 $i \frac{\partial}{\partial t}$ 对波函数的作用相当:

$$E \rightarrow i\hbar \frac{\partial}{\partial t} \quad (\text{能量算符}) \tag{1.4.8}$$

将式(1.4.4)改写成:

$$(\boldsymbol{p} \cdot \boldsymbol{p}) \psi = (-i\hbar \nabla) \cdot (-i\hbar \nabla) \psi$$

由此知

$$\boldsymbol{p} \rightarrow -i\hbar \nabla \quad (\text{动量算符}) \tag{1.4.9}$$

$$\nabla \equiv \boldsymbol{i} \frac{\partial}{\partial x} + \boldsymbol{j} \frac{\partial}{\partial y} + \boldsymbol{k} \frac{\partial}{\partial z} \quad (\text{劈形算符})$$

2. 薛定谔方程

现在利用关系式(1.4.8)和式(1.4.9)来建立在立场中粒子波函数所满足的微分方程。设粒子在力场中的势能为$U(r)$,则

$$E = \frac{p^2}{2\mu} + U(r) \tag{1.4.10}$$

上式两边乘以波函数$\psi(\boldsymbol{r}, t)$得

$$E\psi = \frac{p^2}{2\mu}\psi + U(r)\psi \tag{1.4.11}$$

将式(1.4.8)、式(1.4.9)代入得

$$i\hbar\frac{\partial\psi}{\partial t} = -\frac{\hbar^2}{2\mu}\nabla^2\psi + U(\boldsymbol{r})\psi \tag{1.4.12}$$

这个方程为薛定谔方程($U = U(\boldsymbol{r}, t)$)。

注:上面只是建立了薛定谔方程,而不是推导,建立的方式有多种,薛定谔方程的正确与否靠实验检验。

四、多粒子体系的薛定谔方程

由于

$$E = \sum_{I=1}^{n} \frac{p_i^2}{2\mu_i} + U(\boldsymbol{r}_1, \boldsymbol{r}_2, \cdots, \boldsymbol{r}_N) \tag{1.4.13}$$

上式两边乘以波函数$\psi(\boldsymbol{r}_1, \boldsymbol{r}_2, \cdots, \boldsymbol{r}_N, t)$并作代换

$$E \to i\hbar\frac{\partial}{\partial t}, \quad p_i \to -i\hbar\nabla_i$$

其中

$$\nabla_i = \boldsymbol{i}\frac{\partial}{\partial x_i} + \boldsymbol{j}\frac{\partial}{\partial y_i} + \boldsymbol{k}\frac{\partial}{\partial z_i}$$

则有

$$i\hbar\frac{\partial\psi}{\partial t} = -\sum_{i=1}^{N}\frac{\hbar^2}{2\mu_i}\nabla_i^2\psi + U\psi \tag{1.4.14}$$

上式就是多粒子体系的薛定谔方程。

第五节　　量子力学中的力学量

一、算符

1) 定义:算符是指作用在一个函数上得出另一个函数的运算符号。

通俗地说,算符就是一种运算符号。通常用上方加"∧"的字母来表示算符,例如$\hat{F}, \hat{P}, \hat{A}, \hat{B}$等,它们都称为算符。

2) 算符的作用。

算符作用在一个函数u上,使之变成另一个新的函数v,例如$\hat{F}u = v, \frac{\mathrm{d}u}{\mathrm{d}x} = v$。

$\dfrac{\mathrm{d}}{\mathrm{d}x}$ 是微分算符。

又如 x 也是一个算符,它对函数 u 的作用是与 u 相乘,即 $xu=v$,还有 $\sqrt{}$ 也是一个算符,把它作用在函数 u 上则有 $\sqrt{u}=v$,即 $\sqrt{}$ 是一个开平方的运算符号,可见,算符并不神秘,$x,3$,-1 等都可以看作是算符。

二、算符的运算规则

1) 算符相等:如果 $\hat{P}u=\hat{Q}u$,则 $\hat{P}=\hat{Q}$。

其中 u 为任意函数。注意:这里 u 必须是任意的函数,如果上面前一式中只对某一个特定的函数,就不能说算符 $\hat{P}$ 和 $\hat{Q}$ 相等。

例如:$\dfrac{\mathrm{d}}{\mathrm{d}x}(x^2)=2x$,而 $\dfrac{2}{x}(x^2)=2x$,但 $\dfrac{\mathrm{d}}{\mathrm{d}x}\neq\dfrac{2}{x}$。

2) 算符相加:若 $\hat{F}u=\hat{P}u+\hat{Q}u$,则 $\hat{F}=\hat{P}+\hat{Q}$。

即如果把算符 $\hat{F}$ 作用在任意函数 u 上,所得到的结果和算符 $\hat{P},\hat{Q}$ 分别作用在 u 上而得到的两个新函数 Pu,Qu 之和相等,则说算符 $\hat{F}$ 等于算符 $\hat{P}$ 与 $\hat{Q}$ 之和。且

$$\hat{A}+\hat{B}=\hat{B}+\hat{A}\quad\text{(满足加法交换律)}$$
$$\hat{A}+(\hat{B}+\hat{C})=(\hat{A}+\hat{B})+\hat{C}\quad\text{(满足加法结合律)}$$

3) 算符相乘:若 $\hat{P}\hat{Q}u=\hat{F}u$,则 $\hat{P}\hat{Q}=\hat{F}$。

例如:$\dfrac{\partial^2}{\partial x\partial y}=\dfrac{\partial}{\partial x}\cdot\dfrac{\partial}{\partial y}$,又如 $\hat{P}=x,\hat{Q}=\dfrac{\mathrm{d}}{\mathrm{d}x},\hat{P}\hat{Q}=x\dfrac{\mathrm{d}}{\mathrm{d}x}$

如果同一算符 $\hat{P}$ 连续作用 n 次,则写作 $\hat{P}^n$,例如:$\hat{P}^3u=\hat{P}[\hat{P}(\hat{P}u)]$

4) 算符的对易关系。

$$\hat{P}\hat{Q}-\hat{Q}\hat{P}\begin{cases}=0,&\hat{P}\hat{Q}\text{ 对易}\\\neq 0,&\hat{P}\text{ 与 }\hat{Q}\text{ 不对易}\end{cases}$$

注意:一般来说,算符之积并不一定满足对易律。即一般地 $\hat{P}\hat{Q}\neq\hat{Q}\hat{P}$

例如:x 与 $\dfrac{\mathrm{d}}{\mathrm{d}x}$ 就不对易,即 $x\dfrac{\mathrm{d}}{\mathrm{d}x}\neq\dfrac{\mathrm{d}}{\mathrm{d}x}x$,因为 $x\dfrac{\mathrm{d}}{\mathrm{d}x}u\neq\dfrac{\mathrm{d}}{\mathrm{d}x}(xu)$。

但是,在某些情况下,算符之积满足对易律,例如:x 和 $\dfrac{\partial}{\partial y}$ 是对易的,即

$$x\dfrac{\partial}{\partial y}u=\dfrac{\partial}{\partial y}xu=x\dfrac{\partial u}{\partial y}$$

另外,如果算符 $\hat{A}$ 和 $\hat{B}$ 对易,$\hat{B}$ 和 $\hat{C}$ 对易,则 $\hat{A}$ 和 $\hat{C}$ 不一定对易。例如:x 和 $\dfrac{\mathrm{d}}{\mathrm{d}y}$ 对易,$\dfrac{\mathrm{d}}{\mathrm{d}y}$ 和 $\dfrac{\mathrm{d}}{\mathrm{d}x}$ 对易,但 x 和 $\dfrac{\mathrm{d}}{\mathrm{d}x}$ 都不对易。

有了这些规定,就可以像普通代数中那样对算符进行加、减和乘积运算了,但是必须记住有一点是与代数运算不同的,即不能随便改变各因子的次序(因为两个算符不一定对易)。例如:

$$(\hat{A}-\hat{B})(\hat{A}+\hat{B})=\hat{A}^2-\hat{B}\hat{A}+\hat{A}\hat{B}-\hat{B}^2$$

除非已经知道 $\hat{A}$ 与 $\hat{B}$ 对易,否则不能轻易地把上式写成等于 $\hat{A}^2-\hat{B}^2$。

三、线性算符

若
$$\hat{Q}(c_1 u_1 + c_2 u_2) = c_1 \hat{Q} u_1 + c_2 \hat{Q} u_2$$

则称 $\hat{Q}$ 为线性算符，其中 u_1，u_2 为两个任意函数，c_1，c_2 是常数（复数）。

显然，x，∇^2，积分运算 $\int \mathrm{d}x$ 都是线性算符，但平方根算符"$\sqrt{}$"则不是线性算符，因为

$$\sqrt{c_1 u_1 + c_2 u_2} \neq c_1 \sqrt{u_1} + c_2 \sqrt{u_2}$$

另外，取复共轭也不是线性算符。以后可以看到，在量子力学中描述力学量的算符都是线性算符。

四、厄密算符

先介绍复数共轭算符的概念。算符 $\hat{A}$ 的复数共轭算符 $\hat{A}^*$ 是将 $\hat{A}$ 中的所有复量换成共轭复量。例如，动量 x 分量算符 $\hat{p}_x$ 的复数共轭算符：

$$\hat{p}_x^* = \left(-\mathrm{i}\hbar \frac{\partial}{\partial x} \right)^* = \mathrm{i}\hbar \frac{\partial}{\partial x} = -\hat{p}_x$$

如果对于任意两个函数 ψ 和 φ，算符 $\hat{F}$ 满足下式：

$$\int \mathrm{d}\tau \psi^* \ \hat{F}^+ \ \varphi = \int \mathrm{d}\tau (\hat{F}\psi)^* \ \varphi$$

则称 $\hat{F}$ 为厄密算符，式中 τ 代表所有变量，积分范围是所有变量变化的整个区域，且 ψ 和 φ 是平方可积的，即当变量 $\tau \to \pm\infty$ 时，它们要足够快地趋向于 0。

补充 1：两个厄密算符之和仍为厄密算符，但两个厄密算符之积却不一定是厄密算符，除非两者可以对易。

例：1）坐标算符和动量算符都是厄密算符。

2）$\dfrac{\mathrm{d}}{\mathrm{d}x}$ 不是厄密算符。

3）厄密算符的本征值是实数。

补充 2：波函数的标积定义：

$$(\psi, \varphi) = \int \psi^* \ \varphi \mathrm{d}\tau$$

五、算符的本征值和本征函数

如果算符 $\hat{F}$ 作用在一个函数 ψ，结果等于 ψ 乘上一个常数 λ：

$$\hat{F}\psi = \lambda\psi$$

则称 λ 为 $\hat{F}$ 的本征值，ψ 为属于 λ 的本征函数，上面方程叫本征方程。本征方程的物理意义：如果算符 $\hat{F}$ 表示力学量，那么当体系处于 $\hat{F}$ 的本征态 ψ 时，力学量有确定值，这个值就是 $\hat{F}$ 在 ψ 态中的本征值。

六、力学量的算符表示

1) 几个例子（ψ 表示为坐标的函数时，$\psi = \psi(x, y, z, t)$）：

动量 $\boldsymbol{p}$：$\hat{\boldsymbol{p}} = -i\hbar \nabla$ 。

能量 E：$\hat{H} = -\dfrac{\hbar^2}{2\mu} \nabla^2 + U(\boldsymbol{r})$ 。

坐标 $\boldsymbol{r}$：$x \rightarrow \hat{x}, y \rightarrow \hat{y}, z \rightarrow \hat{z}$（可写成等式）。

2) 基本力学量算符（动量和坐标算符）：

$$\hat{p}_x = -i\hbar \frac{\partial}{\partial x}, \quad \hat{p}_y = -i\hbar \frac{\partial}{\partial y}, \quad \hat{p}_z = -i\hbar \frac{\partial}{\partial z}$$

$$\hat{\boldsymbol{r}} = \boldsymbol{r}, \quad \hat{x} = x, \quad \hat{y} = y, \quad \hat{z} = z$$

3) 其他力学量算符（如果该力学量在经典力学中有相应的力学量）由基本力学量相对应的算符所构成，即：

如果量子力学中的力学量 $\hat{F}$ 在经典力学中有相应的力学量，则表示这个力学量的算符 $\hat{F}$ 由经典表示式 $F = (\boldsymbol{r}, \boldsymbol{p})$ 中将 $\boldsymbol{p}$ 换为算符 $\hat{\boldsymbol{p}}$ 而得出，即

$$\hat{F} = \hat{F}(\hat{\boldsymbol{r}}, \hat{\boldsymbol{p}}) = \hat{F}(\hat{\boldsymbol{r}}, -i\hbar \nabla)$$

例如：$E = \dfrac{p^2}{2\mu} + U(\boldsymbol{r})$，则

$$\hat{E} = \hat{H} = -\frac{\hbar^2}{2\mu} \nabla^2 + U(\boldsymbol{r})$$

又如：$\boldsymbol{L} = \boldsymbol{r} \times \boldsymbol{p}$，则

$$\hat{\boldsymbol{L}} = \hat{\boldsymbol{r}} \times \hat{\boldsymbol{p}} = \boldsymbol{r} \times (-i\hbar \nabla) = -i\hbar \boldsymbol{r} \times \nabla$$

第二章　原子核的基本性质及结构

本章将从基本性质、核力和结构三方面来认识原子核。原子核的基本性质通常是指原子核作为整体所具有的静态性质,它包括原子核的组成、大小、质量、自旋、磁矩、电四极矩、宇称和统计性质等。原子核的结构主要用各种结构模型来描述,包括液滴模型和单粒子壳模型。原子核性质和原子核结构及其变化有密切关系。为了深入了解原子核结构的微观本质,本章还介绍了核子间的相互作用——核力。本章的讨论将不仅使我们对原子核的性质和结构有一个概括了解,而且为以后各章的学习打下良好的基础。

第一节　原子核的组成和大小

1911 年,卢瑟福(E. Rutherford)做了如下实验:用一束 α 粒子去轰击金属薄膜,发现有大角度的 α 粒子散射。分析实验结果得出:原子中存在一个带正电的核心,叫作原子核。它的大小是 10^{-12} cm 的数量级,只有原子大小的万分之一,但其质量却占整个原子质量的 99.9% 以上,从此建立了有核心的原子模型。由于原子是电中性的,因而原子核带的电量必定等于核外电子的总电量,但两者符号相反。任何原子的核外电子数就是该原子的原子序数 Z,因此原子序数为 Z 的原子核的电量是 Ze,此处 e 是元电荷,即一个电子电量的绝对值。当用 e 作电荷单位时,原子核的电荷是 Z,所以 Z 也叫作核的电荷数。目前自然界天然存在的核中,铀元素的电荷数 Z 最大($Z=92$)。$Z>92$ 的元素称为超铀元素。

原子核的发现为原子物理学的发展奠定了基础,也开始了对原子核性质的研究。

一、原子核的组成

实验测到的原子核的质量都接近于氢原子核质量的整数倍。1919 年,卢瑟福通过反应

$$\alpha + {}^{14}_{7}N \longrightarrow {}^{17}_{8}O + {}^{1}_{1}H$$

发现了一种粒子,它带一个单位正电荷的电量,其质量与氢原子核质量相等,这种粒子被称为质子。同时,用快速 α 粒子轰击其他元素的原子核时也能产生这种粒子。这个发现说明了原子核内是包含质子的。但是原子核一般不能只由质子组成。就拿最简单的氘原子核来说,它的电荷等于质子电荷,但质量却为质子的两倍。原子核中还应包含什么成分呢?

人们根据放射线中有 β 射线(即电子流组成的射线),曾设想原子核是由质子和电子构成的。但这不可能。人们可给出许多论证说明电子不可能存在于核内。例如,由不确定关系 $\Delta x \Delta p \sim \hbar$(其中 $\Delta x, \Delta p$ 分别为电子的位置和动量的不确定性),利用相对论公式 $E^2 = p^2 c^2 + m_e^2 c^4$ 可以估计核内存在的自由电子能量约为数十 MeV。而 β 衰变中观测到的电子最大的能量不超过数 MeV。

直到 1932 年查德威克(Chadwick)发现了中子,人们才搞清了核的基本组成。原子核是

由质子与中子组成的。

1930 年，玻特(W. Bothe)等人利用反应

$$\alpha + {}^{9}_{4}Be \longrightarrow {}^{12}_{6}C + {}^{1}_{0}n$$

即用 α 粒子轰击锂、铍等轻元素时，发现一种贯穿力较强的辐射，它能穿过厚的铅板被计数管记录下来。同年，约里奥·居里(I. Joliot Curie)夫妇重复实验，用钋 α 源照射铍靶，并用所放出的那种穿透性强的"射线"去轰击石蜡。遗憾的是，玻特和约里奥·居里夫妇都把这种辐射看成 γ 射线。实际上，根据康普顿散射计算得到的 γ 射线能量与通过吸收法测得的此"射线"能量相矛盾。可以说，他们走到一个重大发现的边缘，但没有想到"中子"的可能。

查德威克在了解到约里奥·居里夫妇的工作后，立即意识到他们观测到的不是康普顿散射。重复做了上述实验并经过认证分析后，查德威克大胆预言这种未知射线是一种新的粒子，它不带电，质量和质子相近，称为"中子"。卢瑟福的预言终于得到了证实。查德威克还利用${}^{1}H$ 和 ${}^{14}N$ 的反冲实验对中子质量进行了估计。在弹性碰撞下，考虑能量和动量守恒，可以很方便地得到下式：

$$\frac{V_{H}}{V_{N}} = \frac{m_{n} + 14}{m_{n} + 1}$$

(2.1.1)

其中 V_{H}，V_{N} 分别为反冲氢核和氮核的速度，m_{n} 为中子的质量。查德威克的实验结果是 $V_{H} = 3.3 \times 10^{9}$ cm/s，$V_{N} = 4.7 \times 10^{8}$ cm/s，由上式可计算出 m_{n}。计算结果表明中子质量比质子质量略大一些。

中子的发现是核物理发展史上一个重要的里程碑。中子的发现不但说明原子核由质子和中子组成，更重要的是，人们找到了极好的轰击和分裂原子核的炮弹，开始了一系列重要的核反应研究，大大推动了原子核物理的发展。

不同的原子核所含有的质子和中子数目不同。中子和质子统称为核子，它们的质量差不多相等，但中子不带电，质子带正电，其电量为 Ze。因此，电荷数为 Z 的原子核含有 Z 个质子。原子核所含有的中子数用 N 表示，则原子核的质量数 $A = Z + N$。具有一定 Z，A 的原子核称为核素，用符号 ${}^{A}_{Z}X$ 表示，X 是元素的符号。例如，${}^{7}_{3}Li$ 是锂元素的一种核素，它的质量数是 7，质子数是 3，中子数是 4。下面介绍一些术语：

1)同位素(Isotope)：Z 同 A 不同的一些核素；

2)同中子异荷素(Isotone)：N 同 Z 不同的一些核素；

3)同量异位素(Isobar)：A 同 Z 不同的一些核素；

4)同质异能素(Isomer)：Z，N 相同，而能量状态不同的核素。表示为 ${}^{Am}X$，它表示这种核素的能量状态比较高。如 ${}^{60}Co$ 有寿命为 10.5 min 的激发态，该同质异能素记为 ${}^{60m}Co$，为 ${}^{60}Co$ 的同质异能素。

随着实验手段的发展，更高性能的中高能重离子加速器、高能加速器等的投入使用，人们发现核内成分除了质子、中子外还存在非核子自由度，这些非核子自由度包括介子和夸克。这些知识属于亚核子物理范畴，本书不再赘述。

二、原子核的大小

与原子半径类似，原子核的大小并不是一个精确确定的量。实验表明，原子核是接近于球

形的。因此,通常用核半径来表示原子核的大小。核半径用宏观尺度来衡量是很小的量,为 $(10^{-12} \sim 10^{-13})$ cm 数量级,无法直接测量,而是通过原子核与其他粒子相互作用间接测得它的大小。根据这种相互作用的不同,核半径一般有两种定义。

1. 核力作用半径

由 α 粒子散射实验发现:在 α 粒子能量足够高的情况下,它与原子核的作用不仅有库仑斥力作用,当距离接近时,还有很强的吸力作用,这种作用力叫作核力。核力有一作用半径,在半径之外,核力为零。这种半径叫作核半径,这样定义的核半径是核力作用的半径。

实验上,通过中子、质子或其他原子核与核的作用所测得的核半径就是核力作用半径。实验表明:核半径与质量数 A 有关。它们之间的关系可近似地表示为下面的经验公式:

$$R \approx r_0 A^{1/3} \tag{2.1.2}$$

式中,$r_0 = (1.4 \sim 1.5) \times 10^{-13}$ cm $= (1.4 \sim 1.5)$ fm。

2. 电荷分布半径

核内电荷分布半径就是质子分布的半径。测量电荷分布半径比较准确的方法是利用高能电子在原子核上的散射,电子与原子核的作用实际上就是电子与质子的作用。为了准确地测量质子分布半径,电子的波长必须小于核半径,因此电子的能量必须足够高。事实上,电子的波长 λ 与电子的动能 E_K 之间有以下关系:

$$\lambda = \frac{hc}{[E_K(E_K + 2E_0)]^{1/2}} \tag{2.1.3}$$

式中 E_0 是电子的静止能量。可见电子的动能越高,波长越短。

高能电子在核上散射的角分布是核内电荷分布的函数,而且电子能量越大,角分布曲线对电荷分布越敏感。用这种方法测得的核半径是

$$R \approx 1.1 \times A^{1/3} \text{fm} \tag{2.1.4}$$

利用高能电子在核上的散射,不仅可以测得核内电荷分布范围,而且可以获知电荷分布状况。图 2-1 表示核内电荷分布的大致情况。纵坐标 ρ 表示电荷密度,横坐标 r 表示电荷离原子核中心的距离。由图 2-1 可见,在原子核中央部分电荷密度是一常量,在边界附近逐渐下降,有一弥散分布。密度从 90% 下降到 10% 所对应的厚度,称为边界厚度 t。实验表明,对各种核都具有相同的 t 值:

$$t = (2.4 \pm 0.3) \text{ fm}$$

图 2-1 中的曲线可用下式表示:

$$\rho = \frac{1}{1 + e^{(r-R)/d}} \tag{2.1.5}$$

式中 d 表示核表面厚度的一个参量,它与 t 的关系如下:

$$t = 4d\ln 3 \tag{2.1.6}$$

此外,近年来人们还对核物质分布半径产生兴趣。核物质主要由质子和中子组成,因质子带电,中子不带电,从而可以设想核物质分布半径可能会不同于电荷分布半径。实验表明,对于具有较大中质比(中子数与质子数之比)的原子核,中子分布

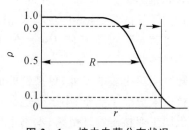

图 2-1　核内电荷分布状况

半径要略大于质子分布半径，即存在所谓"中子皮"，其厚度一般为 0.2 fm 左右，而对于中质比很大的一些不稳定核（例如 ^{6}He，^{8}Be 和 ^{11}Li 等，其中质比分别为 2.3 和 2.7），可以出现很厚的中子皮（^{6}He 和 ^{8}Be 的中子皮厚达 0.9 fm 左右），甚至出现所谓"中子晕"。中子晕是指远离核芯的外围中子形成晕。这种核称为中子晕核，其中子分布半径比中子皮核的中子分布半径还要大。^{11}Li 是人们研究得最多的中子晕核，其晕厚达 1.7 fm 左右。中子皮核和中子晕核很难严格划分，一般将中子密度分布尾巴拖得很长的划为中子晕核。中子皮中可含多个中子，而中子晕中最多含两个中子。对中子晕核和中子皮核的研究有助于核结构理论的发展，是近年来的一个热点研究领域。

比较式（2.1.2）和式（2.1.4）可知，核的电荷分布半径比核力作用半径要小一些。两种半径都近似地正比于 $A^{1/3}$，也就是说原子核的体积近似地与 A 成正比。事实上，核的体积：

$$V = \frac{4}{3}\pi R^3 \approx \frac{4}{3}\pi r_0 A \propto A$$

即每个原子核所占的体积近似地为一常量，或说各种核的体积密度（单位体积的原子核数）n 大致相同：

$$n = \frac{A}{V} \approx \frac{A}{\frac{4}{3}\pi r_0 A} \approx 10^{38} \text{ cm}^{-3}$$

取一个原子核的质量 m_N 为 1.66×10^{-24} g 计算，则核物质的质量密度

$$\rho = n m_N \approx 1.66 \times 10^{14} \text{ g} \cdot \text{cm}^{-3}$$

即每立方厘米的核物质有亿吨重，可见核物质的密度是大得惊人的。

第二节　原子核的质量和结合能

一、原子核的质量

原子核的质量等于该核素的中性原子的质量与核外电子总质量之差（忽略 Z 个电子的结合能）。在实际应用中常常用原子质量，因为对于核的变化过程，变化前后的电子数目不变，电子质量可以自动相消。但对有些核变化过程，就必须考虑核外电子结合能的影响。

由于一个摩尔原子的任何元素包含有 N_A 个原子，因此一个原子的质量是很微小的，通常不是以克（g）或千克（kg）做单位，而是采用原子质量单位，记作 u（unit 的缩写）。一个原子质量单位定义如下：

$$1 \text{ u} = {}^{12}\text{C 原子质量的 } 1/12$$

这种原子质量单位叫作碳单位，是 1960 年物理学国际会议通过采用的。现在被定为我国的法定计量单位。需要指出，在这以前，采用的是氧单位，记作 amu（atomic mass unit 的缩写）。1 amu 定义为 ^{16}O 原子质量的 1/16。碳单位和氧单位的换算关系如下：

$$1\text{u} = 1.000\ 318 \text{ amu}$$

根据定义，原子质量单位与 g 或 kg 单位间的关系有

$$1\ \mathrm{u} = \frac{12}{N_A} \cdot \frac{1}{12} = \frac{1}{6.022\ 142 \times 10^{23}}\mathrm{g} = 1.660\ 538\ 7 \times 10^{-24}\ \mathrm{g} = 1.660\ 538\ 7 \times 10^{-27}\ \mathrm{kg}$$

由此可见,阿伏伽德罗常量 N_A 本质上是宏观质量单位"g"与微观质量单位"u"的比值。如果采用氧单位,则 N_A 是"g"与"amu"的比值。由于"amu"与"u"略有差异,因而氧单位 N_A 与碳单位 N_A 也稍有不同。

显然,在碳单位中,一个 ^{12}C 原子的质量为 12 u;在氧单位中,一个 ^{16}O 原子的质量为 16 amu,这是区分两种单位制的明显标志。

测量原子质量(确切说是离子质量)常用的仪器是质谱仪。它的基本原理如下:首先让原子电离,然后在电场中加速以获得一定动能,接着在磁场中偏转,由偏转曲率半径的大小可求得离子的质量。

图 2-2 所示为早期所用的一种质谱仪的原理图。D 为一扁平的真空盒,它放在一磁铁间隙内。磁铁产生的均匀磁场,其磁感应强度 **B** 垂直于真空盒平面。真空盒内主要有一离子源 K,加速电极 E_1,E_2 和接收电极 A。由离子源产生的被测离子,通过加速电极的狭缝 S_1 后,获得动能 qV,q 是离子的电荷,V 是加速电极 E_1 和 E_2 之间的电势差。于是,质量为 M 的离子通过加速电极后所具有的速度 v 满足下列关系:

$$\frac{1}{2}mv^2 = qV \qquad (2.2.1)$$

被加速的离子在磁场 **B** 的作用下,将在垂直磁场的平面内以半径 R 作圆弧运动,最后通过狭缝 S_2 到达接收电极。于是有

$$qvB = \frac{Mv^2}{R} \qquad (2.2.2)$$

由式(2.2.1)和式(2.2.2)消去 v 可得

$$\frac{q}{M} = \frac{2V}{B^2R^2} \qquad (2.2.3)$$

或

$$M = \frac{qB^2R^2}{2V} \qquad (2.2.4)$$

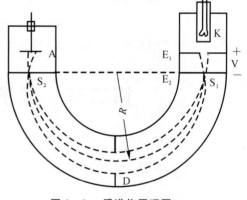

图 2-2　质谱仪原理图

因此,实验测得 q,B,R 和 V 的数值后,即可由式(2.2.4)求出离子的质量 M。实际仪器中,B 和 R 都已固定,q 也已知,于是只要改变加速电势差 V,就可测得不同的离子质量 M。表 2-1 列出了一些原子质量的测量值。

表 2-1　一些原子的质量

原子名称	原子质量/u	原子名称	原子质量/u
^{1}H	1.007 825	^{7}Li	7.016 005
^{2}H	2.014 102	^{12}C	12.000 000
^{3}H	3.016 050	^{16}O	15.994 915
^{4}He	4.002 603	^{235}U	235.043 944
^{6}Li	6.015 123	^{238}U	238.050 816

二、质量亏损

能量和质量都是物质的属性。具有一定质量 m 的物体,它相应的能量 E 由相对论公式

$$E = mc^2 \qquad (2.2.5)$$

给出,其中 c 是真空中的光速。此式称为质能关系式或质能联系定律。对上式的两边取差分,得

$$\Delta E = \Delta m c^2 \qquad (2.2.6)$$

此式表示了体系能量的变化和质量的变化相联系。体系有质量的变化就一定有能量的变化。反之亦然。这表明,质量、能量这两个物质的属性是密切相联系的。对于孤立体系,总能量守恒,也必然地有总质量守恒。

实验发现,原子核的质量并不等于组成它的核子的质量和,而总是小于这个质量和,两者之差称为质量亏损。

$$\Delta m(Z,A) = Zm(^1\mathrm{H}) + (A-Z)m_\mathrm{n} - m(Z,A) \qquad (2.2.7)$$

在实际计算中,我们用小写字母 m 表示原子核的质量,用大写字母 M 表示原子的质量。忽略电子结合能后,上式可写为

$$\Delta M(Z,A) = ZM(^1\mathrm{H}) + (A-Z)m_\mathrm{n} - M(Z,A) \qquad (2.2.8)$$

在某些原子核质量数据表中,不是直接列出核素的原子质量 M,而是列出 $(\widetilde{M}A)$,称为核素的质量过剩,通常用符号 Δ 表示。即

$$\Delta(Z,A) = [M(Z,A) - A]c^2 \qquad (2.2.9)$$

这样列表,应用起来较为方便,用质量差计算能量变化时,就省去了单位之间的换算。

三、原子核的结合能

根据式(2.2.5)和式(2.2.6),对于 $\Delta M > 0$ 的情形,体系变化以后静止质量增大,相应地有 $\Delta E > 0$,即要对体系提供能量,这种变化称为吸能变化。

实验发现,所有的原子核都有正的质量亏损,即

$$\Delta M(Z,A) > 0 \qquad (2.2.10)$$

即原子核的质量比组成它的核子的总质量小,表明由自由核子结合成原子核时要放出能量,或者要把原子核打碎成自由核子要给予能量,该能量称为原子核的结合能,用 $B(Z,A)$ 表示。根据质能关系式,它与核素的质量亏损 $\Delta M(Z,A)$ 的关系式为

$$B(Z,A) = \Delta M(Z,A)c^2 \qquad (2.2.11)$$

利用式(2.2.8)及式(2.2.11),可以由核素的原子质量来计算原子核的结合能:

$$B(Z,A) = [ZM(^1\mathrm{H}) + (A-Z)m_\mathrm{n} - M(Z,A)]c^2 \qquad (2.2.12)$$

也可以写成

$$B(Z,A) = Z\Delta(^1\mathrm{H}) + (A-Z)\Delta(\mathrm{n}) - \Delta(Z,A) \qquad (2.2.13)$$

例如,对于 $^{56}\mathrm{Fe}, Z=26, A=56$,可得其结合能 $B(^{56}\mathrm{Fe}) = 492.3 \text{ MeV}$。

表 2-2 列出了一些核素的结合能。从表中还可以看出,不同核素的结合能差别是很大的。一般地说,质量数 A 大的原子核结合能 B 也大。

四、比结合能

原子核平均每个核子的结合能又称为比结合能,用 ε 表示。

$$\varepsilon = B/A \tag{2.2.14}$$

比结合能表示了若把原子核拆成自由核子,平均对于每个核子所要做的功。比结合能 ε 的大小可用以标志原子核结合得松紧程度。ε 越大的原子核结合得越紧;ε 较小的原子核结合得越松。表 2-2 中也列出了一些核素的比结合能,氘核 ^2H 的比结合能 ε 最小,只有 1.112 MeV,^{238}U 核的结合能 B 很大,但是它的比结合能 ε 并不大,比 ^{56}Fe,^{129}Xe 等的 ε 值小。

表 2-2 一些核素的结合能和比结合能

核素	结合能 B/MeV	比结合能 ε/MeV
^2H	2.224	1.112
^3He	7.718	2.573
^4He	28.30	7.07
^6Li	31.99	5.33
^7Li	39.24	5.61
^{12}C	92.16	7.68
^{14}N	104.66	7.48
^{15}N	115.49	7.70
^{15}O	111.95	7.46
^{16}O	127.61	7.98
^{17}O	131.76	7.75
^{17}F	128.22	7.54
^{19}F	147.80	7.78
^{40}Ca	342.05	8.55
^{56}Fe	492.3	8.79
^{107}Ag	915.2	8.55
^{129}Xe	1 087.6	8.43
^{131}Xe	1 103.5	8.42
^{132}Xe	1 112.4	8.43
^{208}Pb	1 636.4	7.87
^{235}U	1 783.8	7.59
^{238}U	1 801.6	7.57

对于稳定的核素 $^A_Z X$,以 ε 为纵坐标,A 为横坐标作图,可以联成一条曲线,称为比结合能曲线,如图 2-3 所示。从图中可以看出一些特点,找到一些规律。

1)当 $A<30$ 时,曲线的趋势是上升的,但是有明显的起伏。为了看起来清楚可见,对于 $A\leqslant25$,加大了横轴的单位。在图中,峰的位置都在 A 为 4 的整数倍的地方,如 ^4He,^{12}C,

^{16}O，^{20}Ne 和^{24}Mg 等，这些原子核的质子数 Z 和中子数 $N＝A－Z$ 都是偶数，称为偶偶核。而且它们的 Z 和 N 还相等，这表明对于轻核可能存在 α 粒子的集团结构。

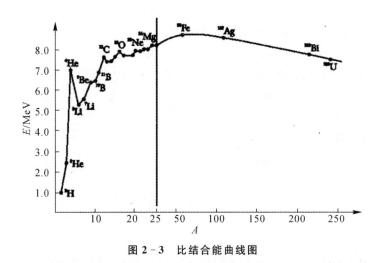

图 2-3　比结合能曲线图

2）当 $A＞30$ 时，$\varepsilon≈8$ MeV。与 A 很小时曲线的明显起伏不同，近似地有 $\varepsilon＝B/A≈$ 常量，即 $B∝A$。这表明原子核的结合能粗略地与核子数成正比。这一关系的含义，将在原子核的液滴模型中讨论。每个核子的结合能比原子中每个电子的结合能要大得多，说明在原子核中核子间的结合是很紧的，而原子中电子被原子核的束缚要松得多。

3）曲线的形状是中间高，两端低。这说明 A 为 $50\sim150$ 的中等质量的核结合得比较紧，很轻的核和很重的核（$A＞200$）结合得比较松。正是根据这样的比结合能曲线，物理学家预言了原子能的利用。

一种是重核的裂变。一个很重的原子核分裂成两个中等质量的原子核，ε 由小变大，有核能释放出来，俗称原子能。例如重核^{235}U，它吸收一个中子而成^{236}U，随之可裂变成两个中等质量的碎片核。ε 由 7.6 MeV 增大到 8.5 MeV。一次裂变约有 210 MeV 的能量释放出来。这就是原子弹和裂变反应堆能够释放出巨大能量的原因。

另一种是轻核的聚变。两个很轻的原子核聚合成一个重一些的核，ε 由小变大，也有核能释放出来。例如，氘核和氚核聚合反应生成氦核，并有中子放出，反应式如下：

$$^{2}H＋^{3}H \longrightarrow {}^{4}He＋n$$

一次这样的聚变反应就有 20 MeV 以上的核能放出。这就是氢弹和热核反应释放大量能量的基本原理。

五、最后一个核子的结合能

原子核最后一个核子的结合能，是一个自由核子与核的其余部分组成原子核时，所释放的能量。有时也讨论从原子核中分离出一个核子所要给予的能量，称为原子核的一个核子分离能。这两者在数值上是相等的。

原子核最后一个核子结合能的大小，反映了这种原子核相对邻近的那些原子核的稳定程度。

核素最后一个中子的结合能,是核素$_Z^A X_N$中第N个中子的结合能,即

$$S_n(Z,A) = [M(Z,A-1) + m_n - M(Z,A)]c^2 = \Delta(Z,A-1) + \Delta(n) - \Delta(Z,A)$$

$$(2.2.15)$$

也可以由两个同位素$_Z^A X$与$_Z^{A-1} X$的结合能之差算出:

$$S_n(Z,A) = B(Z,A) - B(Z,A-1) \tag{2.2.16}$$

核素最后一个质子的结合能,是核素$_Z^A X$中第Z个质子的结合能,即

$$S_p(Z,A) = [M(Z-1,A-1) + m(^1H) - M(Z,A)]c^2 = \Delta(Z-1,A-1) + \Delta(^1H) - \Delta(Z,A)$$

$$(2.2.17)$$

同理,也可以得出

$$S_p(Z,A) = B(Z,A) - B(Z-1,A-1) \tag{2.2.18}$$

例如,经计算得到

$$S_p(^{16}O) = B(8,16) - B(7,15) = 12.12 \text{ MeV}$$
$$S_n(^{16}O) = B(8,16) - B(8,15) = 15.66 \text{ MeV}$$
$$S_n(^{17}O) = B(8,17) - B(8,16) = 4.15 \text{ MeV}$$

对于上述一些原子核,最后一个核子的结合能有巨大的差别,这表明^{16}O与邻近的原子核相比,稳定性要大得多。

六、原子核的稳定性

有些原子核是稳定的,如^1H,^2H,^{12}C,^{133}Cs等。有些原子核是不稳定的,能经过放射粒子而转化为稳定的原子核,例如^3H,^{14}C,^{137}Cs,^{210}Po和^{252}Cf等,可经β衰变、γ跃迁、α衰变和自发裂变等方式转化为稳定的原子核。

实验发现的核素已有2 000多种,其中只有近300种是稳定的。关于原子核的稳定性,由实验得到了一些经验规律。

1. β稳定线

把具有β稳定性的核素,标绘在Z-N平面上,发现这些原子核都集中在一条狭长的区域内,如图2-4所示。通过这个β稳定区的中心可以作一条曲线,称为β稳定线。对于$A < 40$的原子核,β稳定线近似为直线,$N = Z$,即中子数N与质子数Z之比(中质比),$N/Z = 1$。对于$A > 40$的原子核,β稳定线的中质比$N/Z > 1$。对于^{208}Pb,它的中质比$N/Z = 1.54$。

β稳定线可用下列经验公式表示,

$$Z = \frac{A}{1.98 + 0.015\,5A^{2/3}} \tag{2.2.19}$$

其中$A = Z + N$。

在β稳定线左上部的核素,具有β^-放射性。如^{14}C,^{32}P等,经放出β^-粒子分别转变成^{14}N,^{32}S而向β稳定线靠拢。β稳定线右下部的核素具有电子俘获EC或β^+放射性。如^{57}Ni经EC过程或放出β^+粒子转变成^{57}Co,再经EC过程转变成^{57}Fe,成为稳定的核素。这个变化过程也是向着β稳定线靠拢。β稳定区能够形象地比作一个山谷,在山坡上的核素是不稳定的,经β衰变而落入谷底,就转变成β稳定性的核素了。

β稳定线表示原子核有中子、质子对称相处的趋势,即中子数N和质子数Z相等的核素

具有较大的稳定性。这种效应在轻核中很显著。对于重核,核内质子数增多,库仑排斥作用增大了,要构成稳定的原子核就需要更多的中子以抵消库仑排斥作用。但是,并非包含中子数越多的核素就越稳定。由于中子、质子有对称相处的趋势,随着质量数 A 的增大,具有 β 稳定性的核素,它的中质比也逐渐地增大。

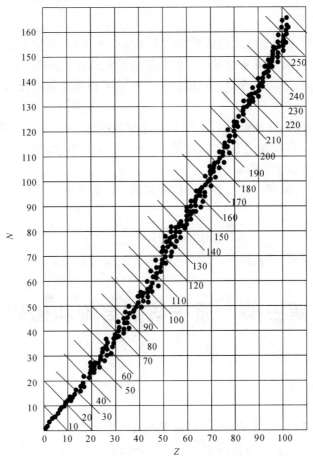

图 2-4　β 稳定线的核在 Z-N 平面上的标绘

2. 核子数的奇偶

对于近 300 种稳定的核素,可以按质子数 Z、中子数 N 的奇偶分类,见表 2-3。偶数以 e 表示(even),奇数以 o 表示(odd)。

表 2-3　稳定核素的奇偶分类表

Z	N	名　称	稳定核素数目
e	e	偶偶核	156
e	o	偶奇核	48
o	e	奇偶核	50
o	o	奇奇核	5
合　　计			259

从表中可以看到,在稳定的核素中有一大半是偶偶核。而奇奇核只有 5 种,即^{2}H,^{6}Li,^{10}B,^{14}N 以及丰度较小的^{180m}Ta。奇 A 核有质子数为奇数和中子数为奇数的两类,稳定核素的数目差不多,介于稳定的偶偶核和奇奇核的数目之间。这表明质子数 Z、中子数 N 各自成对时,原子核有较大的稳定性。或者说,质子、中子各有配对相处的趋势。

3. 重核的不稳定性

实验发现,能发生 α 衰变的天然放射性核素都是一些重核,其中最轻的是^{142}Ce,很重的核几乎都具有 α 放射性。能够发生自发裂变的核素也都是些很重的核。这是因为对于很重的原子核,其比结合能小,核子间结合得比较松。原子核的不稳定性就要通过 α 衰变、自发裂变等方式表现出来。

自然界存在最重的一些核素是^{235}U,^{238}U 和极少量的^{244}Pu,而且它们都是放射性的。这表明重核的稳定性差。但是,理论上预言,在 $Z=114,N=184$ 附近的超重核有可能存在一定的稳定性,这有待通过实验来检验。

原子核的稳定性可以通过广义质量亏损来判断。广义质量亏损定义为体系变化前后静止质量之差,即

$$\Delta M = \sum M_i - \sum M_f$$

显然,只有广义质量亏损 $\Delta M > 0$ 时,原子核的变化才有可能自发进行。

第三节　原子核的自旋和磁矩

一、原子核的自旋

原子核的自旋,即原子核的角动量,是原子核最重要的特性之一。产生原子核角动量的原因不难理解。事实上,由于原子核由中子和质子所组成,中子和质子是具有自旋为 1/2 的粒子,它们除有自旋外,还在核内作复杂的相对运动,因而具有相应的轨道角动量。所有这些角动量的矢量和就是原子核的自旋。它是核的内部运动所具有的,与整个核的外部运动无关。

原子核自旋角动量 P_I 的公式:

$$P_I = \sqrt{I(I+1)} \hbar \tag{2.3.1}$$

I 为整数或半整数,是核的自旋量子数。核自旋角动量 P_I 在空间给定 z 方向的投影 P_{Iz} 为

$$P_{Iz} = m_I \hbar \tag{2.3.2}$$

m_I 叫磁量子数,它可以取 $2I+1$ 个值:

$$m_I = I, I-1, \cdots, -I+1, -I$$

实际上,自旋量子数 I 是自旋角动量 P_I 在 z 方向投影的最大值(以 $\hbar$ 为单位)。通常用这个投影的最大值,即自旋量子数 I 来表示核的自旋的大小,正如核子的自旋量子数 1/2 用来表示核子的自旋一样。例如平常说^{14}N 的自旋为 1,是指它的 $I=1$;^{9}Be 的自旋为 3/2,是指它的 $I=3/2$。

原子核的自旋可以通过原子光谱的超精细结构来测得。为了了解超精细结构的成因,先从光谱的精细结构谈起。原子处于激发态时,要通过处于高能级的电子跃迁到低能级来退激,此时可以放出光子,这叫原子发光。例如,早期发现的钠的 D 线(其波长 $\lambda_D = 589.3$ nm)是钠原子的价电子从 3P 能级跃迁到 3S 能级时发出的谱线,如图 2-5(a)所示。后经进一步研究,发现 D 线是由波长相差 0.6 nm 的 $\lambda_1 = 589.6$ nm 和 $\lambda_2 = 589.0$ nm 两条谱线构成的。这叫钠 D 线的精细结构。精细结构是由于电子的自旋与轨道运动相互作用而产生的。电子的轨道角动量 P_l 与自旋 P_s,耦合成总角动量 P_j:

$$P_j = P_l + P_s \tag{2.3.3}$$

式中,$P_j = \sqrt{j(j+1)}\hbar$,$P_l = \sqrt{l(l+1)}\hbar$,$P_s = \sqrt{s(s+1)}\hbar$;j,l 和 s 分别是电子的总角动量、轨道角动量和自旋角动量量子数。根据角动量耦合理论,j 取下列一系列值:

$$j = l+s, l+s-1, \cdots, |l-s|$$

j 不同的能级具有不同的能量。因电子的 $s = 1/2$,所以 j 只取 $l+1/2,l-1/2$ 两个值。这就使原来 l 为定值的一个能级分裂成两个具有不同 j 值的子能级,从而产生了光谱的精细结构。例如钠的 3P 能级,因 $l = 1,s = 1/2$,则分裂成 $j = 3/2$ 和 $j = 1/2$ 的两个能级:$3P_{3/2}$ 和 $3P_{1/2}$。原来的 3S 能级,因 $l = 0,j$ 只能取 $1/2$ 值,则此能级不发生分裂。于是电子从子能级 $3P_{3/2}$ 和 $3P_{1/2}$ 跃迁到 $3S_{1/2}$ 能级时,就产生了 D 线的精细结构,如图 2-5(b)所示。

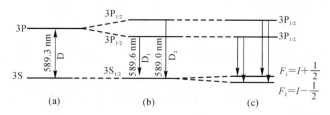

图 2-5 钠 D 线的精细结构和超精细结构

光谱仪的分辨本领进一步提高后,发现 D_1 线又由相距为 0.002 3 nm 的两条线组成,D_2 线由相距 0.002 1 nm 的两条线组成。这种分裂大约为 D_1 和 D_2 线之间距离的 1/300。这就是原子光谱的超精细结构。

为什么会产生超精细结构?正如电子的自旋与轨道运动相互作用产生精细结构一样,超精细结构是由于核的自旋与电子的总角动量相互作用的结果。因为核自旋比电子自旋的影响小很多,所以这种能级分裂比精细结构情形小很多。

核的自旋 $\boldsymbol{P}_I$ 与电子的总角动量 $\boldsymbol{P}_j$ 耦合而成的原子的总角动量 $\boldsymbol{P}_F$ 为

$$\boldsymbol{P}_F = \boldsymbol{P}_I + \boldsymbol{P}_j \tag{2.3.4}$$

$\boldsymbol{P}_F$ 的大小为 $P_F = \sqrt{F(F+1)}\hbar$,F 可取下列数值:

$$F = I+j, I+j-1, \cdots, |I-j| \tag{2.3.5}$$

如果 $j \geqslant I,F$ 有 $2I+1$ 个值;如果 $I \geqslant j,F$ 有 $2j+1$ 个值。不同 F 的能级具有不同的能量。于是原来 F 为定值的能级又分裂成 $2I+1$ 或 $2j+1$ 个具有不同 F 值的子能级。当然,这种子能级之间的距离,比由不同 j 值的能级之间的距离要小很多,从而造成了原子光谱的超精细结构。例如钠的 $3S_{1/2}$ 能级,它最靠近原子核,受核自旋影响最大,其电子的 $j = 1/2$,则 F 可取两个值:$F = I+1/2, I-1/2$。因此 $3S_{1/2}$ 能级分裂成具有不同 F 值的两个能级。$3P_{3/2}$ 和

3P$_{1/2}$ 能级也将分裂,但它们的分裂非常小,可暂不考虑。由于 3S$_{1/2}$ 能级一分为二,则由 3P$_{1/2}$ 跃迁到 3S$_{1/2}$ 的 D$_1$ 线变成了双线,由 3P$_{3/2}$ 跃迁到 3S$_{1/2}$ 的 D$_2$ 线也变成了双线,如图 2-5(c)所示。这就是超精细结构的成因。

下面讨论利用光谱线的超精细结构来定出核的自旋。

1) 当 $I \leqslant j$ 时,由于 F 可取 $2I+1$ 个值,则能级分裂成 $2I+1$ 个子能级,所以,只要定出子能级的数目就可求出 I。这方法对 I 小的核比较适用,尤其是当能级不分裂时,就可定出 $I = 0$。

2) 当 $I \geqslant j$ 时,由于 F 取 $2j+1$ 个值,能级分裂为 $2j+1$ 个,则无法利用子能级数目来确定 I。此时可采用间距法则来求 I。

从量子力学知道,$\boldsymbol{P}_I$ 与 $\boldsymbol{P}_j$ 的相互作用能量 E 正比于 $\boldsymbol{P}_I \cdot \boldsymbol{P}_j$,即

$$E = A\boldsymbol{P}_I \cdot \boldsymbol{P}_j \tag{2.3.6}$$

式中,A 是常量。将式(2.3.4)两边平方:

$$P_F^2 = P_I^2 + P_j^2 + 2\boldsymbol{P}_I \cdot \boldsymbol{P}_j$$

则

$$\boldsymbol{P}_I \cdot \boldsymbol{P}_j = \frac{1}{2}(P_F^2 - P_I^2 - P_j^2) = \frac{1}{2}[F(F+1) - I(I+1) - j(j+1)]\hbar^2 \tag{2.3.7}$$

把式(2.3.7)代入式(2.3.6),得

$$E = \frac{1}{2}A[F(F+1) - I(I+1) - j(j+1)]\hbar^2 \tag{2.3.8}$$

由于 F 可取 $2I+1$ 或 $2j+1$ 个值,则 E 也可取 $2I+1$ 或 $2j+1$ 个值。这就是能级分裂的原因。

设 $F = I+j, I+j-1, \cdots$ 时的相互作用能 E 分别为 $E_1, E_2, \cdots$,由式(2.3.8)就容易算得两相邻能级的间距 ΔE 为

$$\left.\begin{aligned} \Delta E_1 &= E_1 - E_2 = A\hbar^2(I+j) \\ \Delta E_2 &= E_2 - E_3 = A\hbar^2(I+j-1) \\ \Delta E_3 &= E_3 - E_4 = A\hbar^2(I+j-2) \\ &\cdots\cdots \end{aligned}\right\} \tag{2.3.9}$$

所以有

$$\Delta E_1 : \Delta E_2 : \Delta E_3 : \cdots = (I+j) : (I+j-1) : (I+j-2) : \cdots \tag{2.3.10}$$

这种相邻能级间距的规则称为间距法则。

实验测得这些能级间距的比值后,即可由式(2.3.10)定出核的自旋 I 的值。显然,只有当 $I > 1/2$ 和 $j > 1/2$ 时,即能级分裂不止两个时,此法才能应用。例如,实验发现铋的 $\lambda = 472.2$ nm 谱线分裂成六条。$\lambda = 472.2$ nm 是对应于 D$_{3/2}$ 与 S$_{1/2}$ 之间的跃迁,发现能级分裂数分别为 4 和 2,即分裂为 $2j+1$ 个子能级,则 $I \geqslant J$。此时,第一种方法不能用,但可利用间距法则,测得 D$_{3/2}$ 的四个子能级的间距比是 $6:5:4$,由式(2.3.10)知 $I+J = 6$,则由 $j = 3/2$,得 $I = 9/2$。

3) 利用超精细结构谱线的相对强度测定 I。

由于超精细结构谱线的相对强度正比于 $2F+1$,因而从相对强度之比可定出 I。事实上,设 R_1 和 R_2 分别是谱线 $F_1 = I+j$ 和 $F_2 = I+j-1$ 的相对强度,则有

$$\frac{R_1}{R_2} = \frac{2F_1+1}{2F_2+1} = \frac{2(I+j)+1}{2(I+j-1)+1} = \frac{2(I+j)+1}{2(I+j)-1} \tag{2.3.11}$$

当上述两种方法都不适用时,可利用此种方法定出 I。例如钠 D 线的超精细结构,由于 $I \geqslant j$,则第一种方法不适用;另外由于 $3\,S_{l/2}$ 能级只可能分裂为两个子能级,即只有一个能量间距,所以第二种方法也不行。但可利用超精细谱线的相对强度之比来求得核的自旋 I。例如实验测得 D_1 线(或 D_2 线)的两超精细谱线的相对强度之比为 $5:3$。由式(2.3.11)得

$$\frac{2(I+j)+1}{2(I+j)-1} = \frac{5}{3}$$

则 $I+j=2$。已知 $j=1/2$,所以得 $I=3/2$。

上述三种方法都是通过测量原子光谱来定核的自旋。此外,通过测量分子光谱等办法也可定出核的自旋,这里不再一一叙述。

分析核自旋的实验数据,得出以下两条规律:

1) 偶 A 核的自旋为整数。其中偶偶核(即质子数 Z 和中子数 N 均为偶数的核)的 $I=0$。

2) 奇 A 核的自旋为半整数。

这两条规律将在原子核结构的壳模型理论中进行讨论。

二、原子核的磁矩

原子核是一个带电的系统,而且具有自旋,因此可以推测它应该具有磁矩。在量子力学中,我们知道原子中电子的磁矩有两部分:自旋的磁矩

$$\boldsymbol{\mu}_s = -\frac{e}{m_e}\boldsymbol{P}_s = g_s\left(\frac{e}{2m_e}\right)\boldsymbol{P}_s \qquad (2.3.12)$$

和轨道运动的磁矩

$$\boldsymbol{\mu}_l = -\frac{e}{2m_e}\boldsymbol{P}_l = g_l\left(\frac{e}{2m_e}\right)\boldsymbol{P}_l \qquad (2.3.13)$$

式中 m_e 是电子的质量;$\boldsymbol{P}_s$ 和 $\boldsymbol{P}_l$ 是电子的自旋和轨道角动量;因子 g 称为电子的 g 因数,其值 $g_s=-2$,$g_l=-1$。若 $\boldsymbol{P}_s$ 和 $\boldsymbol{P}_l$ 的单位取 $\hbar$,则式(2.3.12)和式(2.3.13)可写为

$$\boldsymbol{\mu}_s = g_s\mu_B\boldsymbol{P}_s \qquad (2.3.14)$$

和

$$\boldsymbol{\mu}_l = g_l\mu_B\boldsymbol{P}_l \qquad (2.3.15)$$

式中 $\mu_B = \dfrac{e\hbar}{2m_e} = 9.274\,0\times10^{-24}$ A·m^2,称为玻尔磁子。通常电子的磁矩 $\boldsymbol{\mu}$ 用 μ_B 作单位,则 $\boldsymbol{\mu}$ 可写为

$$\boldsymbol{\mu} = \boldsymbol{\mu}_s + \boldsymbol{\mu}_l = g_s\boldsymbol{P}_s + g_l\boldsymbol{P}_l \qquad (2.3.16)$$

实验表明,核子也有磁矩,与质子和中子自旋相应的磁矩分别为

$$\boldsymbol{\mu}_p = g_p\left(\frac{e}{2m_N}\right)\boldsymbol{P}_s, \quad \boldsymbol{\mu}_n = g_n\left(\frac{e}{2m_N}\right)\boldsymbol{P}_s$$

其中 g_p 和 g_n 分别为质子和中子的 g 因数,m_N 为核子质量。如果与电子自旋磁矩情形相比较,对于质子应该有 $g_p=+2$,对于中子,因它不带电,应该有 $g_n=0$。但实验证明,$g_p=+5.586$,$g_n=-3.826$。因此,通常称质子和中子具有反常磁矩。

与原子核的自旋 P_I 相联系,类似于式(2.3.12),核的磁矩 μ_I 为

$$\mu_I = g_I\left(\frac{e}{2m_p}\right)P_I \qquad (2.3.17)$$

g_I 称为核的 g 因数；m_p 是质子的质量。

由于 $\boldsymbol{P}_I$ 在空间给定 z 方向的投影 $P_{Iz} = m_I\hbar$ 有 $2I+1$ 个值：

$$m_I = I, I-1, \cdots, -I+1, -I$$

所以 $\boldsymbol{\mu}_I$ 在给定方向的投影 μ_{Iz} 也有 $2I+1$ 个值：

$$\mu_{Iz} = g_I\left(\frac{e\hbar}{2m_p}\right)m_I \tag{2.3.18}$$

其最大投影（记作 μ_I）为

$$\mu_I = g_I\left(\frac{e\hbar}{2m_p}\right)I = g_I\mu_N I \tag{2.3.19}$$

式中 $\mu_N = \dfrac{e\hbar}{2m_p} = 5.050\,8 \times 10^{-27}\,\mathrm{A \cdot m^2}$，称之为核磁子。因为 m_p 比 m_e 大 1 836 倍，所以核磁子 μ_N 只有玻尔磁子 μ_B 的 1/1 836。可见，核磁矩比原子中的电子磁矩要小得多，这就是超精细谱线的间距比精细结构谱线的间距要小得多的原因。

需要指出的是，通常是用核磁矩在给定 z 方向投影的最大值 μ_I 来衡量核磁矩的大小，并且常以核磁子 μ_N 作单位。一般文献和书籍中所列核磁矩 μ 的大小就是指以 μ_N 作单位的 μ_I 值。例如根据式（2.3.19），质子和中子的磁矩分别为 $+2.793$ 和 1.913。

测量磁矩的方法有许多种，下面仅介绍比较重要的核磁共振法。

由式（2.3.19）知，若核的自旋 I 已知，测量磁矩的实质在于测量 g_I 因数。利用核磁共振法测量 g_I 因数的原理如下：将被测样品放在一个均匀的强磁场 $\boldsymbol{B}(\approx 1\mathrm{T})$ 中，由于核具有磁矩 $\boldsymbol{\mu}_I$，它在磁场中与 $\boldsymbol{B}$ 作用获得附加能量 E：

$$E = -\boldsymbol{\mu}_I \cdot \boldsymbol{B} = -\mu_{Iz}B \tag{2.3.20}$$

式中，μ_{Iz} 是磁矩 $\boldsymbol{\mu}_I$ 在磁场方向 z 上的投影。由式（2.3.18）式知，μ_{Iz} 有 $2I+1$ 个值，所以 E 也有 $2I+1$ 个值：

$$E = -g_I\mu_N m_I B \tag{2.3.21}$$

这就是说，能量随核在磁场中的取向不同而不同。按核的取向不同，原来的能级分裂成 $2I+1$ 个子能级。当 $m_I = I$ 时，子能级的能量最低；当 $m_I = I-1$ 时，能量次之；……；当 $m_I = -I$ 时，能量最高。根据选择定则 $\Delta m_I = 0, \pm 1$，两相邻子能级间可以进行跃迁，跃迁能量 ΔE 由式（2.3.21）得

$$\Delta E = g_I\mu_N B \tag{2.3.22}$$

可见，只要想办法测得 ΔE，即可求出 g_I，从而就可获得核的磁矩。如果在垂直于均匀磁场 $\boldsymbol{B}$ 的方向再加上一个强度较弱的高频磁场，当其频率 ν 满足以下条件时

$$h\nu = \Delta E \tag{2.3-23}$$

则样品的原子核将会吸收高频磁场的能量而使核的取向发生改变，从而实现由较高的子能级向相邻较低子能级的跃迁。此时，高频磁场的能量将被原子强烈吸收，称为共振吸收；此时的频率 ν 称为共振频率。由式（2.3.22）和式（2.3.23）得

$$g_I = h\nu/\mu_N B \tag{2.3.24}$$

因此，只要测得了 ν 和 B，利用上式即可求出 g_I。

图 2-6 所示是核磁共振法的原理图。一个 30 MHz 振荡器直接与一平衡线路的两臂相连。高频信号在 A 处分两路进行。两路线路基本相同，但其一路中置有被测样品，使其共处于均匀磁场 $\boldsymbol{B}$ 中。样品上绕有高频线圈，它产生与 $\boldsymbol{B}$ 垂直的一个高频磁场，在此分路中还有一

个延迟电路,其作用是使高频信号的相位延迟180°。因此不发生共振时,两路信号在两臂会合点 B 相互抵消。改变磁场 **B** 的大小,当其满足式(2.3.12)的条件时,样品发生共振吸收,有样品的一路信号强度减弱,此时在 B 点信号不能完全抵消,就有输出。将此信号放大后加到示波器进行观测。为了显示共振,另有一30 Hz 低频振荡器接入均匀磁场 **B** 的附加线圈,使磁场在共振值附近变动,所以每秒只发生 30 次共振。同时将此低频电压输入示波器,作为示波器的扫描电压。于是,在发生共振时,示波器上将稳定地显示出共振曲线。实验结果表明,磁矩有正有负,正号表示其方向与自旋同向,负号表示与自旋反向。

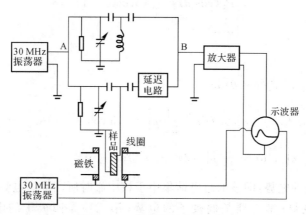

图 2‑6　核磁共振法原理图

核磁共振有很多重要应用。例如,如果已知核的磁矩,实验上可改变共振频率 ν 来测得未知磁场 **B** 的大小,而且测量精度相当高。此外,核磁共振在物质结构的研究中也有广泛的应用。

第四节　原子核的电四极矩

前面已经指出,原子核接近球形,但在实际应用中发现,对于某些原子如 Eu,原子光谱的超精细结构间距法则不再适用,即不能只考虑原子核的磁矩。进一步的实验表明,大多数原子核的形状是偏离于球形不大的轴对称椭球,这一点由原子核具有电四极矩得到证明(见图2‑7)。

原子核有电荷 Ze,这些电荷在核内的不同分布就产生不同的电势。如果核的电荷均匀分布于轴对称椭球形的核内,则它所产生的电势怎样呢?今考察在原子核的对称轴 z 上 z_0 点的电势 ϕ(见图 2‑7)。

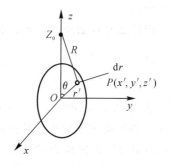

图 2‑7　原子核产生的电势

$$\phi = \frac{1}{4\pi\varepsilon_0}\int_V \rho(x',y',z')\,\frac{\mathrm{d}\tau}{R} = \frac{1}{4\pi\varepsilon_0}\rho\int_V \frac{\mathrm{d}\tau}{R} \tag{2.4.1}$$

式中 ε_0 是真空中的介电常量;$\rho(x',y',z')$ 是核内 $P(x',y',z')$ 点周围体积元 $\mathrm{d}\tau$ 中的电荷密度,并假设核内电荷均匀分布,则 ρ 为常量,可将它提到积分号外,积分限是原子核体积 V。

由于

$$\frac{1}{R} = \frac{1}{\sqrt{z_0^2 + r'^2 - 2z_0 r' \cos\theta}} = \sum_0^\infty \frac{r'^l}{z_0^{l+1}} P_l(\cos\theta) \tag{2.4.2}$$

$P_l(\cos\theta)$ 是勒让德多项式：

$$P_0(\cos\theta) = 1$$
$$P_1(\cos\theta) = \cos\theta$$
$$P_2(\cos\theta) = \frac{1}{2}(3\cos^2\theta - 1)$$
$$\cdots\cdots$$

则式(2.4.1)可写为

$$\phi = \frac{1}{4\pi\varepsilon_0} \sum_{l=0}^\infty \frac{1}{z_0} \rho \int_V r'^l P_l(\cos\theta) d\tau =$$
$$\frac{1}{4\pi\varepsilon_0} \left\{ \frac{1}{z_0} \rho \int_V d\tau + \frac{1}{z_0} \rho \int_V r' \cos\theta d\tau + \frac{1}{2z_0} \rho \int_V r'^2 (3\cos^2\theta - 1) d\tau + \cdots \right\} =$$
$$\frac{1}{4\pi\varepsilon_0} \left\{ \frac{Ze}{z_0} + \frac{1}{z_0} \rho \int_V z' d\tau + \frac{1}{2z_0} \rho \int_V (3z'^2 - r'^2) d\tau + \cdots \right\} \tag{2.4.3}$$

式中第一项是单电荷的电势,即核的总电荷集中于核中心时所产生的电势,或者说电荷为球对称分布时所产生的电势;第二项是偶极子的电势;第三项是四极子的电势;以后各项可以忽略。

通常,定义 $\int_V \rho z' d\tau$ 为电偶极矩,实验和理论分析表明,原子核无电偶极矩。定义

$$Q = \frac{1}{e} \int_V \rho (3z'^2 - r'^2) d\tau \tag{2.4.4}$$

为核的电四极矩,注意它有面积的量纲。

由此可以看到,如果原子核的电荷均匀分布于轴对称椭球形的核内,则它在对称轴方向所产生的电势可以看作一个单电荷电势和四极子电势之和。而四极子电势与电荷分布的形状密切相关,即原子核的形状决定着电四极矩的大小,正是由于这一点,电四极矩成为原子核的重要特性之一。

设椭球对称轴的半轴为 c,另外两个半轴为 a,则式(2.4.4)可写成一个简洁的表达式：

$$Q = \frac{\rho}{e} \int_V (3z'^2 - r'^2) d\tau = \frac{Z}{V} \int_V (2z'^2 - x'^2 - y'^2) d\tau = \frac{Z}{V} \left(\frac{2}{5} c^2 V - \frac{2}{5} a^2 V \right) = \frac{2}{5} Z(c^2 - a^2) \tag{2.4.5}$$

从式(2.4.5)可知,当 $c = a$ 时,$Q = 0$,即球形核的电四极矩为零,见图2-8(a);当 $c > a$ 时,$Q > 0$,即长椭球形原子核具有正的电四极矩,见图2-8(b);当 $c < a$ 时,$Q < 0$,即扁椭球形原子核具有负的电四极矩,见图2-8(c)。因此,根据电四极矩 Q 值的大小和符号可以推知原子核偏离球形的程度。

令 ε 为原子核偏离球形程度的形变参量,定义 $\varepsilon \equiv \frac{\Delta R}{R}$,$R$ 为与椭球同体积的球的半径,ΔR 为椭球对称轴半径 c 与 R 之差,则

$$c = R(1 + \varepsilon) \tag{2.4.6}$$

由于

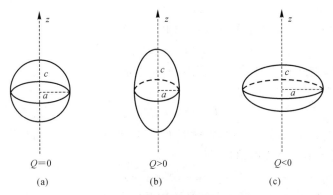

图 2 - 8　电四极矩与核形状的关系

（a）球形；　（b）长椭球形；　（c）扁椭球形

$$\frac{4}{3}\pi R^3 = \frac{4}{3}\pi a^2 c$$

则有

$$a = \frac{R}{\sqrt{1+\varepsilon}} \tag{2.4.7}$$

将式（2.4.6）和式（2.4.7）代入式（2.4.5），即得电四极矩 Q 与形变参量 ε 的关系如下：

$$Q \approx \frac{6}{5}ZR^2 \approx \frac{6}{5}Zr_0 A^{\frac{2}{3}}\varepsilon \tag{2.4.8}$$

实验测得 Q 值后，利用式（2.4.8）就可算出 ε。结果表明，对大多数原子核，ε 的绝对值是不等于零的小数，一般为百分之几。这说明大多数原子核是非球形的，但偏离球形的程度都不大。

原子核的电四极矩的存在将破坏原子光谱超精细结构的间距法则。实验分析这种偏离间距法则的程度，可以求得电四极矩。核的电四极矩还可以通过测量电四极矩共振吸收来获得。这两种方法都是利用核的电四极矩与核外电子的相互作用。此外，与核外电子无关，利用原子核本身能级间的跃迁也能测出电四极矩。实验表明，电四极矩有正有负，多数是正值，这说明大多数原子核的形状是长椭球。

第五节　　原子核的宇称

一、原子核的宇称

原子核的宇称是原子核的一个十分重要的特性。在讨论原子核的宇称以前，先对一般的宇称概念作一介绍。

宇称是微观物理领域中特有的概念，在经典物理中不存在这个物理量。它描写微观体系状态波函数的一种空间反演性质。设某一体系状态的波函数为 $\varphi(x)$，x 代表该体系所有粒子的坐标。当它作空间反演时（即 $x \rightarrow -x$），可引入空间反演算符来表示这种运算，即

$$\hat{P}\varphi(x) = \varphi(-x) \tag{2.5.1}$$

算符 $\hat{P}$ 称为宇称算符。对某些波函数,存在着以下关系:

$$\hat{P}\varphi(x) = K\varphi(x) \tag{2.5.2}$$

这表明波函数 $\varphi(x)$ 是宇称算符 $\hat{P}$ 的本征态,K 是本征值。

用算符 $\hat{P}$ 作用于式(2.5.2),得到

$$\hat{P}^2\varphi(x) = K^2\varphi(x) \tag{2.5.3}$$

由于 $\hat{P}^2\varphi(x) = \hat{P}\varphi(-x) = \varphi(x)$,因而有 $K^2 = 1$,则 $K = \pm 1$。所以,宇称算符的本征值只有 ± 1 两个值。对于 $K = +1$ 的情形,即

$$\varphi(-x) = \varphi(x) \tag{2.5.4}$$

称这波函数具有正的(或偶的)宇称,也就是该体系的宇称为正。对于 $K = -1$ 的情形,即

$$\varphi(-x) = -\varphi(x) \tag{2.5.5}$$

则称这波函数具有负的(或说奇的)宇称,也就是该体系的宇称为负。我们称这两种波函数都是具有确定宇称的。例如波函数 $\varphi_1 = A\cos kx$ 具有偶宇称,$\varphi_2 = A\sin kx$ 具有奇宇称。而有些波函数,例如 $\varphi = c\mathrm{e}^{ikx}$ 没有确定的宇称,它不是宇称算符的本征函数。

如果微观体系的规律在左、右手坐标系中相同,即其哈密顿算符 $\hat{H}$ 在空间反演下保持不变:

$$\hat{H}(-x) = \hat{H}(x)$$

则 $\hat{H}$ 与 $\hat{P}$ 可以对易。事实上,对于任何波函数 $\varphi(x)$,我们有

$$\hat{P}\hat{H}(x)\varphi(x) = \hat{H}(-x)\hat{P}\varphi(x) = \hat{H}(x)\hat{P}\varphi(x)$$

所以

$$\hat{P}\hat{H} = \hat{H}\hat{P} \tag{2.5.6}$$

这表明宇称算符 $\hat{P}$ 的本征值 K 是好量子数,它的值不随时间改变。K 值不随时间改变的物理意义是,如果微观物理规律在空间反演下不变,则此微观体系的宇称将保持不变,体系内部变化时,变化前的宇称等于变化后的宇称。这就是宇称守恒定律。

原子核是由中子和质子组成的微观体系。它的状态往往可以近似地用在某种有心场中独立运动的诸核子的波函数的乘积来描写。这种描写对讨论原子核状态的宇称特别简单。我们知道,在有心场中运动的粒子波函数可写成如下形式(采用球坐标表示时):

$$\varphi(r,\theta,\phi) = NR(r)\mathrm{P}_l^m(\cos\theta)\mathrm{e}^{im\phi} \tag{2.5.7}$$

其中 N 是归一化常数,$R(r)$ 是径向波函数,它只与 r 的大小有关;$\mathrm{P}_l^m(\cos\theta)$ 是缔合勒让德多项式,其微分形式为

$$\mathrm{P}_l^m(\xi) = \frac{1}{2^l l!}(1-\xi^2)^{\frac{m}{2}}\frac{\mathrm{d}^{l+m}}{\mathrm{d}\xi^{l+m}}(\xi^2-1)^l \tag{2.5.8}$$

其中 $\xi = \cos\theta$,l 为轨道角动量量子数,m 为磁量子数。

现在来讨论式(2.5.7)的宇称。在球坐标里的空间反演是 $r \to r,\theta \to \pi-\theta,\phi \to \pi+\phi$(见图 2-9),于是 $R(r)$ 在反演后不变。由于空间反演下 $\xi \to -\xi$,则 $(\xi^2-1)^l$ 在反演下不变号,但它每微分一次变一次号,所以在反演下 $\mathrm{P}_l^m(\xi) \to (-1)^{l+m}\mathrm{P}_l^m(\xi)$。另外,在反演下 $\mathrm{e}^{im\phi} \to \mathrm{e}^{im(\pi+\phi)} = (-1)^m\mathrm{e}^{im\phi}$,则 $\varphi(r,\theta,\phi)$ 在空间反演后成为 $(-1)^l\varphi(r,\theta,\phi)$。这就是说,式(2.5.7)的宇称与 l 的奇偶性相同:l 为奇数时 $\varphi(r,\theta,\phi)$ 具有奇宇称,l 为偶数时则为偶宇称。因为 $\varphi(r,\theta,\phi)$ 的宇称取决于轨道量子数 l,所以叫它为轨道宇称。

当考虑原子核中的诸核子在某种有心场中独立运动时,则诸核子波函数的宇称由其轨道量子数 l 决定。如上所述,原子核波函数可近似地考虑作诸核子波函数的乘积。因此,原子核的宇称 π_N 可看作诸核子的轨道宇称之积:

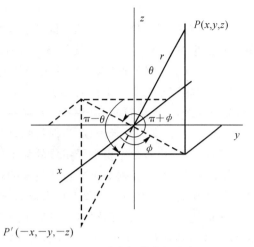

$$\pi_N = \prod_{i=1}^{A} (-1)^{l_i} \qquad (2.5.9)$$

由量子力学可知,有心场中轨道量子数 l 是好量子数,所以按式(2.5.9),一定的原子核状态具有确定不变的宇称。只有当原子核的状态改变时,即核内中子和质子状态改变时,原子核的宇称才会发生变化。因此,对原子核宇称的测定可以推知核内核子的运动规律,是研究核结构的重要手段之一。同时可以看到,对原子核

图 2 - 9　球坐标的空间反演

宇称的测定只有当原子核状态发生变化时才有可能,实验就是通过核衰变或核反应使原子核状态发生变化来获得核的宇称信息。

通常核态的宇称是用加在自旋数值右上角的"+"或"-"号来表示。例如 ^{40}K 基态的自旋为 4,宇称为负,则表示为 4^-;^4He 基态的自旋为零,宇称为正,则表示为 0^+。

以前人们认为在一切微观过程中宇称是守恒的,即体系变化前后的宇称保持不变。1956年,李政道和杨振宁提出了在弱相互作用情形,例如 β 衰变,宇称不守恒的假设,后为吴健雄等人从实验上加以证实。这是近代物理学发展中的一个重大突破。有关宇称不守恒的问题将在第六章中专门讨论。

二、原子核的统计性

实验和理论分析表明,任何微观粒子的自旋量子数不是半整数就是整数。例如电子、质子、中子、中微子、μ 介子等的自旋为半整数,光子、α 粒子、π 介子等的自旋为整数。从量子力学知道,这两类不同的粒子分别组成的体系具有不同的统计性质。由自旋为半整数的粒子组成的两个或两个以上的全同粒子系统,遵从费米-狄拉克(Fermi - Dirac)统计律。所以,自旋为半整数的粒子也叫费米子。由自旋为整数的粒子组成的两个或两个以上的全同粒子系统,则遵从玻色-爱因斯坦(Bose - Einstein)统计律。自旋为整数的粒子也叫玻色子。费米子和玻色子具有不同的性质。费米子在每一量子状态中只能有一个,玻色子在每一量子状态中则可以有两个或两个以上。

由两个或两个以上全同费米子组成的系统,它的波函数是交换反对称的,即

$$\varphi(r_1, \cdots, r_j, \cdots, r_i, \cdots, r_n) = -\varphi(r_1, \cdots, r_i, \cdots, r_j, \cdots, r_n) \qquad (2.5.10)$$

式中 $r_i(i=1,2,\cdots,n)$ 代表第 i 个粒子的空间坐标和自旋取向。此式表示将第 i 个粒子和第 j 个粒子互换后,描写系统的波函数差一符号。

如果系统是由两个或两个以上全同玻色子组成的,则它的波函数是交换对称的,即

$$\varphi(r_1, \cdots, r_j, \cdots, r_i, \cdots, r_n) = \varphi(r_1, \cdots, r_i, \cdots, r_j, \cdots, r_n) \qquad (2.5.11)$$

此式表示将第 i 个粒子和第 j 个粒子互换后,描写系统的波函数相同。

原子核的自旋可以是半整数,也可以是整数,这由质量数 A 来决定。前面已指出,奇 A 核的自旋是半整数,偶 A 核的自旋是整数。所以,奇 A 核是费米子,偶 A 核是玻色子。这一结论也可利用式(2.5.10)来论证。设由两个相同的奇 A 核或偶 A 核组成一系统,这两个原子核状态的互换,相当于两个原子核的核子——互换 A 次。核子是费米子,它遵从式(2.5.10)互换律,互换一次,波函数符号改变一次,互换 A 次,波函数符号的变化为 $(-1)^A$。所以 A 为奇数时,波函数变号,即为费米子; A 为偶数时,波函数不变号,即为玻色子。

推而广之,由奇数个费米子组成的粒子仍是费米子,由偶数个费米子组成的粒子则为玻色子,由不论是奇数还是偶数个玻色子组成的粒子总是玻色子。

原子核的统计性质在实验上可由双原子分子转动光谱的研究得到证明。

核的统计性质对论证核的质子-中子组成起过重大作用。在中子发现以前,人们曾认为质量数为 A 电荷数为 Z 的原子核是由 A 个质子和 $A-Z$ 个电子组成的。这固然可以解释原子核的质量数和电荷数,但它与核的统计性质相矛盾。按照核的质子-电子组成论,由于质子和电子都是费米子,则质量数为 A 电荷数为 Z 的原子核有 $2A-Z$ 个费米子。如果 Z 为偶数,则 $2A-Z$ 为偶数,于是该核为玻色子,如果 Z 为奇数,则 $2A-Z$ 为奇数,于是该核为费米子。可见,核是玻色子还是费米子视 Z 是偶数还是奇数而定,与 A 的奇偶性无关。这与实验结果矛盾。例如,由实验得知,$^{14}_{7}\mathrm{N}$ 核遵从玻色统计。如果按照核的质子-电子组成论,它应遵从费米统计,但按核的质子-中子组成论,它是遵从玻色统计的,从而论证了质子-电子组成论的失败,质子-中子组成论的成功。

自中子发现后,原子核的质子-中子组成论已被人们所共识。它为核衰变、核反应和核裂变等大量实验所证实。但随着核物理研究的进展,尤其是中高能加速器的建立,发现质子和中子并不是点状粒子,而是有其内部结构的。一般认为它们是由夸克组成的,并且很可能围绕着介子云。由此提出了原子核的"非核子自由度"问题,即研究原子核物理不能简单地只考虑质子和中子自由度,还要考虑介子、夸克等非核子自由度。实验已发现,原子核内存在介子流、核子共振态、EMC 效应(即核内的夸克效应)和超核等现象。

第六节　核　　力

如果把原子核拆成自由核子,就要对原子核做功,这表明核子之间有相互作用。具有正电荷的质子之间有库仑斥力,但如果仅仅有库仑力,中子、质子不会聚到一起构成原子核。存在着稳定的原子核这一事实表明,核子与核子之间有很强的作用力,称为核力。核力的作用要比库仑力强,而且主要是吸引力,这样才能克服库仑斥力而组成原子核。核子间的磁力也比核力的作用小得多,万有引力比起核力更是微不足道。从 α 粒子被原子核的散射实验可知,直到 10^{-14} m 这样短的距离,还是库仑散射,粒子间作用力主要是库仑力。只有当碰撞参数更小时,α 粒子散射才发生突变。这种情形不同于库仑散射,是核力起作用了。核力作用距离很短,大约是 10^{-15} m。库仑力是长程力,它的大小与距离平方成反比。核力却是短程力,核子之间距离超过某个很短的作用范围时,就没有核力作用了。粗略地说,核力是短程的强相互作用,而且所起的作用主要是吸引的作用。

通常,假定两个核子之间的作用跟其近旁有无其他核子无关。这种两体相互作用的假设在原子核内并不很准确。从核力的介子场论,可以预期两核子之间的相互作用不仅可能受到其他核子的影响,而且还可能存在和两体作用不同的三体、四体等多体力的作用。然而在核内核子间的相互作用还是以两体作用为主的,用两体作用的假设,可以解释大量的实验事实。因此,在本书中仅限于讨论两体相互作用,以作用势 V 表示这种作用。

直到现在,人们对于两体核力的了解也还不全面。对于核力的研究,通常有两个途径。一方面用唯象的方法,对氘核和核子-核子散射等进行实验研究和理论分析,以了解核力的性质和可能的形式。另一方面还可以用量子场论的方法来从根本上解释核力,比如认为核力是通过核子间交换介子而起的作用,从而导出核子-核子相互作用势,这就是核力的介子场论。用介子场论得到的介子交换势,其效果可以与唯象核力基本符合。现在对于核力更深入的认识,是把核力看作是由胶子在夸克间交换的强相互作用在核子之外的剩余相互作用。但从强相互作用的基本理论——量子色动力学出发来定量描述核力还是十分困难的。

本章主要介绍唯象核力,即研究两核子体系得到核子-核子作用势。两核子体系有中子-质子(np)、质子-质子(pp)和中子-中子(nn)三种,np 体系有一个稳定的束缚态,即氘核基态。pp,nn 体系没有束缚态,即实验上没有发现稳定的 $_2^4$He 和双中子态 $_0^2$n。pp 体系除了有核力外,还有库仑斥力。本章将由分析氘核基态、低能核子-核子散射和高能核子-核子散射,来讨论核力的性质。最后将简单地介绍核力的介子场论。

一、氘核基态

1. 氘核实验数据

由一个质子和一个中子组成的氘核只有一个束缚态,就是它的基态。氘核是稳定的核素,对于氘核性质的实验测定有很高的精确度。关于氘核的结合能 B(或氘核能量 $E=-B$),它的总角动量 J,磁矩 μ_d 和电四极矩 Q_d 的数据见表 2-4。

表 2-4　氘核的实验数据

结合能	B/MeV	$2.224\ 573\pm 0.000\ 002$
总角动量量子数	J	1
磁矩	μ_d/μ_N	$0.857\ 438\ 230\pm 0.000\ 000\ 024$
电四极矩	$Q_d/10^{-2}\text{b}$	$0.286\ 0\pm 0.001\ 5$

氘核是 np 二核子体系,是研究核子-核子相互作用的理想体系,核子之间没有库仑力,只有核力。但是,氘核又过于简单,只有一个束缚态,没有激发态,因此不能由它得到关于核力较多的知识。

实验测得氘核的自旋和宇称为 $I^{\pi}=1^+$。由于氘核的自旋 I 是总自旋 S 与质子、中子相对运动轨道角动量 l 之和:

$$I=S+l \tag{2.6.1}$$

其中 S 为中子自旋 S_n 和质子自旋 S_p 之和:

$$S=S_n+S_p \tag{2.6.2}$$

由于 $S_n = S_p = 1/2$，故 $S = 0$（中子与质子自旋反平行）或 1（中子与质子自旋平行）。实验测得 $I = 1$，所以当 $S = 0$ 时，l 只可取 1，氘核基态的状态为 ${}^1P_1$；当 $S = 1$ 时，l 可取 0,1,2，相应氘核基态的状态为 ${}^3S_1, {}^3P_1, {}^3D_1$。这里的状态表示采用了类似原子光谱的符号。

原子核基态有一定的宇称，由实验确定氘核基态为偶宇称，就可以断定氘核的基态是 ${}^3S_1 + {}^3D_1$。这表明氘核只能由自旋三重态（$S = 1$）组成，自然界不存在自旋单态（$S = 0$）的氘核。究竟氘核基态的相对运动轨道角动量 l 是 0 还是 2，或者两者都有？这可从氘核的磁矩和电四极矩实验值的分析得到。

2. 非中心力 —— 张量力的存在

对于总角动量为 1 的态，除了 ${}^3S_1$ 之外，还有 ${}^3P_1$，${}^1P_1$ 和 ${}^3D_1$。中子、质子磁矩之和是

$$\mu = \mu_n + \mu_p = g_n \mu_N S_n + g_p \mu_N S_p \tag{2.6.3}$$

其中 $g_n = -3.826$，$g_p = 5.586$ 分别为中子和质子的 g 因子。当自旋在 Z 轴上取最大值（1/2）时，相应的磁矩

$$\mu = \frac{1}{2}(g_n + g_p)\mu_N = 0.880\mu_N \tag{2.6.4}$$

如果氘是完全处在 ${}^3S_1$ 态上，则按照自旋偶合关系，氘的磁矩应当正好等于 $0.880\mu_N$。实验测得氘核磁矩 $\mu_d = 0.857\mu_N$。由于

$$\mu - \mu_d = 0.023\mu_N \tag{2.6.5}$$

远远超过了实验误差，说明氘核不可能是纯 ${}^3S_1$ 态，而是不同 l 态的组合。

对于氘核，如果是总自旋为 s，轨道角动量为 l 的纯态，经计算可得到磁矩是

$$\mu_d = \frac{1}{2}\left\{\left(\frac{1}{2} + \mu_s\right) + \frac{1}{2}\left(\mu_s - \frac{1}{2}\right)\left[s(s+1) - l(l+1)\right]\right\} \tag{2.6.6}$$

它以 μ_N 为单位。对于各个纯态，得到磁矩值是

$$
\begin{aligned}
&{}^1P: \mu_d = \frac{1}{2}\mu_N \\
&{}^3S: \mu_d = 0.879\mu_N \\
&{}^3P: \mu_d = \frac{1}{2}\left(\frac{1}{2} + \mu\right) = 0.689\mu_N \\
&{}^3D: \mu_d = \frac{1}{2}\left(\frac{3}{2} - \mu\right) = 0.310\mu_N
\end{aligned}
\tag{2.6.7}
$$

从以上结果看出，氘核不是纯 ${}^3S_1$ 态，不是其他的纯态，也不可能是 ${}^3P_1$ 与 ${}^1P_1$ 的混合态，只可能是 ${}^3S_1$ 与 ${}^3D_1$ 的混合态（P 态和 S 态宇称不同，不能混合）。这种混合态的波函数可以写作

$$\psi(SD) = \cos\omega\,\psi({}^3S) + \sin\omega\,\psi({}^3D) \tag{2.6.8}$$

其中 $\psi({}^3S_1)$，$\psi({}^3D_1)$ 是归一化的波函数，ω 是参数。显然，$\psi(SD)$ 也是归一化的。用式 (2.6.8) 混合态的波函数计算磁矩得

$$\mu_d = \mu_d({}^3S)\cos^2\omega + \mu_d({}^3D)\sin^2\omega \tag{2.6.9}$$

将式 (2.6.7) 中相关结果代入上式得

$$\mu_d = 0.879 - 0.569\sin^2\omega \tag{2.6.10}$$

与实验结果比较，可以定出 $\sin^2\omega = 0.04$。氘核主要是 ${}^3S_1$ 态，有 96% 的概率，另外有 4% 的 ${}^3D_1$ 态，这两者混合在一起组成了氘核。氘核的轨道角动量 L^2 不再是守恒量，波函数也不再是球

对称的。因此,核子之间的作用除了中心力以外,还应该有一定成分非中心力的贡献。

具有球对称电荷分布的原子核没有电四极矩。实验测定氘核电四极矩 $Q_d > 0$,说明氘核的电荷分布是长椭球形。氘核电四极矩更直接地表明了核力有非中心力。需要知道波函数才能计算电四极矩。实际计算表明,4% 左右的 D 波足以给出实验测定的 Q_d 值。磁矩和电四极矩的实验结果都表明氘核是 $^3S_1$ 和 $^3D_1$ 态的混合态。

以上的讨论,说明了氘核的质子、中子相互作用除了有中心力以外,还有非中心力。但由于 S 态占的比例很大,可以认为核力是以中心力为主,混有少量的非中心力。

3. 中心力和非中心力的形式

由以上分析可知,两核子相互作用是以中心力为主,混有少量的非中心力。中心力和非中心力各具有怎样的形式呢?

一般中心力用中心势 $V(r)$ 表示。中心势只与核子之间的相对距离 r 有关,而与核子间相对位置 r 的取向无关。中心势 $V(r)$ 常采用如下几种形式:

球方势阱:
$$V(r) = \begin{cases} -V_0 & r \leqslant r_N \\ 0 & r > r_N \end{cases} \tag{2.6.11}$$

高斯势阱:
$$V(r) = -V_0 \exp(-r^2/r_N^2) \tag{2.6.12}$$

指数势阱:
$$V(r) = -V_0 \exp(-r/r_N) \tag{2.6.13}$$

汤川势阱:
$$V(r) = -V_0 \exp(-r/r_N)/(r/r_N) \tag{2.6.14}$$

以上各种势阱都表示核力是吸引力。如对氘核取球方势阱,已知力程 $r_N \approx 2.1$fm,由氘核的结合能实验值 $B = 2.224\,6$ MeV,通过求解薛定谔方程就可以估计势阱的深度约 35 MeV。这个阱深可看作任何原子核中核子间相互作用势的强度的一个合理估计。

非中心力用非中心势表示,非中心势不但与核子之间的相对距离 r 有关,还与核子间相对位置 r 的取向有关。要确定 r 的方向,必须有另外的方向作参考。两个自旋为 1/2 的核子,有三个矢量:r,σ_1 和 σ_2。与方向有关的量是 $\sigma_1 \cdot r$,$\sigma_2 \cdot r$ 和 $\sigma_1 \cdot \sigma_2$。作为哈密顿量中的势函数必须在空间反演变换下保持不变。$\sigma_1 \cdot r$,$\sigma_2 \cdot r$ 在空间反演变换下要变号。$\sigma_1 \cdot \sigma_2$ 在空间反演变换下不变号,$(\sigma_1 \cdot r)(\sigma_2 \cdot r)$ 也不变号。泡利算符 σ 有如下性质:

$$\sigma_x^2 = \sigma_y^2 = \sigma_y^2 = 1 \tag{2.6.15}$$

$$\sigma_x \sigma_x = i\sigma_z, \quad \sigma_y \sigma_z = i\sigma_x, \quad \sigma_z \sigma_x = i\sigma_y \tag{2.6.16}$$

因此在任何代数式中,σ_1,σ_2 只出现一次式,更高方次的式子不能给出新的形式。可以拼凑成如下形式:

$$S_{12} = 3\frac{(\sigma_1 \cdot r)(\sigma_2 \cdot r)}{r^2} - \sigma_1 \cdot \sigma_2 \tag{2.6.17}$$

这是一个标量,而且对标号为 1,2 的两个核子是对称的。用两核子的总自旋 $S = \frac{1}{2}(\sigma_1 + \sigma_2)$ 可以将式(2.6.17)改写成

$$S_{12} = \frac{6(s \cdot r)^2}{r^2} - 2S^2 \tag{2.6.18}$$

非中心力通常是张量力。S_{12} 是二阶球张量,含有 S_{12} 的势函数称张量势。如果核力是动

量无关的,张量力就是非中心力的唯一形式。非中心势可以写成

$$V_{\mathrm{T}} = V_{\mathrm{T}}(r) S_{12} \qquad (2.6.30)$$

其中 $V_{\mathrm{T}}(r)$ 是 r 的函数,为中心势。即

$$V_{\mathrm{T}} = V_{\mathrm{T}}(r) \left[\frac{6(\boldsymbol{S} \cdot \boldsymbol{r})^2}{r^2} - 2\boldsymbol{S}^2 \right] \qquad (2.6.31)$$

这里 $\boldsymbol{S}$ 是总自旋算符。

由于 $\boldsymbol{S}$ 作用于单态上恒等于零,因而在单态没有非中心力。非中心力只作用于三重态上。这说明非中心力是与核子的自旋有关的。

4. 核力的自旋相关性

氘核是 $^3S_1$ 与 $^3D_1$ 的混合态,是自旋三重态,中子、质子的自旋平行,氘核只有一束缚态,自然界不存在自旋单态($S=0$)的氘核。这表明,即便只考虑中心力,两核子的自旋平行或者反平行,它们的相互作用是不同的。核力的这种性质称为核力的自旋相关性。两核子自旋三重态的作用势以 ^3V 表示,自旋单态的作用势以 ^1V 表示,两者是不同的(实际上是取决于两核子的自旋之间的关系 $s_1 \cdot s_2$)。中子、质子的自旋三重态中心力加上非中心力能形成一个束缚态,就是氘核基态。中子、质子自旋单态的中心力势阱不够强,不能形成束缚态。

根据氘核基态的研究,n-p 相互作用对于自旋三重态有中心力和非中心力;对于自旋单态没有非中心力只有中心力;单态的中心力和三重态的中心力也有差别。讨论核子-核子散射,还可以了解 p-p 之间的核力和 n-n 之间的核力,并能得到关于核力的更多知识。

二、核子-核子散射

核子-核子散射有 n-p 散射、p-p 散射和 n-n 散射。n-n 散射没有直接实验。p-p 散射有核力,还有库仑力。n-p 散射只有核力,我们将先讨论它。n-p 散射实验是用中子束轰击氢气或含氢物质来实现的。前者靶密度较小,后者要对靶中其他原子核(例如碳)的散射进行修正。中子打向质子主要是弹性散射,形成氘核的辐射俘获截面很小。

核子-核子散射,是讨论两核子的相对运动。可按质心系中具有折合质量 μ 的单粒子在势场中的运动来处理。入射粒子在实验室系的动能 E_L 是质心系相对运动动能 E 的 2 倍。

$$E_L = 2E \qquad (2.6-32)$$

动能为 E_L 的中子,相应的相对运动波长

$$\lambda = \hbar/p = 6.44/\sqrt{E_L/2} \qquad (2.6.33)$$

其中,波长 λ 以 fm 为单位,E_L 的单位是 MeV。当中子能量大于 10 eV,$\lambda \ll 10^{-10}$ m。可以认为入射中子每次只和一个质子相碰,质子在介质中的化学束缚可以忽略。

中子 n 打向固定的质子 P 靶,如图 2-10 所示,ρ 是碰撞参数。如果核力的力程是 r_N,则 $\rho \leqslant r_N$ 才有核力作用。中子相对质子的轨道角动量 $L = p\rho = \frac{\hbar}{\lambda}\rho$,$p$ 是相对运动动量数值。由量子力学知道 $L^2 = l(l+1)\hbar^2$,可得到

$$\sqrt{l(l+1)} \leqslant r_N/\lambda \qquad (2.6.34)$$

1. 低能核子–核子散射

由式(2.6.34)可知,如果 $r_N/\lambdabar < \sqrt{2}$,就只有 $l=0$ 的分波被散射,即 S 波散射。$E_L < 10\ \text{MeV}$ 的低能中子被质子的散射,$\lambdabar > r_N$,因此,只要考虑 S 波散射。下面简单介绍在 $10\ \text{eV} < E_L < 10\ \text{MeV}$ 的能量范围内适用的有效力程理论及其结果。

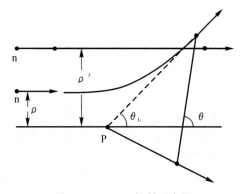

图 2 – 10　n – p 散射示意图

(1) n – p 散射有效力程理论简介。

对于低能 S 波散射,径向波函数 $u(r)$ 满足径向方程

$$\left[\frac{\mathrm{d}^2}{\mathrm{d}r^2} + k^2 - \frac{2u}{\hbar^2}V\right]u(r) = 0 \tag{2.6.35}$$

其中 $k = \frac{1}{\lambdabar} = \sqrt{2\mu E}/\hbar$,称为波数。当 r 较大,$V(r)$ 项可以忽略,这时

$$u(r) \rightarrow v(r) = \frac{\sin(kr+\delta)}{\sin\delta} = \cos kr + \frac{\sin kr}{k}(k\cot\delta) \tag{2.6.36}$$

其中 δ 称为相移。如果只有 S 波对散射有贡献,散射是各向同性的,总截面为

$$\sigma = 4\pi\sin^2\delta/k^2 \tag{2.6.37}$$

从 $v(r)$ 的表达式(2.6.36)可以看出,量 $k\cot\delta$ 完全由方程式(2.6.35)所决定。由于式(2.6.35)中只出现 k^2 项,把 k 换成 $-k$,方程式不变,$k\cot\delta$ 的值也不变。因此,$k\cot\delta$ 应是 k 的偶函数。当 k 较小时,可将 $k\cot\delta$ 对 k^2 展开,取前两项,得

$$k\cot\delta = -\frac{1}{a} + \frac{1}{2}r_0 k^2 \tag{2.6.38}$$

其中 a 称为散射长度,r_0 称为有效力程。在低能时,用式(2.6.38)表示 δ 随 k 的变化关系称为有效力程理论。经过一些数学运算,可以得出

$$r_0 = 2\int_0^\infty \left[v_0^2(r) - u_0^2(r)\right]\mathrm{d}r \tag{2.6.39}$$

其中 $u_0(r)$ 为零能($k=0$)时径向方程式(2.6.35)的解。当 r 较大,$V(r) \rightarrow 0$ 时

$$u_0(r)v_0(r) = 1 - \frac{r}{a}$$

如果核力只在 $r < r_N$ 处起作用,则当 $r > r_N$ 时,$v_0^2 - u_0^2 = 0$。而当 $r = 0$ 时,$v_0^2 - u_0^2 = 1$。如果用一次式 $1 - \frac{r}{r_N}$ 来代替式(2.6.39)中的被积函数,就得到

$$\int_0^\infty \left[v_0^2(r) - u_0^2(r)\right]\mathrm{d}r \approx \int_0^\infty \left(1 - \frac{r}{r_N}\right)\mathrm{d}r = \frac{1}{2}r_N \tag{2.6.40}$$

这样就有 $r_0 = r_N$。实际上,$(v_0^2 - u_0^2)$ 和 $(1 - r/r_N)$ 有区别,因此 r_0 仅是核力力程的一种量度,所以称为有效力程。

根据有效力程理论,有

$$\sigma = 4\pi\frac{\sin^2\delta}{k^2} = \frac{4\pi\sin^2\delta}{k^2(1+\cot^2\delta)} = \frac{4\pi}{k^2 + \left(-\dfrac{1}{a} + \dfrac{1}{2}r_0 k^2\right)^2} \tag{2.6.41}$$

由上式可见,当 $k \rightarrow 0$ 时,有 $\sigma = 4\pi a^2$。因此,a 称为散射长度。

当存在非中心力作用时,上述理论仍然适用。

对于低能 n-p 散射,从实验上得知,在 $10 \text{ eV} < E < 10 \text{ MeV}$ 内,截面几乎是常数。$\sigma = 20.44$ b。这可以作为零能的 n-p 散射截面。由氘核束缚态得到的直角势阱,选取参数如 $r_N = 2.8 \text{ fm}, V_0 = 21 \text{ MeV}$,可以从理论上算出零能的 n-p 散射截面,$\sigma = 4.4$ b。理论值和实验结果差得很远,也难以通过在合理范围内调整参量得到与实验值相符合的结果。这是因为氘核只有 n-p 自旋三重态的相互作用。n-p 散射还应有自旋单态($S=0$)的相互作用,正如前面已指出,这种作用与三重态的不同。考虑了所有的作用,n-p 散射截面是

$$\sigma = \frac{3}{4}\sigma_t + \frac{1}{4}\sigma_s \tag{2.6.42}$$

其中,σ_t 和 σ_s 分别是自旋三重态和自旋单态的 n-p 散射截面,系数表示了统计权重,假设 σ_t 为 4.4 b,则由式(2.6.42)可以定出 $\sigma_s = 68$ b。两种截面大小不相同,又一次表明核力是自旋相关的。

由低能 n-p 散射实验和氘核的数据,可以定出 n-p 相互作用中自旋三重态和自旋单态情形的散射长度与有效力程:

$$\left. \begin{array}{ll} a_t = (5.425 \pm 0.001\,4)\text{fm}, & r_{0t} = (1.749 \pm 0.008)\text{fm} \\ a_s = (-23.714 \pm 0.013)\text{fm}, & r_{0s} = (2.73 \pm 0.03)\text{fm} \end{array} \right\} \tag{2.6.43}$$

在确定 a_s 及 a_t 时,还用到了能量很低的冷中子为介质时质子相干散射的结果,这里不再详加讨论了。

低能 n-p 散射只能定出每种相互作用的两个参数 a 和 r_0,而与核子-核子作用势函数的详细形式无关,这称为低能散射的有效力程理论,或称低能散射势阱形状无关理论。这是容易理解的,低能入射粒子波长很长,不能细致地分辨势阱的形状。于是,任意的两参数势阱,只要参数选得合适,就能和所有的低能核子-核子散射实验很好地符合。

当然,势阱形状还能由高能核子-核子散射来定。但是,在有些计算中,人们还往往用一些较为简单的势阱来表示核子之间的短程作用,如直角势阱、高斯势阱等。

(2)低能 p-p 散射和核力的电荷无关性。

上面讨论了 n-p 的相互作用。我们需要通过低能 p-p 散射来研究 p-p 相互作用。这时,既有核力作用,还有库仑力作用。而且 p-p 体系是全同粒子体系,波函数对于交换两个粒子是反对称的。对于低能 p-p 散射,核力只在 $l=0$ 的态起作用。其他 l 值的态只有库仑散射,不受核力的作用。对于 $l=0$ 的态,空间波函数是对称的,为了保持整个波函数对于交换两个质子是反对称的,两质子的自旋必须反平行,因此,对于两质子的 S 态,只能是 $^1S_0$ 态,只有单态核力起作用。

库仑力是长程力,p-p 散射在小角度主要是库仑散射。散射总截面是发散的,只能讨论微分散射截面。从测定微分截面,可以定出在库仑力同时作用下,核力所引起的 $^1S_0$ 波相移。类似于低能 n-p 散射,对于低能 p-p 散射也有有效力程理论。可以定出散射长度 a_p 和有效力程 r_{0p}:

$$\left. \begin{array}{l} a_p = (-7.821 \pm 0.004)\text{fm} \\ r_{0p} = (2.830 \pm 0.017)\text{fm} \end{array} \right\} \tag{2.6.44}$$

从上述结果也可以近似地得到仅核力作用(没有库仑力)时的散射长度:

$$a'_N = -(16.8 \sim 17.11)\text{fm} \tag{2.6.45}$$

有效力程大体上仍和有库仑作用时相同,与前面所定出的 n-p 作用在 $^1S_0$ 态的散射长度 a_s 及有效力程 r_{0s}[见式(2.6.43)]相比,有效力程很接近,散射长度稍有差别。但是,由于散射长度对于势阱深度是很灵敏的函数,散射长度的这点差别引起势阱深度的差别不过百分之几。因此,可以近似地认为,在 $^1S_0$ 态,p-p 及 n-p 作用基本相同。低能 n-n 散射没有直接的实验,可以通过有两个中子产生的核反应来研究 n-n 相互作用。例如 $\pi + d \longrightarrow n + n + \gamma$ 反应,对反应生成的三个粒子进行符合测量,可以得到 n-n 相互作用的知识。由实验间接定出的 n-n 作用散射长度和有效力程是

$$\left.\begin{array}{l} a_n = (-17.4 \pm 1.8)\text{fm} \\ r_{0n} = (2.4 \pm 1.5)\text{fm} \end{array}\right\} \tag{2.6.46}$$

上述结果与 p-p 散射所定出的值也很接近。

比较 $^1S_0$ 态的核力,可以认为 np,pp 和 nn 的核力近似相同。这表明在相对运动状态和自旋态相同时,核子之间的作用与核子带电荷(质子)或不带电荷(中子)无关。这仅仅是一个近似正确的结论。这一结论也为高能核子-核子散射所证实,是核力的一个重要性质。

2. 高能核子-核子散射

低能核子-核子散射只有 S 波散射,入射粒子能量增高时,有 $l \neq 0$ 的高次分波起作用,可以从中得到关于核力的更多知识,把这种散射称为高能核子-核子散射。其实,入射粒子的能量不一定很高。

(1) n-p 散射,交换力,自旋-轨道耦合力。

对于各种入射中子能量的 n-p 散射,微分截面的实验结果画在图 2-11 中。图中所标的能量是实验室系入射中子的能量,以 MeV 为单位。从图中看出,入射中子能量 E_L 在 20 MeV 以下,n-p 散射微分截面曲线比较平坦,可以当作各向同性。随着入射能量增加,小角度的微分截面增大,这是 $l \neq 0$ 的分波起作用。但是,使人奇怪的是在反方向的微分截面也增大。在 90° 附近,曲线有越来越深的谷,0° 和 180° 的峰几乎是对称的。当入射中子能量提高到 300 MeV 以上时,向后散射的中子甚至比向前散射的中子还多。如果中子和质子对心碰撞,中子停住而将能量全交给质子,使质子向前运动,那么这样的对心碰撞在质心系就是中子向后的散射,此时将有很大的动量传递。但是,这种大动量传递的事件,可能性是很小的,如果认为在散射过程中,中子和质子发生核作用

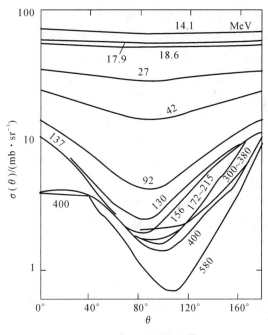

图 2-11　n-p 散射微分截面

时交换了电荷,使质子变成中子,中子变成质子,那么有了这种交换电荷的核作用,不需要大的动量传递,就能够解释高能 n-p 散射实验中微分截面的向后峰。实验表明,在核子-核子作用中有交换力,或者说核力有交换性。在具有交换性的核力作用下,中子与质子互换电荷态。更一般地,在 p-p 作用或 n-n 作用中也有交换作用。介子场论认为核力作用是通过交换介子实现的,这在本章最后将作介绍。如果交换力与寻常核力的强度相同,就可以解释 $E_L < 300$ MeV 时,n-p 散射微分截面有几乎对称的向前、向后峰的现象。

实验表明,高能核子-核子散射还会引起散射束的极化。所谓极化,是指核子的自旋平均值不为零,即 $\bar{S} \neq 0$。通常从加速器得到的质子束或由核反应获得的中子束是未极化的。即对这种束 $\bar{S} = 0$,自旋没有一定的取向。对于极化束,可以写成 $\bar{S} = \frac{1}{2}\hbar P \boldsymbol{n}$,$\boldsymbol{n}$ 表示极化方向的单位矢量,P 为极化度。$P = 1$ 表示完全极化,相当于自旋完全沿 $\boldsymbol{n}$ 方向排列;$P = 0$ 为未极化的情形;$0 < P < 1$ 称为部分极化。

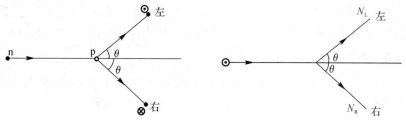

图 2-12　n-p 散射产生极化束　　　图 2-13　n-p 散射检验极化束

核子-核子散射能使未极化的入射束经散射后成为部分极化的散射束。一束未极化的中子被质子散射,则散射后的中子束和反冲的质子束都变成部分极化的,其极化方向都垂直于散射平面(入射束与散射束所在的平面)。图 2-12 是 n-p 散射产生极化的示意图。向左散射的中子束若是向上极化,则向右散射的中子束就向下极化。如果两束的偏转角相等,则两者的极化度 P 相同,但这两束散射核子的数目是相同的。

核子-核子散射也可以用来判断一个核子束是否极化。图 12-13 说明极化束散射后出现左、右粒子数不同。如果入射束是极化的,极化方向垂直于散射平面,则经过同一偏转角 θ,向左、向右散射的粒子数 N_L,N_R 不等,由比值 $\dfrac{N_L - N_R}{N_L + N_R}$ 可以计算入射束的极化度。因此,通过两次散射,可以获得核子-核子散射的极化度 $P(\theta)$。实验测定的 n-p 散射极化度 $P(\theta)$ 如图 2-14 所示。

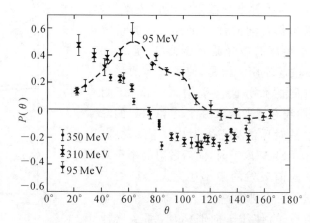

图 2-14　n-p 散射极化度 $P(\theta)$ 的实验结果

单纯中心力场的作用和自旋的取向完全无关,不能引起极化。非中心力由于与自旋的取向有关,因而可以引起极化。但理论计算表明,对于非中心力,还要引进自旋－轨道耦合力,才足以定量符合实验观测到的极化数据。自旋-轨道耦合力的形式为

$$V_{L,S} = V_{L,S}(r) \boldsymbol{L} \cdot \boldsymbol{S}$$

其中,$\boldsymbol{L}$ 为核子间相对运动角动量算符,$\boldsymbol{S}$ 为自旋算符。这种力也只作用在自旋三重态上。单态的自旋为零,没有自旋-轨道耦合力。

极化实验要经过二次或多次的散射,计数率很低,实验比较难做。

(2) p-p 散射,排斥芯。

对于 p-p 散射,随着入射质子能量增高,库仑散射越来越限于较小的散射角。各种入射能量的 p-p 散射微分截面的实验结果见图 2-15。p-p 散射是全同粒子散射,质心系的角分布为 90°对称,图中只画出 0°～90°的角分布。实验室系入射质子的能量以 MeV 为单位,标在各曲线近旁。曲线平坦的部分是核力的作用,将核力作用外推到小角度,可以算出核作用总的散射截面。一般地,总截面随入射粒子能量的增大而下降,近似地服从 $1/E$ 律。但是,从图 2-15中可以看出,E_L 在 170～460MeV 之间微分截面基本相同,用一般的核子-核子作用势阱不能解释这个现象。

详细分析表明,只有在核子-核子作用势函数中引入排斥芯,即在 $r_0 \approx 0.4$ fm 处势函数有很强的排斥作用,再与非中心力以及自旋相关力作用联系起来,才能解释高能 p-p 散射实验,并且也能和低能 p-p 实验结果符合。具有排斥芯的中心势函数见图 2-16。图中 $r = r_C$ 处有竖直线的势函数称为硬芯势;另一势函数的变化较为缓慢,称为软芯势。

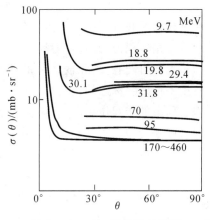

图 2-15　p-p 散射微分截面

高能核子-核子散射实验有 $l \neq 0$ 分波的作用。又由于高能核子的波长很短,对势阱形状可分辨得较清楚。所以,高能核子-核子散射可以提供更多关于核子-核子作用势的知识。实验研究和理论分析不仅使我们进一步肯定了核力有中心力和张量力、核力与自旋有关,还了解到核力有交换力,核力有自旋-轨道耦合力以及核力势函数有排斥芯等重要性质。特别值得指出的是,尽管质子-质子散射和质子-中子散射的微分截面有显著差别,仍然可以用相同的核力得到同时与 n-p,p-p 实验(包括极化实验)相符的计算结果。可以认为,微分截面表现上的差别,主要由于 p-p 是两个全同粒子的体系。

我们不能直接进行 n-n 散射实验,但是在高能时,有 n-d 散射和 n-p 散射,可以近似地认为

$$\sigma_{n,d} = \sigma_{n,n} + \sigma_{n,p}$$

因此,通过测定散射微分截面 $\sigma_{n,d}$ 及 $\sigma_{n,p}$ 可得到 n-n 散射的微分截面。我们可以直接将这样得到的 $\sigma_{n,d}$ 与 $\sigma_{n,p}$ 进行比较,图 2-17所示是比较的结果。实验点 $\sigma_{n,n}$ 和曲线 $\sigma_{p,p}$ 是一致的,认为 n-n 相互作用与 p-p 相互作用相同也并不与实验矛盾。当然,这还不能被认为是一种严格的论证。

总之,可以认为,核力的电荷无关性质是从高能实验得到支持的。

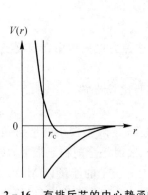

图 2-16 有排斥芯的中心势函数

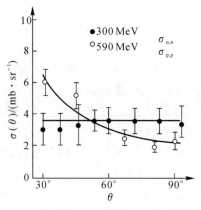

图 2-17 高能 n-n 和 p-p 散射截面

三、核力的主要性质

从氘核性质和 n-p,p-p 散射分析所获得的核力主要性质如下:

1)核力是短程力,其有效力程小于 3 fm。

2)核力和自旋有关,并且具有相当大的交换力成分。因此,核力作用可以分成四种:$^3V^+$ 表示自旋平行偶宇称态的相互作用;$^3V^-$ 表示自旋平行奇宇称态的相互作用;$^1V^+$ 表示自旋反平行偶宇称态的相互作用;$^1V^-$ 表示自旋反平行奇宇称态的相互作用。

3)自旋平行的三重态相互作用中还包括非中心力和自旋-轨道耦合力的作用。

4)核力有排斥芯,即当两核子的距离小于 0.4 fm 时有很强的排斥势,阻止两核子继续接近。

5)核力近似地具有电荷无关性质,即当两核子处于相同的自旋和宇称态时,其核作用势相同,不管这两个核子是 np,pp,还是 nn。

可以求得具有上述性质的唯象核力,并且能够定量地符合两体相互作用的各种实验数据。这样推得的具有排斥芯和交换力的核力也满足核力饱和性的要求。

对于核子-核子作用,中心力部分势函数可以写成

$$V_C(r) = -V_0[W(r) + B(r)P_\sigma + M(r)P_X + H(r)P_H] \qquad (2.6.46)$$

式中四项分别称为维格纳(Wigner)力、巴特列特(Bartlett)力、玛约喇纳(Majorana)力和海森伯(heisenberg)力。式中 $W(r)$,$B(r)$,$M(r)$ 和 $H(r)$ 只是坐标 r 的函数。维格纳力就是通常的中心力,其余的是些交换力。这些力是用提出这种力的人名来命名的。从上述 2)和 3)两条可知,对于自旋三重态,其势函数可以写成

$$V = V_C(r) + V_T(r)S_{12} + V_{L,S}(r)\boldsymbol{L} \cdot \boldsymbol{S} \qquad (2.6.47)$$

对于自旋单态,只有中心势 $V_C(r)$ 一项,其余两项为零。图 2-18 画出了四种中心势函数 $V_C(r)$,两种张量势函数 $V_T(r)$ 和两种自旋-轨道耦合势函数 $V_{L,S}(r)$。图中横坐标

$$x = \frac{m_\pi c}{\hbar} r \qquad (2.6.48)$$

在 $x \approx 0.35$ 处有竖直线,表示排斥硬芯。对于 $x < 1.0$ 及 $x > 1.0$ 用了不同的标度。图中核

力大部分为吸引力,也有些势函数表示排斥力。核力和态宇称有关,偶宇称态的核力常常比奇宇称态的核力强。中心力与自旋的关系比较弱。中心力和张量力都在 $x=0.35$ 附近有排斥芯,排斥芯外面的吸引力力程约 2 fm。自旋-轨道耦合力的力程更短些。

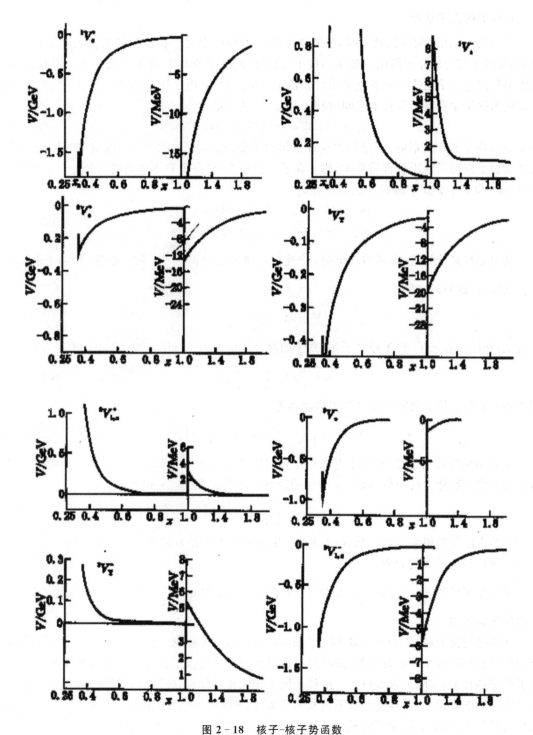

图 2-18 核子-核子势函数

四、核力的介子场理论

1. 核力的介子场论

1935 年,汤川秀树研究核力时,依照电磁场量子理论中两个荷电粒子交换光子而产生库仑力,提出了核力的介子场论。他认为核子-核子间的相互作用是由于交换介子而引起的,并且由力程预言介子的质量介乎电子质量和核子质量之间,是电子质量的 200 多倍。实验上,首先探测到的质量在电子和核子之间的粒子是 μ 子,其质量

$$m_\mu = 206.77 m_e = 105.66 \text{ MeV}/c^2 \tag{2.6.49}$$

但 μ 子与核子的作用很弱,不是核力这种强作用所交换的粒子。1947 年,泡威尔(Powell)等人从实验上发现了汤川预言的介子,称 π 介子。带有正、负电荷和不带电的三种 π 介子分别记作 π^+,π^- 和 π^0。π 介子的质量经实验测定是

$$\left.\begin{aligned} m_\pi^\pm &= 273.3 m_e = 139.6 \text{ MeV}/c^2 \\ m_\pi^0 &= 264.2 m_e = 135.0 \text{ MeV}/c^2 \end{aligned}\right\} \tag{2.6.50}$$

从电磁场理论知道,在原点的电荷 e 产生的静电场电势 $\phi = \dfrac{1}{4\pi\varepsilon_0}\dfrac{e}{r}$。相距 r 的两个电荷 e,它们的库仑作用势能是

$$V = e\phi = \frac{1}{4\pi\varepsilon_0}\frac{e^2}{r} \tag{2.6.51}$$

类似地,在原点有核子,产生静介子场,介子的静止质量不为零($m_\pi \neq 0$),介子场的势 ϕ 是

$$\phi = \frac{g}{r}\exp\left(-\frac{m_\pi c}{\hbar}r\right) \tag{2.6.52}$$

相距为 r 的两个核子之间的核力作用势能即为

$$V = -g\varphi = -\frac{g^2}{r}\exp\left(-\frac{m_\pi c}{\hbar}r\right) \tag{2.6.53}$$

其中 g 表示相互作用强度,相当于电磁相互作用中的电荷 e。式(2.6.53)中的负号表示吸引力。这个势函数称为汤川势函数。π 介子的康普顿波长 λ_c 除以 2π 记作 λ_c:

$$\lambdabar_c = \frac{\lambda_c}{2\pi} = \frac{\hbar}{m_\pi c} \approx 1.4 \text{ fm} \tag{2.6.54}$$

表示了核力的作用距离。势函数式(2.6.53)随 r 的增大很快地趋近于零,表示了核力是短程力。$\lambdabar_c$ 可以作为核力的力程。

电磁作用常数 $\dfrac{1}{4\pi\varepsilon_0}\dfrac{e^2}{\hbar c} \approx \dfrac{1}{137}$,而核子-介子场作用常数由实验推得 $\dfrac{g^2}{\hbar c} \approx 15$。核力比电磁力的作用强得多。

在考虑交换力时,需要建立虚粒子(virtual particle)的概念。核力的作用在较低能量下(比介子质量小)也是可以发生的,此时怎么可以认为核子发射了很重的介子而本身质量不变?这里的交换粒子,实际上是虚粒子。虚粒子用于传递相互作用,因而总是局限在一定时空范围内。由于测不准关系,它本身可以不遵从自由粒子的能量-动量关系 $E^2 = p^2 c^2 + m^2 c^4$。表现到作用过程中,就是交换粒子的质量不确定,或者能量守恒在作用时间内($\Delta t < \hbar/(m_\pi c^2)$)是破坏的,破坏的范围就是 $\Delta E = m_\pi c^2$。当然,在能量足够高时,虚粒子也可以被实际产生出来,

成为满足上述能量-动量-质量关系的实粒子,如上面测出的 π 介子。

核子与 π 介子场作用产生的 π 介子在极短的时间内被邻近的核子吸收或者又被核子自身吸收。核子与介子场作用产生的介子被邻近的核子所吸收就是核子间的碰撞。高能 n－p 散射所表现的交换力就可以解释为交换荷电 π 介子的作用,就是中子变为质子,质子变为中子的作用。可以把物理上的核子,看作是裸核子态及裸核子外围绕有 π 介子云态的叠加。具体地说,质子可以看成裸质子、π^+ 介子云围绕着裸中子、π^0 介子云围绕着裸质子以及裸核子外有多个 π 介子态的叠加。

2. 单 π 介子交换势(OPEP)

严格从介子场论推导核力超过了本书范围。可以指出的是,由于核子和 π 介子场的作用是强作用,当两核子相距很近时,可以交换许多介子,目前还难以处理这种问题。当两核子相距较远时,相互作用主要通过交换一个介子实现。这时推得的相互作用势称为单 π 介子交换势 OPEP(One Pion Exchange Potential):

$$V_{OPEP} = g^2 \frac{m_\pi c}{12M^2} \tau(1) \cdot \tau(2) \left[\sigma_1 \cdot \sigma_2 + S_{12} \left(1 + \frac{3}{x} + \frac{3}{x^2} \right) \frac{e^{-x}}{x} \right] \tag{2.6.55}$$

式中 $x = \frac{m_\pi c}{h} r$,M 是核子质量,$M = \frac{1}{2}(m_p + m_n)$,$\tau$ 是同位旋算符,S_{12} 如前面式(2.6.18)所示。单 π 介子交换势主要是交换力和张量力。核子-核子作用势函数的长程部分($r > 3$ fm),主要是单 π 介子交换的贡献。

核力除了单 π 介子交换作用外,还有两 π 介子交换,三 π 介子交换等多个 π 介子交换的作用。要导出多个 π 介子交换势函数非常困难,甚至是不可能的。但是,实验表明,多个 π 介子往往有很强的关联,能形成亚稳态,可以当作短寿命的玻色子。于是,可以用这种玻色子的单玻色子交换势 OBEP(One Boson Exchange Potential)代替多个 π 介子交换势。

由交换质量较大的玻色子(400～700 MeV/c^2),又称标量介子(π 介子称膺标量介子),可以导出表示核子-核子势的中程(1～3fm)作用的吸引力,如一般中心力和自旋-轨道耦合力。

由交换更大质量(770～1 000 MeV/c^2)的矢量介子,还可以得到核心附近($r < 1$fm)核子势的性质。结果是在核心附近可能产生很强的排斥作用,即核子-核子势函数可能存在排斥芯。

单玻色子交换势函数中的耦合常数 g 要由核子-核子散射实验来确定,因此介子场论仍是半唯象的。现在,对于表示核子－核子势长程部分的 V_{OPEP} 已经比较肯定,由 V_{OPEP} 得到的结论能和大量的实验结果相符。目前应用的唯象核子-核子势函数的尾巴(长程部分)具有 V_{OPEP} 的形式。

核力的介子场论依然是一种唯象的理论。后面我们会看到,从根本上理解核力,还离不开夸克-胶子间强相互作用的概念。

第七节　核结构模型

原子核结构是原子核物理学的一个中心问题。它是物质结构的一个重要层次。人们通过对核结构问题的认识,可以从根本上加深对自然界的了解。

目前,尽管人们对物质结构的认识已深入到核子内部的夸克层次,但对基于核子的原子核结构的理论仍不成熟。关键问题有两个:一是核力的性质问题;二是量子力学的运用问题。显然,核内核子是通过核力结合在一起的,而正如前面已经指出的,人们对核力的性质了解得还不够深入,这当然会影响我们的理论基础。即使对核力了解得十分清楚,也还要解决第二个棘手的问题。原子核是多粒子体系,目前量子力学的方法对解决这类强作用的、粒子数目不很大的多体问题还很困难。现今关于核结构的理论大多是半唯象的理论——模型法,即以实验事实为根据,用人们所熟悉的某种事物来比喻,提出原子核结构或原子核反应机制的某种模型。通过理论和更多的实验结果进行比较,以检验模型的正确性,并确定其适用范围。半唯象的模型理论主要有液滴模型、壳模型和集体模型。尽管这些模型都不是全面的,但它们指出了原子核内部运动的一些特点。对各种模型的深入研究,可以从不同侧面揭露出原子核的内部矛盾,这将大大有助于促进我们对原子核的全面认识,指导核技术的应用。

模型法是研究原子核性质的一种重要方法,在本课程中将广泛应用。

一、液滴模型

1. 液滴模型的实验根据

液滴模型是早期的一种原子核模型,它将原子核比作一个液滴,将核子比作液体中的分子,主要的实验根据有两个。一是从比结合能曲线看出,原子核平均每个核子的结合能几乎是常量,即 $B \propto A$。这说明核子间的相互作用力具有饱和性,否则 B 将近似地与 A^2 成正比。这种饱和性与液体中分子力的饱和性类似。二是从原子核的体积近似地正比于核子数的事实知道,核物质密度几乎是常量,表示原子核是不可压缩的,这与液体的不可压缩性类似。由于质子带正电,原子核的液滴模型把原子核当作荷电的液滴。

2. 体积能、表面能和库仑能

根据液滴模型,原子核的结合能 B 主要包含体积能 B_V、表面能 B_S 和库仑能 B_C 三项:

$$B = B_V + B_S + B_C \tag{2.7.1}$$

下面对式(2.7.1)逐项进行讨论。

作为液滴的原子核,具有体积 V。对于最简单的球形核,$V = \dfrac{4}{3} p r_0^3 A$,$A$ 是核子数。原子核的体积能 B_V 是结合能 B 的主要项,它与原子核的体积 V 成正比,也就是与组成原子核的核子数 A 成正比:

$$B_V = a_V A \tag{2.7.2}$$

式中 a_V 是正的常量。

原子核作为液滴有它的表面,在表面的核子只受到内部核子的作用,比原子核内部的核子所受的作用要小些。在结合能中应该考虑表面核子与内部核子的差别,进行修正。可以把表面核子的结合能与液体的表面张力作用相比。表面核子不同于内部核子,对结合能的修正项称为表面能 B_S,它与原子核的表面积 S 成正比。球形核的表面积

$$S = 4\pi R^2 = 4\pi r_0^2 A^{2/3}$$

则

$$B_S = -\sigma 4\pi r_0^2 A^{2/3} \tag{2.7.3}$$

其中 σ 称为原子核的表面张力系数。上式可以写成

$$B_S = -a_S A^{2/3} \tag{2.7.4}$$

其中 $a_S = \sigma 4\pi r_0^2$，是个正的常量。式中的负号表示表面能的作用与体积能的作用相反。表面能的作用是使原子核有尽可能小的表面积。体积一定，有最小表面积的几何体是球体。因此，常把原子核近似地当作球形的。

质子间的静电相互作用对于结合能的贡献，称为库仑能 B_C。对于球形核，如果质子在核内是均匀分布的，电荷密度写作：

$$r = \begin{cases} Ze/(\frac{4}{3}pe^3) & r > R \\ 0 & r < R \end{cases} \tag{2.7.5}$$

可以算得

$$B_C = -\frac{1}{4\pi\varepsilon_0}\frac{3e^2}{5r_0}Z^2 A^{-1/3} \tag{2.7.6}$$

或者写成

$$B_C = -a_C Z^2 A^{-1/3} \tag{2.7.7}$$

其中 $a_C = \frac{1}{4\pi\varepsilon_0}\frac{3e^2}{5r_0}$，是个常量；式中的负号表示质子间的库仑作用是相斥的，使原子核的结合能减小。如果原子核中的质子均匀地分布在核的表面，库仑能的绝对值要小一些。但是，实验数据表明，原子核内的质子不是集中在球面，而是近似均匀地分布在球体内。

如果核的结合能仅仅有上面三项，将得出这样的结论：对于确定的 A 值，最稳定的原子核几乎当由中子组成。理由很明显，式(2.7.1)的前两项对于质子或中子是相同的，第三项是负的。对于给定的 A，Z 越小结合能就越大。这个结论与实际情形不符。这表明，式(2.7.1)所代表的经典荷电液滴还不能正确地反映出原子核结合能的特性。

3. 对称能和对能

在结合能公式中，还应该包含原子核稳定性的经验规律中所反映出的特点：核子间有中子、质子对称相处的趋势，有一项对称能 B_a；同类核子有配对相处的趋势，还有一项对能 B_p。

从第二节中 β 稳定线的讨论知道，原子核内的中子和质子有对称相处的趋势。稳定的轻核都是中子数和质子数相等的，$N = Z$。当中子数和质子数不等时，也就是中子质子非对称相处时，$N \neq Z$，结合能要降低，在结合能公式中应该附加一项非对称能 B_a，习惯上也称为对称能。对称能依赖于 N/Z，并且与 A 有关。当 $N = Z$ 时，即 $A/2 = Z$ 时，对称能为零，是最大值。对于给定的组成，即确定的 N/Z，对称能可以写成

$$B_a = -a_a \left(\frac{A}{2} - Z\right)^2 A^{-1} \tag{2.7.8}$$

其中，$A = N + Z$，a_a 是正的常量；负号表示使结合能减少。

对称能是一项量子效应。根据泡利不相容原理，在中子、质子对称相处的情形下，能填充的单粒子能级更低些。但是，在重核中库仑作用的效应增大。两者竞争的结果，在稳定的核素中，中质比随 A 增大。

从稳定核素的奇偶分类还知道，在原子核的组成中，有中子、质子各自成对相处的趋势。同类核子成对相处时结合能增大；不成对时，结合能就小些。在结合能公式中还应附加一项对

能 B_p,或者称为奇偶能:

$$B_p = \delta a_p A^{-1/2} \tag{2.7.9}$$

其中

$$\delta = \begin{cases} 1 & \text{偶偶核} \\ 0 & \text{奇 } A \text{ 核} \\ -1 & \text{奇奇核} \end{cases} \tag{2.7.10}$$

$a_p > 0$,是个常量。奇 A 核(包括奇偶核和偶奇核)的对能为零,作为对能的能量参考点。核素对能项的效应随着核子数 A 的增大而减弱。

对能也是一种量子效应。全同费米子的波函数是交换反对称的。当成对的同类核子相距很近,它们的空间波函数对称而自旋波函数反对称时,这样的成对核子有很强的吸引作用。所以,成对核子的总自旋为零时,附加的对能使结合能增大。

4. 结合能半经验公式

基于液滴模型,并考虑对称能和对能,球形原子核的结合能半经验公式是

$$B(Z,A) = B_V + B_S + B_C + B_a + B_p =$$

$$a_V A - a_S A^{2/3} - a_C Z^2 A^{-1/3} - a_a \left(\frac{A}{2} - Z \right)^2 A^{-1} + a_p \delta A^{-1/2} \tag{2.7.11}$$

其中的各个常量 a,是由此公式与很多原子核基态的结合能数据作最佳拟合定出的参量。虽然液滴模型给出的式(2.7.11)中各项有明确的物理意义,但是系数 a 一般不能由理论本身导出,而依赖于实验数据。这样得到的公式是半经验公式,首先由魏扎克(Weizsacker)在 1935年提出。有一组参量是

$$\begin{aligned}
a_V &= 15.835 \text{ MeV} & a'_V &= 0.017\ 000\text{u} \\
a_S &= 18.33 \text{ MeV} & a'_S &= 0.019\ 68\text{u} \\
a_C &= 0.714 \text{ MeV} & a'_C &= 0.000\ 767\text{u} \\
a_a &= 92.80 \text{ MeV} & a'_a &= 0.099\ 62\text{u} \\
a_p &= 11.2 \text{ MeV} & a'_p &= 0.012 \text{ u}
\end{aligned} \tag{2.7.12}$$

现在,利用式(2.7.11)和式(2.7.12)计算一些核的结合能,其结果列在表 2-5 中。表中还列出了式(2.7.11)中各项的值以及由核素的原子质量定出的结合能数值。后者以 B' 表示以区别于半经验公式的计算结果 B。可以从表中看出公式中各项对于结合能贡献的大小,也能看到液滴模型的结合能半经验公式和实验结果是符合得相当好的,在 A 的很大范围内都能够适用。式(2.7.11)中可调节的参量有 5 个。在和实验数据拟合时也可选取不同的值。各组参量之间可以不同,甚至有较大的差别。但是,作为整个公式的结果,与实验数据的差别是很小的。

表 2-5 结合能的计算结果

核素	^{40}Ca	^{107}Ag	^{238}U
B_V	633.4	1 694.4	3 768.7
B_S	-214.4	-413.1	-704.0
B_C	-83.5	-332.2	-975.2
B_a	0	-36.6	-284.3

续　表

核素	^{40}Ca	^{107}Ag	^{238}U
B_p	1.8	0	0.7
B	337.3	912.5	1 805.9
B'	342.1	915.2	1 801.6

5. 应用举例

下面对于结合能半经验公式的应用举一些例子。

（1）核素的质量。

由核素的结合能 $B(Z,A)$ 和质量 $m(Z,A)$ 的关系

$$m(Z,A) = Zm_p + (A-Z)m_a - B(Z,A)/c^2 \qquad (2.7.13)$$

可以得到核素的原子质量

$$M(Z,A) = ZM(^1H) + (A-Z)m_n - B(Z,A)/c^2 \qquad (2.7.14)$$

将式（2.7.11）代入上式，可以得到核素原子的质量半经验公式

$$M(Z,A) = ZM(^1H) + (A-Z)m_n - a_V^c A + a_S^c A^{2/3} + a_c^c Z^2 A^{-1/3} + a_a^c \left(\frac{A}{2} - Z\right)^2 A^{-1} - da^p A^{-1/2}$$

$$(2.7.15)$$

式中参量 $a^c = a/c^2$。给出的一组参量见式（2.7.12）。计算结果与实验值的比较表明，在总体上两者是符合得很好的。但是，对于很轻的核以及在某些区域如 Z 或 N 为 50,82 等"幻数"附近，计算结果与实验值的差别较大。这是由于液滴模型只能给出统计结果，因而对于很轻的原子核此公式不适用。它只能给出平均结果，不能精细地反映核素个体的特性。这表明，液滴模型有它的局限性。

（2）比结合能曲线。

利用结合能半经验公式可以计算稳定核的结合能 $B(Z,A)$，从而得到比结合能 $\varepsilon(Z,A)$，并能作出 ε-A 曲线，见图 2-19。图中最下面的曲线是净的比结合能曲线。它的形状和实验得到的曲线（见图 2-3）形状很相像，曲线中间高，两端低，变化平稳。定量上也符合得很好，在很大范围内 $\varepsilon \approx 8$ MeV。图中的另几条曲线形象地表示了结合能公式中各项随核子数 A 变化时比结合能的变化趋势。比结合能中的体积能

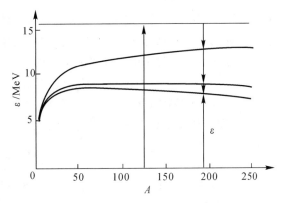

图 2-19　比结合能中各项的贡献

项 $\varepsilon_V = B_V/A$ 是常量，这是液滴模型的主要特征。表面能项（$\varepsilon_S = B_S/A$）的数值随 A 减小，这是由于球体越大，表面核子所占的比例就越小的缘故。库仑能项的数值随 A 增大，这是因为 β 稳定线上的核素粗略地有 $Z \propto A$，则有 $\varepsilon_c = B_c/A$ 与 $A^{2/3}$ 近似成正比。由于 β 稳定线上核素的中质比 N/Z 随 A 增加由 1 上升到 1.5 以上，因而非对称能项（$\varepsilon_a = B_a/A$）的数值也随 A 增大。图

中没有标出对能的贡献。

（3）β稳定线。

由质量半经验公式，可以讨论稳定核素的 Z 和 A 的关系。对于有确定 A 的同量异位素，具有怎样电荷数 Z 的核素是稳定的呢？β稳定线上的核素是这一问题的解答。如果把 Z 处理成连续变量，并且暂先略去对能项，那么，满足

$$\frac{M(Z,A)}{Z} = 0 \qquad\qquad (2.7.16)$$

的核素是β稳定的。β稳定的核素其电荷数用 Z_S 表示，由式（2.7.16）及式（2.7.15）可得

$$Z_S = \frac{[a_a^{\mathscr{C}} + m_n - M(^1H)]A}{2(a_a^{\mathscr{C}} + a_C^{\mathscr{C}} A^{2/3})} \qquad\qquad (2.7.17)$$

这和β稳定线的经验方程式（2.2.19）是一致的。由于 Z 是整数，同量异位素中稳定的核素就在β稳定线上或在β稳定线的近旁，这可以说明 Z-N 平面上狭长的β稳定区（见图 2-4）。

原子核液滴模型公式能够成功地计算原子核基态的结合能和质量，是现有计算公式中和实验结果符合得最好的。公式中的参量由实验数据的拟合分析确定。公式中各项的物理意义比较明确，物理图像比较清楚。

液滴模型虽是早期的核模型，至今已有了不少改进，并仍在发展之中。还可以将液滴考虑得更深入一些，例如核密度不是常量而是某种形式的分布，中子和质子的分布可以有差别，在形变中电荷分布可以产生极化以及液滴并非完全不可压缩，等等。

以液滴形变解释原子核裂变是液滴模型又一重要成功之处。这将在第九章中详细讨论。

二、壳 模 型

1. 幻数存在的实验根据

我们知道，当原子中的电子数等于某些特殊的数目（2,10,18,36,54,86）时，该元素特别稳定。它们不易与别的元素起作用，所以叫作惰性气体元素。利用量子力学，可以计算出以上特殊数目正是原子壳层结构中电子填满壳层时的数目。

奇怪的是，对于原子核也存在某些特殊的数目。当组成原子核的质子数或中子数为 2,8,20,28,50,82 和中子数为 126 时，原子核特别稳定。这些数目叫作"幻数"。由此启发人们提出一个问题：原子核中是否也存在壳层结构？在回答这个问题以前，先来讨论一下幻数存在的实验根据。

（1）核素丰度。

核素丰度是指核素在自然界中的含量。当然影响核素丰度有多种因素，但是与其邻近各核素比较，丰度的大小是核素稳定性的一种标志。对所有核素丰度进行研究后发现：

1）地球、陨石以及其他星球的化学成分表明，$^4_2He_2$、$^{16}_8O$、$^{40}_{20}Ca_{20}$、$^{60}_{28}Ni_{32}$、$^{88}_{38}Sr_{50}$、$^{90}_{40}Zr_{50}$、$^{120}_{50}Sn_{70}$、$^{138}_{56}Ba_{82}$、$^{140}_{58}Ce_{82}$、$^{208}_{82}Pb_{126}$ 等核素的含量比起附近核素的含量显得特别多，它们的质子数、中子数或者两者都是幻数。

2）在所有的稳定核素中，中子数 N 等于 20,28,50 和 82 的同中子素最多。$N=20$ 和 28 的有 5 个稳定同中子素，$N=50$ 的有 6 个，$N=82$ 的则有 7 个之多（见图 2-20）。

3）当质子数 $Z=8,20,28,50$ 和 82 时，稳定同位素的数目同样要比邻近的元素多。$_8O$ 有 3

个稳定同位素,附近的元素只有 1 个或 2 个;$_{20}$Ca 有 6 个稳定同位素,附近的只有 2 个或 3 个;$_{28}$Ni 有 5 个稳定同位素,附近的只有 1 个或 2 个;$_{50}$Sn 则有 10 个稳定同位素,它是稳定同位素最多的元素,$_{82}$Pb 有 4 个稳定同位素,附近的只有 1 个或 2 个。

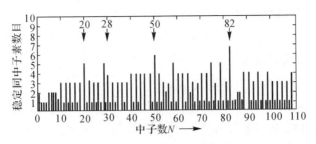

图 2-20　稳定同中子素分布

(2)结合能的变化。

原子核的结合能是原子核稳定性的一种表征。结合能的相对值越大,表示原子核结合得越紧密,稳定性就越好。

1)中子结合能。

图 2-21 表示轻核俘获一个中子所释放的能量 $E_{B,n}$,横轴表示核中原有的中子数 N。由图可见,当 $N=8$ 和 20 时,中子结合能 $E_{B,n}$ 比邻近核小,这表明幻数核具有较好的稳定性。对于 Z 为幻数的核俘获一个质子的情形也是如此。

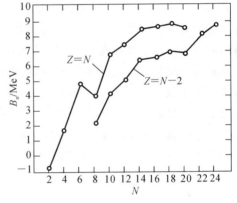

图 2-21　轻核的中子结合能

2)总结合能。

基于液滴模型所建立的结合能半经验公式随核子数的变化基本上是平滑的。它能正确地反映原子核结合能的平均特性,但发现实验测得的结合能 $E_{B,exp}$ 与液滴模型计算的结合能 $E_{B,th}$ 之间存在着偏离。当中子数或质子数等于幻数时偏离最大,此时 $E_{B,exp}$ 比 $E_{B,th}$ 大得最多(见图 2-22)。这表明这些原子核比一般的原子核要结合得更紧密些。

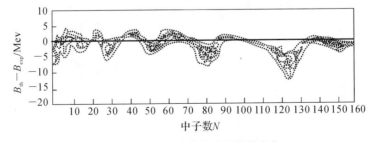

图 2-22　总结合能随中子数的变化

3)α 衰变的能量。

对于大多数具有 α 放射性的元素,同一元素的各种同位素的 α 衰变能可以连成一条直线,其斜率是负值。但是,在 $A=209\sim213$ 范围内,对于 Bi,Po,At 和 Rn 出现了反常现象,直线的斜率变成了正值。分析发现,$^{211}_{83}$Bi,$^{212}_{84}$Po 和 $^{213}_{85}$At α 衰变所形成的子核都是幻数核,比较稳定。因此,它们的衰变能很大。相反,$^{209}_{83}$Bi,$^{210}_{84}$Po,$^{211}_{85}$At 和 $^{212}_{86}$Rn 都是幻数核,而它们 α 衰变的子核为非幻数核,因此衰变能特别小。这些导致斜率正值的出现。

以上讨论了幻数存在的部分实验事实。其他的事实还有很多,这里不再一一列举。

2. 核内存在壳层结构的条件

鉴于幻数的存在,原子核中似乎应该存在类似原子的壳层结构。在原子中,处于中心的原子核对于周围的电子来说可以看作是点电荷,它的库仑场是有心场。可以近似地认为,每个电子是在核和其他电子所组成的平均场中各自独立地运动,这个平均场是一种有心场。根据量子力学,它们的运动状态由四个量子数 n,l,m_1,m_s 来标志。此处 n 是主量子数,l 为轨道角动量量子数,m_1,m_s 分别为轨道磁量子数和自旋磁量子数。

对于库仑场,在不考虑电子自旋与轨道运动相互作用的情况下,电子状态的能量由量子数 n 和 l 决定。对于某一确定的 n,l 相同的状态,能量都一样。因而某一给定 l 的 $2l+1$ 个状态,能量都相同,即 l 一定的能级是 $2l+1$ 重简并的。由泡利不相容原理知道,对于自旋 $s=1/2$ 的粒子,在同一个状态中不能同时容纳两个同类粒子。电子的自旋是 $1/2$,它应服从泡利原理。这样,在能量相同的同一个 l 能级上总共可以容纳 $2(2l+1)$ 个电子。

由量子力学可以解得在给定的有心场中电子处于各能级的能量,能量随量子数 n 和 l 的增大而提高。能量最低的能级是 1s,其后的次序是 2s,2p,3s,3p,4s,3d,…。能级符号中的数字表示主量子数 n,如对 3d 能级,$n=3,l=2$。

电子处于最低能级最稳定,但由于泡利原理的限制,每一能级最多只能填充 $N=2(2l+1)$ 个电子。这样就可把电子按从低能级往高能级的次序逐个填充,从而形成所谓壳层结构。一些接近的能级组成一个壳层,各壳层之间则有较宽的能量差。最后得到原子中电子的壳层结构见表 2－6,满壳层时的电子总数是 2,10,18,36,54,86,它们正是惰性气体氦、氖、氩、氪、氙、氡的原子序数。

表 2－6　电子的壳层结构

壳层	能级次序	各能级的电子数	满壳层电子总数
1	1s	2	2
2	2s,2p	2,6	10
3	3s,3p	2,6	18
4	4s,3d,4p	2,10,6	36
5	5s,4d,5p	2,10,6	54
6	6s,4f,5d,6p	2,14,10,6	86
7	7s,5f,6d,…	2,14,10,…	

因此,如果原子核中也存在类似于原子的壳层结构,则须满足下列条件:

1)在每一个能级上,容纳核子的数目应当有一定的限制;

2)核内存在一个平均场,对于接近于球形的原子核,这个平均场是一种有心场;

3)每个核子在核内的运动应当是各自独立的。

第一个条件是满足的。因为中子和质子都是自旋为 1/2 的粒子,所以都服从泡利原理,从而每个中子和质子的能级容纳核子的数目受到一定的限制。中子和质子有可能各自组成自己的能级壳层。这一点与实验是符合的,因实验发现的幻数分别对中子和质子都存在。

后两个条件看来很难满足,这是由于原子核的情况与原子的情况有很大不同。首先,原子中的库仑作用力是一种长程力,而原子核中核子间的作用力主要是短程力,因而原子核中不像原子中那样存在一个明显的有心力。其次,核中的核子密度与原子中的电子密度相比,大得不可比拟,以致核子在核中的平均自由程可以比核半径小得多,于是可以想象核子间似应不断发生碰撞,因而很难理解核子在核中的运动可以是各自独立的。正是由于上述原因,核内存在壳层结构受到怀疑,以致在很长时期中壳层模型没有得到发展。尤其是只考虑核子间强相互作用的液滴模型能成功地解释许多现象,使得人们更加怀疑核内存在核子的独立运动的可能性。

3. 壳模型的基本思想

如上所述,人们曾对核的壳层结构抱有怀疑。但由于后来越来越多的实验事实证实了幻数的存在,而液滴模型在解释幻数的问题上又完全无能为力,于是迫使人们重新考虑核内存在壳层结构的可能性。其中心思想有下面两点:

1)原子核中虽然不存在与原子中相类似的不变的有心力场,但我们可以把原子核中的每个核子看作是在一个平均场中运动,这个平均场是所有其他核子对一个核子作用场的总和,对于接近球形的原子核,可以认为这个平均场是一个有心场。

2)泡利原理不但限制了每一能级所能容纳核子的数目,也限制了原子核中核子与核子碰撞的概率。原子核处于基态时,它的低能态填满了核子。如果两个核子发生碰撞使核子状态改变,则根据泡利原理,这两个核子只有去占据未被核子所占有的状态,这种碰撞的概率是很小的。这就使得核子在核内有较大的平均自由程,即单个核子能被看作在核中独立运动。所以,壳模型也叫独立粒子模型、单粒子壳模型。

4. 单粒子能级

下面的任务就是选择有心场的具体形式,以便使得出的满壳层的核子数与幻数相符合。

最简单的有心场是直角势阱和谐振子势阱。它们在数学上是最容易处理的。对于直角势阱(见图 2 - 23),它的数学表示式为

$$V(r) = \begin{cases} -V_0 & r < R \\ 0 & r > R \end{cases} \qquad (2.7.18)$$

谐振子势阱(见图 2 - 24)的数学表示式为

$$V(r) = -V_0 + \frac{1}{2}m\omega^2 r^2 \qquad (2.7.19)$$

式中,r 是有心场的径向参量,即力场中的某一点至场中心的距离;R 是原子核的半径;V_0 是势阱深度;m 是核子质量;$\omega = (2V_0/mR^2)^{1/2}$。

直角势阱的物理意义表示核子在原子核内部和外部都不受力,只在核的边界上才受很强的向里的力。谐振子势阱则表示核子在原子核的中心附近不受力,当核子从核中心附近向外移动时,受到一个逐渐变强的向里的力。显然它们都有缺点,谐振子势阱没有把核力的作用范围局限于核内,直角势阱则认为核子从核的边界往外移动时所受的向里的力会发生从极大到零的突变,这些都与实际情况不符。同时,直角势阱把核子从核的边界往里移动时所受向里的

力的变化也描写成无限快,这只是一个极端的近似,而谐振子势阱则把这种变化又描写得太慢了,实际的变化情况应介于直角势阱与谐振子势阱之间。平均场理论的研究及与实验的比较表明,比较合理的核场是伍兹-萨克森(Woods-Saxon)势阱(见图2-25):

$$V(r) = \frac{-V_0}{1 + e^{\frac{r-R}{a}}}$$ (2.7.20)

式中V_0, R, a是参量。用这种势阱进行处理一般需要用计算机进行数值计算,同时理论计算表明,不同势阱的选择对所推得能级的次序影响很小。因此,下面的讨论先从直角势阱和谐振子势阱出发,然后用内插法求得所需的能级。为了计算方便,假设直角势阱的壁是无限高的,可以证明,这不会改变所推得的能级次序。

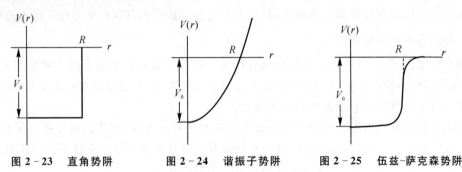

图2-23　直角势阱　　　　图2-24　谐振子势阱　　　　图2-25　伍兹-萨克森势阱

利用量子力学,可以求得核子在谐振子势阱中运动时的能量

$$\left.\begin{array}{l} E_{\nu l} = [2(\nu-1)+l]\hbar\omega + \dfrac{3}{2}\hbar\omega = n_0\hbar\omega + \dfrac{3}{2}\hbar\omega \\ n_0 = 2(\nu-1)+l \\ \nu = 1,2,3,\cdots \\ l = 0,1,2,\cdots \end{array}\right\}$$ (2.7.21)

式中,n_0是谐振子量子数,ν是径向量子数,l是轨道量子数。最后一项$(3/2)\hbar\omega$为零级振动的能量。因它是常量,所以在讨论能级结构时可以略去。

我们仍用原子光谱中的符号来表示核子的能级。$l = 0,1,2,3,\cdots$的能级分别用s,p,d,f,$\cdots$字母来表示。字母前面的数字表示ν。

由式(2.7.21)可见,核子在谐振子势阱中运动时,其能级的能量取决于n_0,n_0又取决于ν和l。一般来讲,同一n_0可以有若干组ν和l的值。

根据泡利原理,同一l的状态最多能容纳$2(2l+1)$个同类核子,从而可以得出谐振子势阱中同类核子填满相应能级时的总数。经分析可知,谐振子势阱只给出前面三个幻数:2,8,20,其他幻数没有出现。

利用量子力学,也可以求出核子在直角势阱中运动时的能量

$$E_{\nu l} = \hbar^2 X_{\nu l}^2 / (2mR^2)$$ (2.7.22)

式中$X_{\nu l}$是贝塞尔函数$j_{l+1/2}(kR)=0$的根,$X_{\nu l}$的数值决定了能级次序,这里k是核子的波数。在直角势阱中能级的简并得到部分消除,不同状态(νl)具有不同的能量,而且能级的次序也与谐振子情形不同。但它也只能给出三个幻数:2,8,20,其他幻数同样不能出现。

由前面的讨论可知,核子在真正核场中的能级应介于两者之间,这种能级可以对以上两种

能级用内插法粗糙地求得。然而内插获得的能级同样不能得出所有幻数，也只是出现前面三个：2,8,20。看来问题的本质不仅在于势阱的形状，尚须考虑别的重要因素。

5. 自旋-轨道耦合

以上的讨论，都没有考虑核子的自旋-轨道耦合问题。实验表明，核子的自旋-轨道耦合不但存在，而且这种耦合作用是很强的。由于核子的自旋和轨道角动量的耦合，核子的能量不仅取决于轨道角动量 l 的大小，而且取决于轨道角动量 l 相对于自旋 s 的取向。s 与 l 平行时（即总角动量 j 的量子数 $j=l+1/2$ 时）的能量同 s 与 l 反平行时（即 $j=l-1/2$ 时）的能量是不同的。因此，考虑自旋轨道耦合后，同一条 l 能级将劈裂成两条。由自旋轨道耦合引起的能级劈裂在讨论原子中电子能级的精细结构时已经遇到过。但是，在原子中，由于电子的自旋轨道耦合较弱，$j=l\pm1/2$ 的两个能级的间隔与 l 不同的两相邻能级的距离相比是较小的，一般不会改变原来的能级次序。可是，原子核情况不同。核子的自旋轨道耦合是很强的，所劈裂的两个能级 $j=l\pm1/2$ 的间隔可以很大，而且与 $(2l+1)$ 成正比，随 l 的增加而增大，以致改变原来的能级次序。另外，$j=l+1/2$ 的能级低于 $j=l-1/2$ 的能级。这一点与原子的情形也不同。

考虑自旋-轨道耦合后，同一 l 的能级分成了两条（注意，对于 $l=0$ 的能级显然不存在自旋-轨道耦合问题，所以此能级仍是一条）。对于新的能级，应以 (ν,l,j) 三个量子数来表征。由于 j 在空间可有 $2j+1$ 个不同的取向，所以这些新能级是 $2j+1$ 度退化的。根据泡利原理，它们各自可容纳 $2j+1$ 个同类核子。

考虑自旋-轨道耦合后的能级如图 2-26 所示。图中左边横线表示由谐振子势阱和直角势阱的能级内插而得的能级。新的能级图中在轨道角动量符号的右下角标出了 j 量子数，即 νl_j。由图可见，由于能级的劈裂，组成了新的原子核壳层。它们给出了全部幻数。两个幻数间的各能级，形成一个主壳层。主壳层内的每一能级，叫作支壳层。主壳层之间能量间隔较大，支壳层之间的能量间隔较小。新的主壳层的形成，是由于有些能级劈裂得特别大。例如，50,82,126 三个幻数分别落在 1g,1h,1i 的分裂处。因此，同一个主壳层内可以有宇称不同的能级，当 l 为偶数时宇称为正，l 为奇数时宇称为负，而且相邻能级的 j 值可以相差很大。

质子和中子各有一套能级。由于质子间具有库仑斥力，质子的能级比相应中子的能级要高一些，能级间距要大一些，能级的排列次序也有些不同，特别是当核子数较多时更是这样，但主壳层的相对位置不变，即给出相同的幻数。

壳结构理论预言，82 以后的质子幻数可能是 114；126 以后的中子幻数是 184。因此，根据理论预言，质子数为 114 和中子数为 184 的原子核是双幻核。该核及其附近的一些核可能具有相当大的稳定性。它们比普通重核还重，所以称为超重核。实验发现和研究超重核，对核结构理论的发展将起重大作用，因而一直是人们重视的一个研究方向。最近已得到一些初步结果，有待进一步重复和证实。

6. 对关联

上面的讨论，主要是基于包括自旋-轨道耦合在内的平均场，以及核子可以独立地在这平均场中运动的假设。作为壳模型的改进，还应该考虑核子间存在的较小的"剩余"相互作用。核子间的相互作用除了平均场以外的部分，称为剩余相互作用。剩余相互作用的最重要的成分是两个配对核子间的短程吸引力。所谓配对是指两个核子所处状态的磁量子数的符号相反，其余的量子数均相同。许多实验现象表明，两个配对核子间可以存在重要的相互关联，这叫对关联(或成对相互作用)。例如,原子核质量公式中的奇偶质量差就是由对关联引起的。

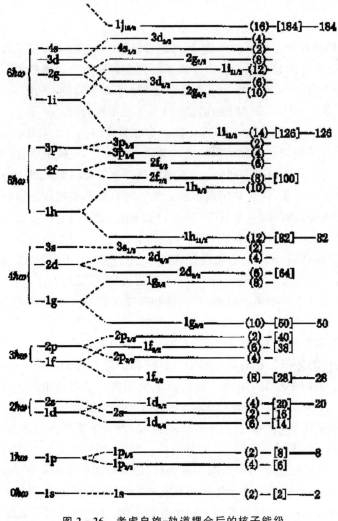

图 2-26　考虑自旋-轨道耦合后的核子能级

对关联在壳模型和集体模型中有重要应用,有些实验现象只有考虑对关联才能得到合理的解释。例如,偶偶核基态自旋必为零的解释必须考虑对关联。

三、壳模型的应用

壳模型虽能解释原子核的幻数,但从上一节自旋-轨道耦合的讨论中不难看出,这种解释是带有任意性的。只要自旋-轨道耦合引起的能级劈裂的程度有所改变,能级排列的次序就会发生变化,从而填满壳层的核子数就会与幻数不符。因此,必须要用更多的实验事实与壳模型比较,才能检验它的正确程度。下面进一步讨论与壳模型有关的一些实验事实。

1. 原子核基态的自旋和宇称

对于双幻数核,质子和中子都正好填满各自的主壳层,此时,每一角动量为 j 的能级上都

充满了 $2j+1$ 个核子,它们的角动量朝向 $2j+1$ 个不同的方向。因此,其矢量和为零,则每一能级的角动量均为零,原子核的总角动量也为零,即双幻核的自旋为零。可以认为,填满一个主壳层时的核子是球对称分布的,所以双幻核具有球形。至于宇称,由于每条填满核子数的能级的核子数总是偶数,同一能级的每个核子的宇称都相同,则不论每个核子的宇称是正还是负,同一能级中所有核子的宇称之乘积总是正,即每个壳层具有正的宇称。所以,双幻核的宇称为正。壳模型对于双幻核性质的上述结论,已为实验所证实。

对于偶偶核,即质子数和中子数都为偶数的原子核,当偶数个核子处于最低那些能级时,在每一能级上所占有的核子数都是偶数。由于同一能级中的偶数个核子具有同样大小的角动量 j,而且由于对力的作用,成对的两个核子的 j 的方向是相反的,因而同一能级的所有核子的角动量矢量之和为零,则质子壳层和中子壳层都具有等于零的角动量。所以,偶偶核的自旋为零。偶偶核中每一能级的核子数为偶,因此它的宇称为正。有关偶偶核的自旋和宇称的结论已被实验很好证实,至今尚未发现例外。

对于奇 A 核,即质量数 A 为奇数的原子核,根据壳模型,其自旋和宇称可由填充壳层的最后那个奇数的核子的状态所决定。这是因为其余偶数个核子的贡献,相当于一个偶偶核的贡献,即给出零的角动量和正的宇称。因此,原子核的自旋应与最后一个奇核子的角动量 j 相同。宇称应由那个奇核子的轨道量子数 l 来决定,当 l 为偶数时宇称为正,l 为奇数时宇称为负。可见奇 A 核的状态,由单个非成对的核子的状态所决定。这种模型也叫单粒子模型。例如,^{27}Al 由 13 个质子和 14 个中子组成,其自旋和宇称应由第 13 个质子的状态来决定。由图 2-26 可知,该质子的状态是 $1d_{5/2}$,所以 ^{27}Al 的自旋为 $5/2$,宇称为正。再如 ^{67}Zn 的 $Z=30$,$N=37$,其自旋和宇称应由第 37 个中子的状态 $1f_{5/2}$ 来决定。所以,^{67}Zn 的自旋为 $5/2$,宇称为负。

根据单粒子模型来讨论奇 A 核的状态时,必须考虑对能效应对核子能级填充次序的影响。核子成对地填充能级时,要放出对能 δ。理论和实验表明:对能 δ 的大小与能级的角动量 j 有关,j 越大,δ 也越大。因此,当相邻两能级 1 和 2(假定能级 1 高于能级 2)的对能之差 $(\delta_1-\delta_2)$ 大于其能级间距 ΔE 时,核子填充能级的次序就会改变,即未考虑对能效应时的较低能级尚未填满,就去填入较高能级。显然,只有能级 1 的角动量 j_1 大于能级 2 的角动量 j_2 时,对能效应才有可能起作用。对能效应起作用时,最后一个奇核子不是处于角动量较大的能级,而是处于角动量较小的能级。例如 $^{75}_{33}$As,$^{79}_{35}$Br 和 $^{87}_{37}$Rb 都是奇质子核,按图 2-25 的能级次序,它们的最后一个奇质子均应填在 $1f_{5/2}$ 能级,所以自旋都是 $5/2$,但实验值都是 $3/2$。这可以由对能效应来解释。如果此时 $2p_{3/2}$ 和 $1f_{5/2}$ 两相邻能级满足

$$2\Delta E > \delta_1-\delta_2 > \Delta E \tag{2.7.23}$$

则以上三个核的质子组态分别是 $(2p_{3/2})^3(1f_{5/2})^2$,$(2p_{3/2})^3(1f_{5/2})^4$ 和 $(2p_{3/2})^3(1f_{5/2})^6$,即最后一个单质子不是处在 $1f_{5/2}$ 能级,而是处在 $2p_{3/2}$ 能级,所以它们的自旋都应该是 $3/2$,这与实验相符。当两相邻能级的对能之差

$$\delta_1-\delta_2 > 2\Delta E \tag{2.7.24}$$

时,对能效应的作用对奇核子状态产生的结果与满足式(2.7.23)的情况相同,只是成对核子所处的状态有所不同罢了。

对于大多数奇 A 核的基态自旋和宇称,考虑对能效应后,壳模型能给出正确的值,但有少数情形例外。例如,在轻核范围内,$^{19}_{9}$F$_{10}$,$^{19}_{10}$Ne$_9$ 和 $^{23}_{11}$Na$_{12}$ 的理论值与实验值不符,这是因为这

几个核有较大的形变,而基于球形对称场的壳模型对形变核的描写会遇到困难。其他一些情形的例外,一般都是自旋的实验值比理论值少 1。

应该指出,奇 A 核的自旋总是半整数,这是因为每个核子的角动量均为半整数,奇数个半整数不论怎样耦合总是给出半整数。

对于奇奇核,即质子数和中子数都为奇数的原子核,壳模型的预言不如奇 A 核好。可以认为,奇奇核的自旋和宇称由最后两个奇核子决定。关于这两个奇核子的角动量如何耦合成核的自旋,有以下两个规则:

1)若最后两个奇核子的自旋与轨道角动量都是平行的,则核的自旋 I 在多数情况下是

$$I = j_n + j_p \tag{2.7.25}$$

但有不少例外,如 $^{34}_{17}Cl$ 的自旋不是 3 而是零;$^{58}_{27}Co$ 自旋不是 5 而是 2。

2)若最后两个奇核子中的一个核子的自旋与轨道角动量是平行的,另一个核子的自旋与轨道角动量是反平行的,则核的自旋

$$I = |j_n - j_p| \tag{2.7.26}$$

此规则也有例外,如 ^{40}K 的自旋不是 2 而是 4。

以上两个规则说明奇质子和奇中子间存在较强的自旋耦合,使这两个核子的自旋有平行的倾向。

奇奇核的宇称等于最后两个奇核子所处状态的宇称之积,即核的宇称:

$$\pi = (-1)^{l_n + l_p} \tag{2.7.27}$$

质子和中子各自形成自己的壳层。但实验表明,两者之间并非完全没有相互干扰,这从分析奇 A 同位素的原子核的自旋可以说明。不少奇 Z 元素的各个奇 A 同位素的原子核,其自旋值不是完全相同。例如,碘的六个奇 A 同位素的原子核:^{123}I,^{125}I,^{127}I,^{129}I,^{131}I 和 ^{133}I,虽然它们的质子数都是 53,然而最后一个质子所处的状态却有差别,前三者的自旋为 5/2,后三者的自旋为 7/2。这说明因中子数的不同,质子能级也会改变,前三个核中最后一个质子处于 $2d_{5/2}$ 能级,后三个核中最后一个质子则处于 $1g_{7/2}$ 能级。

综上所述:壳模型能正确地预言绝大多数核的基态自旋和宇称。这是它的最大成功之处。

2. 同质异能素岛的解释

在第五章第四节中指出,同质异能态之所以具有较长的寿命,是因为该态与相邻较低能态的角动量之差 ΔI 比较大,从而相应的 γ 跃迁概率较小。当 $\Delta I \geqslant 3$ 时,同质异能态的寿命相当长($\tau \geqslant 1s$)。实验发现,这种长寿命同质异能态的分布随核子数的变化具有一定的规律性,它们几乎都集中在紧靠 Z 或 N 等于 50,82,126 等幻数前面的区域,形成所谓同质异能素岛。

壳模型能很好地解释同质异能素岛的出现。前面已指出,奇 A 核的基态自旋和宇称由最后奇核子的状态所决定。类似地,奇 A 核的单粒子激发态的能级特性可以被认为是由激发态时的奇核子的状态来决定。这样,只要在激发态和基态时奇核子所处的能级的角动量 j 相差很大($\geqslant 3$),就会出现长寿命的同质异能态。

前已指出,在 50,82,126 三个幻数附近由自旋-轨道耦合引起的能级劈裂特别厉害,以至 j 值相差很大的能级可以相邻排列在一起。而且,这种相邻的两能级具有不同的宇称。这是形成长寿命同质异能态的根本原因。

由图 2-26 可见,在 Z 或 N 等于 38 以前,相邻两能级的 j 值最多相差 2,因此不会出现长

寿命的同质异能态。在 38 以后，核子填入 $2p_{1/2}$ 和 $1g_{9/2}$ 两个能级中，这两个能级的 j 值相差为 4，因此 Z 或 N 等于 39 到 49 之间的原子核应该出现长寿命的同质异能态，即形成同质异能素岛。同样的道理，Z 或 N 在 65 到 81 之间和 101 到 125 之间也应该存在同质异能素岛。实验发现确是如此。对同质异能素岛的解释是壳模型的又一成功，并表明核内核子的运动的确存在很强的自旋–轨道耦合。

3. 原子核的磁矩

按照壳模型，偶偶核的自旋为零，因此偶偶核的磁矩也为零。这与实验完全符合。

对于奇 A 核，自旋一般等于最后一个非成对核子的角动量，因此可以推测，奇 A 核的磁矩也应该等于最后一个核子的磁矩。

核内单个核子的磁矩 $\boldsymbol{\mu}_j$ 一般为核子轨道运动的磁矩 $\boldsymbol{\mu}_l$ 和核子自旋磁矩 $\boldsymbol{\mu}_s$ 组成，即

$$\boldsymbol{\mu}_j = \boldsymbol{\mu}_l + \boldsymbol{\mu}_s = g_l \boldsymbol{l} + g_s \boldsymbol{s} = g_j \boldsymbol{j} \tag{2.7.28}$$

式中 l, s 和 j 分别为核子轨道运动角动量、自旋和总角动量，g_l, g_s 和 g_j 分别为相应的 g 因数；磁矩以核磁子 μ_N 为单位，角动量以 $\hbar$ 为单位。

用 $\boldsymbol{j}$ 点乘式 (2.7.28)，得

$$g_j \boldsymbol{j} \cdot \boldsymbol{j} = g_l \boldsymbol{l} \cdot \boldsymbol{j} + g_s \boldsymbol{s} \cdot \boldsymbol{j} \tag{2.7.29}$$

由于

$$\boldsymbol{j} \cdot \boldsymbol{j} = j(j+1)$$

$$\boldsymbol{l} \cdot \boldsymbol{j} = \frac{1}{2}(j^2 + l^2 - s^2) = \frac{1}{2}[j(j+1) + l(l+1) - s(s+1)]$$

$$\boldsymbol{s} \cdot \boldsymbol{j} = \frac{1}{2}(j^2 + s^2 - l^2) = \frac{1}{2}[j(j+1) + s(s+1) - l(l+1)]$$

代入式 (2.7.29) 并用 $(j+1)$ 除等式两端，得

$$g_j j = g_l \frac{j(j+1) + l(l+1) - s(s+1)}{2(j+1)} + g_s \frac{j(j+1) + s(s+1) - l(l+1)}{2(j+1)} \tag{2.7.30}$$

注意，此式左边 $g_j j$ 是角动量为 j 的一个核子的磁矩 μ_j，所以奇 A 核的磁矩 μ_I 可用式 (2.7.30) 右边计算，得

$$m_I = \begin{cases} g_l\left(I - \dfrac{1}{2}\right) + \dfrac{1}{2}g_s & I = j = l + \dfrac{1}{2} \\[2mm] \dfrac{I}{I+1}g_l\left(I + \dfrac{3}{2}\right) - \dfrac{1}{2}g_s & I = j = l - \dfrac{1}{2} \end{cases} \tag{2.7.31}$$

所以对于奇 N 偶 Z 核，因中子的 $g_l = 0, g_s = -3.82$，则

$$m_I = \begin{cases} -1.91 & j = l + \dfrac{1}{2} \\[2mm] 1.91\,\dfrac{I}{I+1} & j = l - \dfrac{1}{2} \end{cases} \tag{2.7.32}$$

对于奇 Z 偶 N 核，因质子的 $g_l = 1, g_s = 5.58$，则

$$m_I = \begin{cases} I + 2.29 & j = l + \dfrac{1}{2} \\ I - 2.29\,\dfrac{I}{I+1} & j = l - \dfrac{1}{2} \end{cases} \qquad (2.7.33)$$

式(2.7.32)和式(2.7.33)表示壳模型预言的奇 A 核的磁矩随自旋的变化关系。该关系也可用图 2-27 和图 2-28 表示。这四条线称为施密特(Schmidt)线,它是在壳层理论建立以前由施密特提出的。图中也画出了相应的实验点。空心点代表自旋与轨道角动量平行的核,打叉点代表自旋与轨道角动量反平行的核。由图可见,大部分实验点并没有落在施密特线上,而是落在各自的两条施密特线之间。但对同一个 j 值,大致可分成两组,一组比较靠近 $j = l + 1/2$ 的施密特线,另一组比较靠近 $j = l - 1/2$ 的施密特线。因此,壳模型对奇 A 核磁矩的预言虽不准确,但可描写磁矩变化的趋势,在已知核的自旋的情况下,通过磁矩的测量往往可以求得 l,从而定出核的宇称。

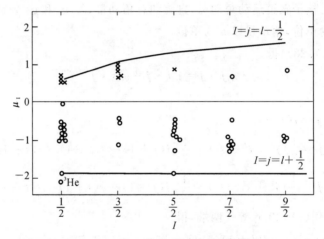

图 2-27 奇 N 核的磁矩随自旋的变化

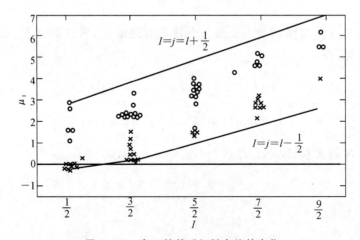

图 2-28 奇 Z 核的磁矩随自旋的变化

4. 核的电四极矩

本章第四节中曾经讨论过,原子核中的电荷分布为球状时,电四极矩 $Q=0$;长椭球的 $Q>0$,扁椭球的 $Q<0$。如果认为核中的电荷分布是均匀的,那么,电四极矩的测定就可以估计出原子核的形状。根据壳模型,电四极矩是由未填满壳层的少数质子贡献的,并可定量地计算其大小。

当奇 Z 偶 N 核的满壳层外有 p 个质子处于角动量为 j 的能级上时,计算给出

$$Q = -\langle r^2 \rangle \frac{2j-1}{2(j+1)} + \frac{2(p-1)}{2j-1} \tag{2.7.34}$$

其中 $\langle r^2 \rangle$ 为径向波函数 R_{nl} 的平均值。可见当 $p<(2j+1)/2$ 时,即外层质子数少于该层能填充粒子数的一半时,电四极矩具有负值;当 $p>(2j+1)/2$ 时,Q 为正。因此,对质子数为幻数加 1 的奇 A 核,Q 为负;对幻数减 1 的奇 A 核,Q 为正。这个结论与实验相符。例如,实验测得 $^{45}_{21}\mathrm{Sc}$、$^{63}_{29}\mathrm{Cu}$、$^{65}_{29}\mathrm{Cu}$、$^{121}_{51}\mathrm{Sb}$、$^{123}_{51}\mathrm{Sb}$、$^{209}_{83}\mathrm{Bi}$ 等的 Q 为负,$^{59}_{27}\mathrm{Co}$、$^{113}_{49}\mathrm{In}$、$^{203}_{81}\mathrm{Tl}$、$^{205}_{81}\mathrm{Tl}$ 的 Q 为正。但简单的壳模型对电四极矩的预言,除对幻数附近的原子核有较好的符合以外,实验与理论有严重分歧(见图 2-29)。由图可见,对于远离幻数的核,例如 $^{175}\mathrm{Lu}$ 和 $^{181}\mathrm{Ta}$,电四极矩很大。计算表明,实验测得的 Q 值比理论值大得多,甚至高达 20 倍以上,并且奇中子核的电四极矩也不小。这说明,对于这些原子核的电四极矩,不像壳模型预言的那样,只是少数核子的贡献,而应该考虑大量核子的集体效应。

与壳模型有关的实验事实还很多,不再一一介绍了。

总结上面的讨论,可以得出以下两点:

1)核内存在一个平均场,核子在这平均场中的独立运动有一定意义,且其运动有很强的自旋-轨道耦合。

2)壳模型应用于幻数附近的原子核,相当成功;对远离幻数的原子核(也叫远离满壳层的原子核),遇到了不少困难,这是壳模型的最大缺陷。

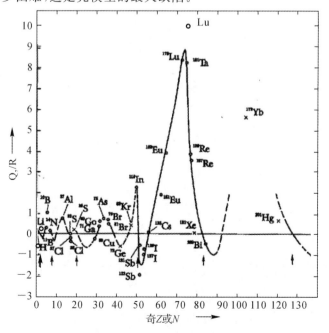

图 2-29 奇 Z 或 N 核的电四极矩

习　　题

1．实验测得某元素的特征 K_a 线的能量为 7.88 keV，试求该元素的原子序数 Z。

2．用均匀磁场质谱仪，测量某一单电荷正离子，先在电势差为 1 000 V 的电场中加速。然后在 0.1 T 的磁场中偏转，测得离子轨道的曲率半径为 0.182 m。试求：(1)离子速度；(2)离子质量；(3)离子质量数。

3．质子通过 1.3×10^6 V 的电势差后，在 0.6 T 的均匀磁场中偏转，如果让 ^{4}He 核通过 2.6×10^6 V 的电势差后，在均匀磁场中偏转与以上质子具有相同的轨道，问磁场应为多少？

4．计算下列各核的半径：$^4_2$He，$^{107}_{47}$Ag，$^{238}_{92}$U，设 $r_0 = 1.45$ fm。

5．实验测得 ^{241}Am 和 ^{243}Am 的原子光谱的超精细结构由 6 条谱线组成，已知相应原子能级的电子总角动量大于核的自旋，试求 ^{241}Am 和 ^{243}Am 核的自旋。

6．试求半径为 ^{189}Os 核的 1/3 的稳定核。

7．设质子是一个密度均匀具有角动量为 $\frac{\sqrt{3}}{2}\hbar$ 的球，且质子的所有电荷均匀分布于球表面，试计算质子的磁矩；如果角动量的最大可观测分量是 $\frac{1}{2}\hbar$，试计算相应的磁矩的最大可观测分量（用核磁子表示）。

8．为什么原子核具有自旋？如何正确理解原子核自旋概念？

9．核磁共振时原子核吸收磁场能量引起能级间跃迁，这种跃迁是核能级间的跃迁吗？为什么？

第三章　放射性衰变规律及其应用

核物理的产生极大部分应归功于对含有铀和钍的矿石中天然放射性衰变的研究,因为这些核具有与地球年龄相当的寿命。如果没有极其长寿命的^{235}U 和^{238}U,也许今天就不会在自然界中找到铀,也不会有核反应堆和核武器。

1896 年,贝可勒尔(H. Becquerel)在研究铀矿的荧光现象时,发现铀矿物能发射出穿透力很强并能使照相底片感光的不可见的射线。在磁场中研究这种射线的性质时,证明它是由三种成分组成的:其中一种成分在磁场中的偏转方向与带正电的离子流的偏转相同;另一种成分的偏转方向与带负电的离子流的偏转相同;第三种成分则不发生任何偏转。这三种成分的射线分别叫作 α,β 和 γ 射线。它们的本性和贯穿本领如下:

1) α 射线是高速运动的氦原子核(又称 α 粒子)组成的。因此,它在磁场中的偏转方向与正离子流的偏转相同。它的电离作用大,贯穿本领小。

2) β 射线是高速运动的电子流。它的电离作用较小,贯穿本领较大。

3) γ 射线是波长很短的电磁波。它的电离作用小,贯穿本领大。

除了天然放射性外,大量的放射性核素还可以在实验室通过核反应产生。1934 年,约里奥·居里夫妇(Irene Joliot Curie and Frederic Joliot Curie)第一次成功地人工合成放射性核素。由于该项杰出的成就,1935 年他们被授予诺贝尔化学奖。

原子核自发地放射各种射线的现象,称为放射性。能自发地放射各种射线的核素称为放射性核素,也叫不稳定的核素。放射性分为天然放射性和人工放射性。用人工办法(例如反应堆和加速器)来产生放射性叫人工放射性。人工放射性核素远比天然放射性核素要多,它在科学研究和生产实践中发挥着更大的作用。所谓原子核衰变是指原子核自发地放射出 α 或 β 等粒子而发生的转变。实验表明,对放射性核素加温、加压或加磁场,都不能抑制或显著地改变射线的发射。原来,放射性现象是由原子核的变化引起的,与核外电子状态的改变关系很小,因此,对放射性的研究是了解原子核的重要手段。

本章将介绍放射性衰变的能量条件、衰变纲图、衰变规律及其在实际中的一些应用。

第一节　放射性衰变的能量条件和衰变纲图

一、α,β 和 γ 衰变的能量条件

1. α 衰变能

α 放射性与 α 衰变相联系。原子核自发地发射 α 粒子而发生的转变称为 α 衰变,如^{210}Po发射 α 粒子后转变成^{206}Pb。一般可用下式表示:

$$\ce{_Z^A X} \longrightarrow \ce{_{Z-2}^{A-4} Y} + \ce{_2^4 He} \tag{3.1.1}$$

式中 X,Y 和 ^{4}He 分别表示母核、子核和 α 粒子,要自发地发射 α 粒子,其衰变能必大于零。衰变能 E_d 定义为衰变前后粒子的静止质量差所对应的能量:

$$E_d = [m_X(Z,A) - m_Y(Z-2,A-4) - m_\alpha]c^2 \tag{3.1.2}$$

式中 m_X,m_Y 和 m_α 分别为母核、子核和 α 粒子的静止质量。如果用原子量表示,并忽略不同核电子结合能之间的差别,那么

$$E_d = [M_X(Z,A) - M_Y(Z-2,A-4) - M_\alpha]c^2 \tag{3.1.3}$$

要发生 α 衰变,必须满足

$$M_X > M_Y + M_\alpha \tag{3.1.4}$$

2. β 衰变能

β 放射性与 β 衰变相联系。原子核自发地发射负电子(β$^-$ 衰变)、正电子(β$^+$ 衰变)或俘获核外电子(轨道电子俘获,缩写为 EC)而发生的转变统称为 β 衰变。三种类型的 β 衰变可分别用下式表示:

β$^-$ 衰变: $\qquad \ce{_Z^A X} =\!=\!= \ce{_{Z+1}^A Y} + e^{-1} + \bar{n}_e$

β$^+$ 衰变: $\qquad \ce{_Z^A X} =\!=\!= \ce{_{Z-1}^A Y} + e^{+1} + n_e$

EC: $\qquad \ce{_Z^A X} =\!=\!= \ce{_{Z-1}^A Y} + e^{-1} + n_e$

式中 X,Y,e^{+1},e^{-1},n_e 和 $\bar{n}_e$ 分别表示母核、子核、正电子、负电子、中微子和反中微子。显然,β 衰变中的子核和母核是相邻的同量异位素。相应三种类型 β 衰变的衰变能分别为

$$E_d(\beta^-) = [M_X(Z,A) - M_Y(Z+1,A)]c^2$$

$$E_d(\beta^+) = [M_X(Z,A) - M_Y(Z+1,A) - 2m_e]c^2$$

$$E_d(i) = [M_X(Z,A) - M_Y(Z-1,A)]c^2 - W_i$$

其中 W_i 为轨道电子被俘获所必须要克服的该电子在原子中的结合能,i 表示 K,L,M 等电子壳层,$E_d(i)$ 表示发生第 i 层电子俘获的衰变能。轨道电子俘获会伴随有 X 射线和俄歇(Auger)电子的放出。β$^+$ 衰变和轨道电子俘获两过程相互竞争,决定了某一时刻采用何种形式衰变。

要发生三种类型的 β 衰变,必须满足

$$M_X > M_Y \tag{3.1.5}$$

$$M_X - M_Y > 2m_e \tag{3.1.6}$$

$$M_X - M_Y > W_i/c^2 \tag{3.1.7}$$

3. γ 衰变能

γ 放射性既与 γ 跃迁相联系,也与 α 衰变或 β 衰变相联系。α 和 β 衰变的子核往往处于激发态。处于激发态的原子核要向基态跃迁,这种跃迁称为 γ 跃迁。在 γ 跃迁中通常要放出 γ 射线。因此,γ 射线的自发放射一般是伴随 α 或 β 射线产生的。例如,放射源 ^{60}Co 既具有 β 放射性,也具有 γ 放射性。这是由于放射性原子核 ^{60}Co 首先要 β 衰变至 ^{60}Ni 的激发态,然后当激发态跃迁到基态时会放射出 γ 射线来。γ 跃迁与 α 或 β 衰变不同,不会导致核素的变化,而只改变原子核的内部状态,因此 γ 跃迁的子核和母核,其电荷数和质量数均相同,只是内部状态不同而已。

处于激发态的原子核从能级 E_i 跃迁到 E_f 放出 γ 光子的能量为

$$E_\gamma = E_i - E_f \tag{3.1.8}$$

显然，只要

$$E_i > E_f \tag{3.1.9}$$

γ 跃迁就可以发生。

原子核处于激发态，除了放出 γ 以外，还可以通过内转换放出能量。所谓内转换就是核与核外电子发生电磁相互作用，把激发能直接交给核外电子，而使该电子脱离原子而发射出去的现象。内转换电子的能量等于

$$E_e = E_\gamma - W_i \tag{3.1.10}$$

式中 W_i 是相应壳层电子的结合能。处在激发态的原子核各以一定的概率发射 γ 光子和内转换电子。定义内转换系数

$$\alpha = \frac{N_e}{N_\gamma} = \frac{N_{eK} + N_{eL} + N_{eM} + \cdots}{N_\gamma} = \alpha_K + \alpha_L + \alpha_M + \cdots \tag{3.1.11}$$

其中 $\alpha_K = \dfrac{N_{eK}}{N_\gamma}, \alpha_L = \dfrac{N_{eL}}{N_\gamma}, \alpha_M = \dfrac{N_{eM}}{N_\gamma}$。$N_{eK}, N_{eL}, N_{eM}$ 分别是 K 壳层、L 壳层、M 壳层的内转换电子数；$\alpha_K, \alpha_L, \alpha_M$ 分别为 K 壳层、L 壳层、M 壳层的内转换系数。

二、衰变纲图

核衰变也可用一种图形的方式来表示，这种图叫作衰变纲图（decay scheme）。例如 ^{3}H，^{86}Rb，^{65}Zn，^{64}Cu 的衰变纲图分别如图 3-1～图 3-4 所示。

图中横线表示原子核的能级，对应每种核素的最低一条横线表示基态，在它上面的横线表示激发态。箭头向右的斜线表示 β^- 衰变，箭头向左的斜线表示 β^+ 衰变或轨道电子俘获。斜线旁边都标有衰变类型、能量和分支比（以百分数表示）等。如图 3-4 中右边那条斜线旁的标字：β^- 573；40%，分别表示衰变类型为 β^- 衰变，β^- 粒子的最大能量为 573 keV，分支比为 40%。两能级之间的垂线表示 γ 跃迁。应当指出，衰变纲图一般都是根据原子质量差（而不是原子核的质量差）画出的。所以，对于 β^+ 衰变情形，由于母核与子核的原子质量差所对应的能量减去两个电子的静止能量后才等于 β^+ 粒子的最大动能，因而在代表 β^+ 衰变的斜线前画了一条垂线表示两个电子的静止能量。还应指出，当通过 β^+ 衰变和轨道电子俘获到同一个能级时，为使衰变纲图简化，一般不单独用斜线来表示轨道电子俘获，而是在表示 β^+ 衰变的斜线旁同时标上 K 或 ε 等以示 K 俘获或轨道电子俘获。

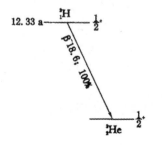

图 3-1 ^{3}H 的衰变纲图

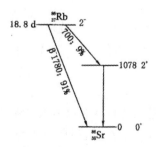

图 3-2 ^{86}Rb 的衰变纲图

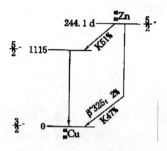

图 3-3　^{65}Zn 的衰变纲图

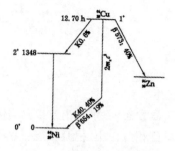

图 3-4　^{64}Cu 的衰变纲图

除稳定核素外,基态能级旁都标有半衰期,由图 3-4 可见,^{64}Cu 的半衰期为 12.70 h,^{64}Ni 和 ^{64}Zn 则是稳定的。每条能级旁一般标有该能级的能量(相对于基态而言)、自旋和宇称。如图 3-4 左边部分为 ^{64}Ni 的能级,基态旁的标号 0^+ 及 0 表示该能级的自旋为零,宇称为偶,能量为零。激发态旁的标号 2^+ 及 1 348 表示自旋为 2,宇称为偶,能量为 1 348 keV。

衰变纲图的用途之一,是可以利用它来计算一定量放射性核素的放射性。

例 3-1　求 1 mL ^{3}H(氚)的 β^- 粒子强度

$$I_{\beta^-} = 100\%\lambda N = \frac{\ln 2}{T_{1/2}} \frac{2N_A}{22.4 \times 10^3} = \frac{0.693 \times 2 \times 6.022 \times 10^{23}}{12.33 \times 3.16 \times 10^7 \times 22.4 \times 10^3} \mathrm{s}^{-1} =$$

$$0.96 \times 10^{11}\,\mathrm{s}^{-1}\,\rho_\nu \mathrm{d}\nu = \frac{8\pi h \nu^3}{c^3} \cdot \frac{1}{\mathrm{e}^{\frac{h\nu}{kT}}-1}\mathrm{d}\nu$$

例 3-2　求 1 mg ^{64}Cu 的 β^+ 粒子强度。

解　$I_{\beta^+} = 19\%\lambda N = 19\% \frac{\ln 2}{T_{1/2}} \frac{mN_A}{A} = \frac{0.19 \times 0.693 \times 10^3 \times 6.022 \times 10^{23}}{12.70 \times 3\,600 \times 64} \mathrm{s}^{-1} =$

$2.71 \times 10^{13}\,\mathrm{s}^{-1}$

第二节　放射性衰变的一般规律

一、放射性衰变的指数衰减规律

我们知道,一种放射性原子核经 α 或 β 衰变成为另一种原子核。实践表明,这种变化即使对于同一核素的许多原子核来说,也不是同时发生的,而是有先有后。因此,对于任何放射性物质,其原有的放射性原子核的数量将随时间的推移变得越来越少。

以 ^{222}Rn 的 α 衰变为例,把一定量的氡单独存放,实验发现,在大约 4 天之后氡的数量减少了 1/2,经过 8 天减少到原来的 1/4,经过 12 天减到 1/8,1 个月后就不到原来的 1% 了。这一衰变情况如图 3-5(a)所示。

如果以氡的数量的自然对数为纵坐标,以时间为横坐标作图,则图 3-5(a)的曲线变成了直线(见图 3-5(b))。这一直线的方程为

$$\ln N = \ln N_0 - \lambda t \tag{3.2.1}$$

式中 N_0 是时间 $t=0$ 时的氡的量，N 是 t 时刻的氡的量，$-\lambda$ 是直线的斜率。将式(3.1.3)化为指数形式，则得

$$N = N_0 e^{-\lambda t} \tag{3.2.2}$$

可见氡的衰变服从指数衰减规律。实验表明，任何放射性物质在单独存在时都服从这样的规律。

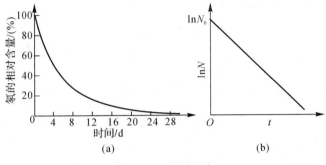

图 3-5　氡的衰变

式(3.2.2)中的 λ 是一个常量，称为衰变常量。注意它的量纲是时间的倒数。显然，λ 的大小决定了衰变的快慢。它只与放射性核素的种类有关。因此，它是放射性原子核的特征量。下面分析一下衰变常量 λ 对于个别放射性原子核而言有何物理意义。

对式(3.2.2)微分得

$$-dN = \lambda N dt \tag{3.2.3}$$

式中，$-dN$ 是原子核在 t 到 $t+dt$ 时间间隔内的衰变数。由式可见，此衰变数正比于时间间隔 dt 和 t 时刻的原子核数 N，其比例系数正好是衰变常量 λ。因此，λ 可以写为

$$\lambda = \frac{-dN/N}{dt} \tag{3.2.4}$$

显然，分子 $-dN/N$ 表示每个原子核的衰变概率。式(3.2.4)表明，衰变常量 λ 是在单位时间内每个原子核的衰变概率，这就是衰变常量的物理意义。因为 λ 是常量，所以每个原子核不论何时衰变，其概率均相同，这意味着各个原子核的衰变是独立无关的。不能说哪一个核应该先衰变，哪一个核应该后衰变。每一个核到底何时衰变，完全是偶然性事件。但是偶然性中具有必然性。就大量原子核作为整体来说，其衰变则表现为式(3.2.4)这样必然性规律。因此，通常把指数衰减律式(3.2.4)也叫作放射性衰变的统计规律。它只适用于大量原子核的衰变，对少数原子核的衰变行为只能给出概率描写。其实，在实际应用中，所遇到的往往都是大数量的原子核。

式(3.2.4)所描述的是放射性核的数目随时间的衰减。由于测量放射性核的数目很不方便，而且往往没有必要，我们所感兴趣的又便于测量的是：在单位时间内有多少核发生衰变，亦即放射性核素的衰变率 $-\dfrac{dN}{dt}$，或叫放射性活度 A。这个量可以通过测量放射线的数目来决定。

由式(3.2.3)得

$$A \equiv \frac{-dN}{dt} = \lambda N = \lambda N_0 e^{-\lambda t} = A_0 e^{-\lambda t} \tag{3.2.5}$$

式中，$A_0 = \lambda N_0$ 是 $t = 0$ 时的放射性活度。可见放射性活度和放射性核数具有同样的指数衰减规律。

描述衰变的快慢，除了用衰变常量 λ 以外，通常还用下面两个量——半衰期 $T_{1/2}$ 和平均寿命 τ。

半衰期 $T_{1/2}$ 是射性原子核数衰减到原来数目的一半所需的时间。它与 λ 的关系容易推得。按 $T_{1/2}$ 的定义，当 $t = T_{1/2}$ 时，有

$$N = \frac{1}{2} N_0 = N_0 e^{-\lambda T_{1/2}}$$

所以

$$T_{1/2} = \frac{\ln 2}{\lambda} = \frac{0.693}{\lambda} \tag{3.2.6}$$

可见 $T_{1/2}$ 与 λ 成反比。这是很自然的，因为 λ 越大，表示放射性衰减得越快，自然它衰减到一半所需的时间就越短。

平均寿命 τ 是指放射性原子核平均生存的时间。对大量放射性原子核而言，有的核先衰变，有的核后衰变，各个核的寿命长短一般是不同的，从 $t = 0$ 到 $t \to \infty$ 都有可能。但是，对某一核素而言，平均寿命只有一个。由式(3.2.3)可知，在 t 时刻的无穷小时间间隔 dt 内有 dN 个核发生衰变，则可认为这 dN 个核的寿命是 t，总寿命是 $(dN) t = t\lambda N dt$。设 $t = 0$ 时的原子核数是 N_0，则这 N_0 个核的总寿命为 $\int_0^\infty t\lambda N dt$，所以平均寿命

$$\tau = \frac{1}{N_0} \int_0^\infty t\lambda N dt = \int_0^\infty t\lambda e^{-\lambda t} dt = \frac{1}{\lambda} \tag{3.2.7}$$

可见平均寿命和衰变常量互为倒数。

由式(3.2.6)和式(3.2.7)，可以得到 $T_{1/2}$ 与 τ 的关系

$$T_{1/2} = \frac{\ln 2}{\lambda} = \tau \ln 2 = 0.693\tau \tag{3.2.8}$$

可见，λ，$T_{1/2}$ 和 τ 这三个量，不是各自独立的，只要知道其中一个，即可求得其余两个。

二、分支衰变

常常会发生，一个原子核同时进行几种不同形式的放射性衰变，这就称为分支衰变。如 ^{64}Cu 可以同时放出正电子和负电子。当核素具有多种分支衰变时，各种分支衰变的规律应当如何？显然，按衰变常量的物理意义，总的 λ 应当是相应于各种衰变方式的部分衰变常量 λ_i 之和：

$$\lambda = \sum_i \lambda_i$$

第 i 种分支衰变的部分放射性活度为

$$A_i = \lambda_i N = \lambda_i N_0 e^{-\lambda t} \tag{3.2.9}$$

总放射性活度为

$$A = \sum A_i = \lambda N_0 e^{-\lambda t} \tag{3.2.10}$$

可见部分放射性活度在任何时候都是与总放射性活度成正比的。这里需要注意，部分放射性

活度随时间是按 $e^{\lambda t}$ 衰减而不是按 $e^{-\lambda_i t}$ 衰减的。这是因为任何放射性活度随时间的衰减都是由于原子核数 N 减少,而 N 减少是所有分支衰变的总结果。

第 i 种分支衰变的部分放射性活度与总放射性活度之比,称为这种衰变的分支比,用 R_i 表示。由式(3.2.9)和式(3.2.10),分支比 R_i 可表示为

$$R_i \equiv \frac{A_i}{A} = \frac{\lambda_i}{\lambda} \qquad (3.2.11)$$

最后顺便指出,有些文献书籍还引用所谓部分半衰期 T_i,定义为 $T_i \equiv \dfrac{\ln 2}{\lambda_i}$。但它只能通过式(3.2.11)计算得到,而不能通过测量部分放射性活度的衰减直接得出。

三、放射性活度单位

衡量放射性物质的多少通常不用质量单位,因为质量的多少不能反映出放射性的大小。有些放射性大的物质,其质量不一定多,放射性小的物质,其质量不一定少。人们关心的是放射性物质的放射性活度(即单位时间的衰变数)的大小。过去,放射性活度的常用单位是居里(Curie,简记为 Ci)及其分数单位毫居里($1\text{mCi} = 10^{-3}\text{Ci}$)和微居里($1\mu\text{Ci} = 10^{-6}\text{Ci}$)。居里的原先定义是:1 Ci 的氡等于和 1 g 镭处于平衡的氡的每秒衰变数,即 1 g 镭的每秒衰变数。在早期测得此衰变数为每秒 3.7×10^{10} 次。显然,这样的定义使用起来很不方便,因为它会随着测量的精度而改变。为了克服这一困难,1950 年以后规定:1 Ci 的放射源每秒产生 3.7×10^{10} 次衰变,即

$$1\text{Ci} = 3.7 \times 10^{10}\,\text{s}^{-1}$$
$$1\text{mCi} = 3.7 \times 10^{7}\,\text{s}^{-1}$$
$$1\mu\text{Ci} = 3.7 \times 10^{4}\,\text{s}^{-1}$$

除单位"居里"外,早期有的文献上还用另一放射性活度的单位"卢瑟福"(简记为 Rd)。它的定义如下:

$$1\,\text{Rd} = 1 \times 10^{6}\,\text{s}^{-1}$$

它和 mCi 的关系为

$$1\,\text{mCi} = 37\,\text{Rd}$$

1975 年国际计量大会(General Conference on Weights and Measures)通过决议,对放射性单位作了新的命名,规定国际单位制的"贝克勒尔"(Becquerel)为每秒一次衰变,符号为 Bq。因此,它与"居里"和"卢瑟福"的关系如下:

$$1\,\text{Ci} = 3.7 \times 10^{10}\,\text{Bq}$$
$$1\,\text{Rd} = 1 \times 10^{6}\,\text{Bq}$$

我国国家标准规定,放射性活度的法定计量单位是贝克勒尔,卢瑟福已废弃使用,居里也将淘汰。

知道了某放射源的放射性活度和半衰期,很容易推得该放射源所含该放射性物质的原子核数及其质量。事实上,放射性活度 A 等于衰变常量 λ 和原子核数 N 的乘积,于是原子核数

$$N = A/\lambda = AT_{1/2}/\ln 2$$

放射性物质的质量

$$m = (M/N_A)N = MAT_{1/2}/(N_A \ln 2) \tag{3.2.12}$$

式中 M 为原子质量，N_A 为阿伏伽德罗常量。

例如，3.7×10^4 Bq 的 ^{60}Co 放射源(已知 $T_{1/2} = 5.27$ a)，所含 ^{60}Co 的原子核数：

$$N = AT_{1/2}/\ln 2 = 3.7 \times 10^4 \times 5.27 \times 3.16 \times 10^7/0.693 \text{ 个} = 8.89 \times 10^{12} \text{ 个}$$

^{60}Co 的质量：

$$m = MAT_{1/2}/(N_A \ln 2) = 60 \times 8.89 \times 10^{12}/(6.022 \times 10^{23}) \text{g} = 8.86 \times 10^{-10} \text{g}$$

可见，一般放射源的质量是甚微的，然而却包含有大量的原子核，足以保证衰变规律良好的统计性。

在实际应用中，经常遇到"比活度"和"射线强度"这两个物理量。现分述如下：比活度(又叫比放射性，specific activity)是指放射源的放射性活度与其质量之比，即单位质量放射源的放射性活度。表示为

$$A' = \frac{A}{m} \tag{3.2.13}$$

比活度的重要性在于它的大小表明了放射源物质纯度的高低。实际上，所谓某一核素的放射源，不大可能全部是由该种核素组成的，一般还有其他物质。其他物质相对含量大的放射源，其比活度则低，反之则高。例如，由上面计算的 ^{60}Co 源的放射性活度与质量之间的关系可以得出，如果该源全部由 ^{60}Co 组成，则其比活度为

$$3.7 \times 10^4 \text{ Bq}/8.86 \times 10^{-10} \text{g} = 4.18 \times 10^{13} \text{ Bq/g}$$

这是理想情况。而实际生产的 ^{60}Co 源的比活度一般只有 $(10^{11} \sim 10^{12})$ Bq/g。

射线强度是指放射源在单位时间内放出某种射线的个数。注意它是与放射性活度有区别的一个物理量，如果某放射源的一次衰变只放出一个粒子，例如 ^{32}P 的一次衰变只放出一个 β 粒子，则该源的射线强度和放射性活度相等。对大多数放射源，一次衰变往往放出若干个粒子。例如 ^{60}Co 源的一次衰变放出两个 γ 光子，所以 ^{60}Co 源的 γ 射线强度是放射性活度的两倍。

四、递次衰变规律

原子核的衰变往往是一代又一代地连续进行，直至最后达到稳定为止，这种衰变叫作递次衰变，或叫连续衰变。例如 ^{232}Th 经过 α 衰变至 ^{228}Ra，然后接连二次 β$^-$ 衰变至 ^{228}Th，再通过若干次 α 和 β$^-$ 衰变，最后到稳定核 ^{208}Pb 为止，如下式所示：

$$^{232}\text{Th} \xrightarrow[1.41 \times 10^{10} \text{a}]{\alpha} {}^{228}\text{Ra} \xrightarrow[5.76\text{a}]{\beta^-} {}^{228}\text{Ac} \xrightarrow[6.13\text{h}]{\beta^-} {}^{228}\text{Th} \xrightarrow[1.913\text{a}]{\alpha} \cdots \rightarrow {}^{208}\text{Pb}$$

箭头下面的数字表示半衰期。在递次衰变中，任何一种放射性物质被分离出来单独存放时，它的衰变都满足式(3.2.2)的指数衰减规律。但是，它们混在一起的衰变情况却要复杂得多。下面讨论这种递次衰变的规律。

首先考虑母体 A 衰变为子体 B 然后衰变为第二代子体 C 的情况：

$$A \rightarrow B \rightarrow C$$

研究 A，B，C 的原子核数和放射性活度随时间的变化规律。

设 A，B，C 的衰变常量分别为 $\lambda_1, \lambda_2, \lambda_3$；在时刻 t，A，B，C 的原子核数分别为 N_1, N_2, N_3；

在 $t=0$ 时，只有母体 A，即 $N_2(0)=N_3(0)=0$。

由于子体的衰变不会影响母体的衰变，N_1 随时间的变化仍然服从指数衰减规律，即有

$$N_1 = N_1(0)\mathrm{e}^{-\lambda_1 t} \tag{3.2.14}$$

A 的放射性活度为

$$A_1(t) = \lambda_1 N_1 = \lambda_1 N_1(0)\mathrm{e}^{-\lambda_1 t} = A_1(0)\mathrm{e}^{-\lambda_1 t} \tag{3.2.15}$$

关于子体 B，单位时间核数目的变化 $\dfrac{\mathrm{d}N_2}{\mathrm{d}t}$，一方面以速率 $\lambda_1 N_1$ 从 A 中产生，另一方面又以速率 $\lambda_2 N_2$ 衰变为 C，即

$$\frac{\mathrm{d}N_2}{\mathrm{d}t} = \lambda_1 N_1 - \lambda_2 N_2 \tag{3.2.16}$$

利用式(3.2.14)对此微分方程求解，容易求得

$$N_2(t) = \frac{\lambda_1}{\lambda_2 - \lambda_1} N_1(0)(\mathrm{e}^{-\lambda_1 t} - \mathrm{e}^{-\lambda_2 t}) \tag{3.2.17}$$

这就是子体 B 的核数目随时间变化的规律。从而子体 B 的放射性活度为

$$A_2(t) = \lambda_2 N_2(t) = \frac{\lambda_1 \lambda_2}{\lambda_2 - \lambda_1} N_1(0)(\mathrm{e}^{-\lambda_1 t} - \mathrm{e}^{-\lambda_2 t}) \tag{3.2.18}$$

关于子体 C，如果它是稳定的，即 $\lambda_3 = 0$，则

$$\frac{\mathrm{d}N_3}{\mathrm{d}t} = \lambda_2 N_2 = \frac{\lambda_1 \lambda_2}{\lambda_2 - \lambda_1} N_1(0)(\mathrm{e}^{-\lambda_1 t} - \mathrm{e}^{-\lambda_2 t})$$

作积分并利用初始条件$(t=0, N_3=0)$，则得

$$N_3(t) = \frac{\lambda_1 \lambda_2}{\lambda_2 - \lambda_1} N_1(0)\left[\frac{1}{\lambda_1}(1 - \mathrm{e}^{-\lambda_1 t}) - \frac{1}{\lambda_2}(1 - \mathrm{e}^{-\lambda_2 t})\right] \tag{3.2.19}$$

由式(3.2.19)可见，$t \to \infty$ 时，$N_3 \to N_1(0)$，即此时母体 A 全部衰变成子体 C。显然，子体 C 的放射性活度 $A_3 = \lambda_3 N_3 = 0$，因为它是稳定的。

如果 C 也不稳定$(\lambda_3 \neq 0)$，则对 N_3 有微分方程：

$$\frac{\mathrm{d}N_3}{\mathrm{d}t} = \lambda_2 N_2 - \lambda_3 N_3 \tag{3.2.20}$$

把式(3.2.17)代入得

$$\frac{\mathrm{d}N_3}{\mathrm{d}t} + \lambda_3 N_3 = \frac{\lambda_1 \lambda_2}{\lambda_2 - \lambda_1} N_1(0)(\mathrm{e}^{-\lambda_1 t} - \mathrm{e}^{-\lambda_2 t}) \tag{3.2.21}$$

最后可得

$$N_3(t) = N_1(0)(h_1 \mathrm{e}^{-\lambda_1 t} + h_2 \mathrm{e}^{-\lambda_2 t} + h_3 \mathrm{e}^{-\lambda_3 t}) \tag{3.2.22}$$

式中 $h_1 = \dfrac{\lambda_1 \lambda_2}{(\lambda_2 - \lambda_1)(\lambda_3 - \lambda_1)}, h_2 = \dfrac{\lambda_1 \lambda_2}{(\lambda_1 - \lambda_2)(\lambda_3 - \lambda_2)}, h_3 = \dfrac{\lambda_1 \lambda_2}{(\lambda_1 - \lambda_3)(\lambda_2 - \lambda_3)}$。此时 C 的放射性活度为

$$A_3(t) = \lambda_3 N_3 = \lambda_3 N_1(0)(h_1 \mathrm{e}^{-\lambda_1 t} + h_2 \mathrm{e}^{-\lambda_2 t} + h_3 \mathrm{e}^{-\lambda_3 t}) \tag{3.2.23}$$

对于递次衰变系列 $A_1 \to A_2 \to A_3 \to \cdots \to A_n \to \cdots$，当开始只有母体 A_1 时，同理可得第 n 个放射体 A_n 的原子核数随时间的变化为

$$N_n(t) = N_1(0)(h_1 \mathrm{e}^{-\lambda_1 t} + h_2 \mathrm{e}^{-\lambda_2 t} + \cdots + h_n \mathrm{e}^{-\lambda_n t}) \tag{3.2.24}$$

式中

$$h_1 = \frac{\lambda_1 \lambda_2 \cdots \lambda_{n-1}}{(\lambda_2 - \lambda_1)(\lambda_3 - \lambda_1)\cdots(\lambda_n - \lambda_1)}$$

$$h_2 = \frac{\lambda_1 \lambda_2 \cdots \lambda_{n-1}}{(\lambda_1 - \lambda_2)(\lambda_3 - \lambda_2) \cdots (\lambda_n - \lambda_2)}$$

$$\cdots\cdots$$

$$h_n = \frac{\lambda_1 \lambda_2 \cdots \lambda_{n-1}}{(\lambda_1 - \lambda_n)(\lambda_2 - \lambda_n) \cdots (\lambda_{n-1} - \lambda_n)}$$

λ_n 为 A_n 的衰变常量。A_n 的放射性活度为

$$A_n(t) = \lambda_n N_n(t) = \lambda_n N_1(0)(h_1 e^{-\lambda_1 t} + h_2 e^{-\lambda_2 t} + \cdots + h_n e^{-\lambda_n t}) \tag{3.2.25}$$

由上面的结果可以看到，递次衰变规律不再是简单的指数衰减律了。其中任一子体随时间的变化不仅和本身的衰变常量有关，而且和前面所有放射体的衰变常量都有关。只要各个放射体的衰变常量都已知，则任一放射体随时间的变化利用式(3.2.24)和式(3.2.25)即可算出。

五、半衰期的测量

利用放射性衰变规律可以测量半衰期，其方法根据不同的范围而有所不同。

1) 如果半衰期不太长也不太短(如在一天到一年左右)，可利用指数衰变规律。对式(3.2.5)两边取对数得

$$\ln A = \ln A_0 - \lambda t \tag{3.2.26}$$

若将实验计数仪器测得的 A 对时间 t 作半对数图(见图 3-6)，则直线的斜率就是 λ。也可以直接从图上读出 $\ln(A_0/2)$ 对应的 t，即半衰期 $T_{1/2}$。

2) 如果半衰期很长，在短时间测不到 $\ln A \sim t$ 的变化，则可以由下式测 $T_{1/2}$：

$$T = \frac{\ln 2}{\lambda} = \frac{\ln 2}{A} N \tag{3.2.27}$$

即只要测出某时刻的放射性活度 A 和确定产生 A 的原子核数 N(例如，通过称量一个样品的重量，精确知道该样品的化学组成，就可以算出 N)就可以了。

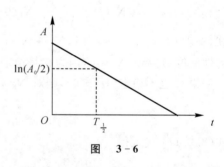

图 3-6

例如，测得 1g 镭的放射性活度为 $A = 3.7 \times 10^{10}$ Bq，它的半衰期 $T_{1/2} = \dfrac{0.693}{3.7 \times 10^{10}} \times \dfrac{6.022 \times 10^{21}}{226} = 5.00 \times 10^{10}$ s $\approx 1\,600$ a。用更精确的方法测得 $T_{1/2}$ 为 1 620 a。

3) 如果母体是长寿命的，但其子体的半衰期已知，可以利用放射性平衡来测量母核的半衰期(见第三节)。

4) 对于半衰期很短(譬如 <1s)，利用普通计数仪器是不可能测到其衰变率的。对于这种情况，可用更精密的技术加以测量，这往往涉及原子核衰变态寿命测量的问题。通常最简单的是直接测量反冲核(处于激发态)在退激前飞行的距离，但这只能测量大于 10^{-11} s 的核寿命，对更短的寿命还可以利用多普勒位移法($\sim 10^{-12}$ s)，γ 共振吸收法($\sim 10^{-17}$ s)和阻塞效应法($\sim 10^{-18}$ s)加以测量。

第三节　放射性平衡

本节将进一步讨论只有两个放射体的递次衰变，即 $A \xrightarrow[T_1]{\lambda_1} B \xrightarrow[T_2]{\lambda_2} C$，其中 T_1 和 T_2 分别为母体 A 和子体 B 的半衰期，当时间足够长时，有可能出现放射性平衡。显然，在任何递次衰变中，母体 A 的变化情况总是服从指数衰减律。因此，我们感兴趣的是子体 B 的变化情况。在初始只有母体 A 的条件下，子体 B 的变化只取决于 λ_1 和 λ_2。现在分三种情况来讨论。

一、暂时平衡

当母体 A 的半衰期不是很长，但比子体 B 的半衰期还是要长，即 $T_1 > T_2$ 或 $\lambda_1 < \lambda_2$ 时，则在观察时间内可以看出母体放射性的变化，以及子体 B 的核数目在时间足够长以后，将和母体的核数目建立一固定的比例，即此时子体 B 的变化将按母体的半衰期衰减。这叫暂时平衡。例如

$$\underset{78}{^{200}}\text{Pt} \xrightarrow[12.6\text{h}]{\beta^-} \underset{79}{^{200}}\text{Au} \xrightarrow[0.81\text{h}]{\beta^-} \underset{80}{^{200}}\text{Hg}$$

$T_1 = 12.6\ \text{h}, T_2 = 0.81\text{h}$，即有 $T_1 > T_2$，而且 T_1 不是很长，在观察时间内可以看出母体 ^{200}Pt 放射性的变化。

根据式（3.2.17），有

$$N_2(t) = \frac{\lambda_1}{\lambda_2 - \lambda_1} N_1(0)(\text{e}^{-\lambda_1 t} - \text{e}^{-\lambda_2 t}) = \frac{\lambda_1}{\lambda_2 - \lambda_1} N_1(0)\text{e}^{-\lambda_1 t}\left[1 - \text{e}^{-(\lambda_2 - \lambda_1)t}\right] =$$

$$\frac{\lambda_1}{\lambda_2 - \lambda_1} N_1(t)\left[1 - \text{e}^{-(\lambda_2 - \lambda_1)t}\right] \tag{3.2.28}$$

由于 $\lambda_1 < \lambda_2$，当 t 足够大时，有 $\text{e}^{-(\lambda_2 - \lambda_1)t} \ll 1$，则此时式（3.2.28）成为

$$N_2 = \frac{\lambda_1}{\lambda_2 - \lambda_1} N_1 \quad \text{或} \quad \frac{N_1}{N_2} = \frac{\lambda_1}{\lambda_2 - \lambda_1} \tag{3.2.29}$$

子母体的放射性活度关系为

$$A_2 = \frac{\lambda_2}{\lambda_2 - \lambda_1} A_1 \quad \text{或} \quad \frac{A_2}{A_1} = \frac{\lambda_2}{\lambda_2 - \lambda_1} \tag{3.2.30}$$

由式（3.2.29）和式（3.2.30）可见，当时间足够长时，子母体间出现暂时平衡，即它们的核数目（或放射性活度）之比为一固定值。由于 N_1 和 A_1 是按半衰期 T_1 衰减，则当达到暂时平衡时，N_2 和 A_2 也按半衰期 T_1 衰减。

图 3-7 表示 $\lambda_1 < \lambda_2$ 时子体的生长和衰减情况。其中曲线 a 表示子体的放射性活度 A_2 随时间的变化；曲线 b 表示母体（$T_1 = 8\ \text{h}$）的活度 A_1 的变化；曲线 c 表示母子体的总放射性活度 $A_1 + A_2$ 随时间的变化；曲线 d 表示子体（$T_2 = 0.8\ \text{h}$）单独存在时的活度变化。由曲线 a 看到，子体的放射性活度最初随时间而增加，达到某一极大值后，按母体的半衰期而减少。此极大值的时间 t_m 可由下式求出：

$$\left.\frac{\text{d}A_2}{\text{d}t}\right|_{t=t_\text{m}} = 0 \tag{3.2.31}$$

把式(3.2.18)代入得

$$\lambda_1 e^{-\lambda_1 t_m} - \lambda_2 e^{-\lambda_2 t_m} = 0$$

即

$$e^{(\lambda_1 - \lambda_2) t_m} = \frac{\lambda_1}{\lambda_2}$$

则得

$$t_m = \frac{1}{\lambda_1 - \lambda_2} \ln \frac{\lambda_1}{\lambda_2} \tag{3.2.32}$$

另外,式(3.2.31)可写为

$$\frac{dN_2}{dt}\bigg|_{t=t_m} = 0$$

即 $\lambda_1 N_1(t_m) - \lambda_2 N_2(t_m) = 0$。

所以

$$A_1(t_m) - A_2(t_m) = 0 \tag{3.2.33}$$

此式表明,$t = t_m$ 时,母子体的放射性活度相等。如图3-7所示,此时曲线 b 和曲线 a 相交;$t < t_m$ 时,$A_2 < A_1$;$t > t_m$ 时,$A_2 > A_1$。

在实际应用中,知道 t_m 是很重要的,因为这时分离出子体,可以获得最大的活度。

对于多代子体的递次衰变,只要母体 A_1 的衰变常量 λ_1 比各代子体的衰变常量 $\lambda_2, \lambda_3, \lambda_4, \cdots$ 都小,则当时间足够长时,整个衰变系列也会达到暂时平衡,即各放射体的数量(活度)之比不随时间变化,各子体都按母体的半衰期而衰减。出现这种情况不难理解。因为只要 λ_1 最小,则当时间足够长时,A_2 必然会和 A_1 达到平衡,这时 A_2 的衰变常量变成了 λ_1,因而 A_3 也必然会和 A_2 达到平衡,如此类推,整个系列都会达到平衡。

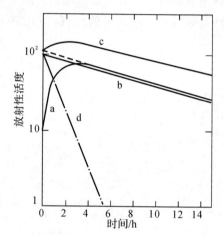

图 3-7 暂时平衡 ($\lambda_1 < \lambda_2$)

二、长期平衡

当母体的半衰期比子体的长得多时,即 $T_1 \gg T_2$ 或 $\lambda_1 \ll \lambda_2$,而且在观察时间内,看不出母体放射性的变化,在相当长时间以后($t \geqslant 7 T_2$),子体的核数目和放射性活度达到饱和,并且子母体的放射性活度相等,这叫长期平衡,例如:

$$^{226}_{88}\text{Ra} \xrightarrow{\alpha\ 1\,600a} {}^{222}_{86}\text{Rn} \xrightarrow{\alpha\ 3.824d} {}^{218}_{84}\text{Po}$$

$T_1 = 1\,600\,a$,$T_2 = 3.824\,d$,$T_1 \gg T_2$,而且 T_1 很长,在观察时间内,例如几天或几十天不会看出 ^{226}Ra 放射性的变化。

根据式(3.2.17),有

$$N_2(t) = \frac{l_1}{l_2 - l_1} N_1(0) e^{-l_1 t} - e^{l_1 - l_2} = \frac{l_1}{l_2} N_1(t)(1 - e^{-l_2 t}) \tag{3.2.34}$$

所以,当 t 相当大时,式(3.2.34)成为

$$N_2 = \frac{\lambda_1}{\lambda_2} N_1 \qquad\qquad (3.2.35)$$

即

$$\lambda_2 N_2 = \lambda_1 N_1 \quad 或 \quad A_2 = A_1 \qquad\qquad (3.2.36)$$

这就出现了长期平衡。

图3-8表示 $\lambda_1 \ll \lambda_2$ 时出现长期平衡的情况,其中a表示子体的活度,b表示母体($T_1 = \infty$)的活度,c表示母子体的总活度,d表示子体($T_2 = 0.8\ \text{h}$)单独存在时的活度变化。由曲线a可以看到,子体的放射性活度最初随时间而增加,然后达到某一饱和值,此时子体与母体的活度相等。因此,饱和时的总活度为母体活度的两倍。

对于多代子体的递次衰变,只要母体的半衰期很长,在观察时间内看不出母体的变化,而且各代子体的半衰期都比它短得多,则不管各代子体的半衰期相差多么悬殊,在足够长时间以后,整个衰变系列必然会达到长期平衡,即各个放射体的活度彼此相等:

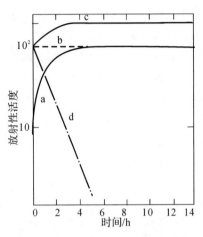

图3-8　长期平衡 ($\lambda_1 \ll \lambda_2$)

$$\lambda_1 N_1 = \lambda_2 N_2 = \lambda_3 N_3 = \cdots \qquad\qquad (3.2.37)$$

例如,后面要讨论的三个天然放射系就属于这种情形。

利用式(3.2.37)可以求出寿命很长的放射性核素的半衰期,只要其中一个放射体的半衰期及其与所求放射体的原子数之比已知。例如 $^{231}_{91}\text{Pa} \xrightarrow{\alpha} {}^{227}_{89}\text{Ac}$,已知 ^{227}Ac 的半衰期为21.8 a,实验测得平衡时原子数之比 $\dfrac{N(^{231}\text{Pa})}{N(^{227}\text{Ac})} = 1\,505$,则可求得 ^{231}Pa 的半衰期

$$T(^{231}\text{Pa}) = 1\,505 \times 21.8\ \text{a} = 3.28 \times 10^4\ \text{a}$$

三、不平衡

当母体的半衰期小于子体的半衰期时,即 $T_1 < T_2$ 或 $A_1 > A_2$,母体按指数规律较快衰减;而子体的原子数开始为零,随时间逐步增长,越过极大值后较慢衰减,当 t 足够大时,子体则按自身 T_2 的半衰期而衰减。这种情况,不可能出现子体与母体的任何平衡。

根据式(3.2.17),有

$$N_2(t) = \frac{l_1}{l_2 - l_1} N_1(0) \mathrm{e}^{-l_2 t} - \mathrm{e}^{l_2 - l_1} \qquad\qquad (3.2.38)$$

由于 $\lambda_1 > \lambda_2$,当 t 足够大时,有 $\mathrm{e}^{-(\lambda_1 - \lambda_2)t} \ll 1$,则此时式(3.2.38)成为

$$N_2 = \frac{\lambda_1}{\lambda_1 - \lambda_2} N_1(0) \mathrm{e}^{-\lambda_2 t} \qquad\qquad (3.2.39)$$

此时子体的放射性活度为

$$A_2 = \lambda_2 N_2 = \frac{\lambda_1 \lambda_2}{\lambda_1 - \lambda_2} N_1(0) \mathrm{e}^{-\lambda_2 t} \tag{3.2.40}$$

可见当时间足够长时,母体将几乎全部转变为子体,子体则按自身的指数规律衰减。因此子母体间根本不会出现任何平衡。

图 3-9 表示 $\lambda_1 > \lambda_2$ 时子体的生长和衰减情况。其中 a 表示子体的活度变化,b 表示母体($T_1 = 0.8$ h)的活度衰减,c 表示母子体总活度的变化,d 表示子体($T_2 = 8$ h)单独存在时的活度变化。

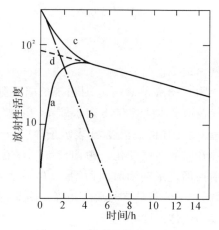

图 3-9　不成平衡($\lambda_1 > \lambda_2$)

对于不成平衡的递次衰变,为了得到单纯的子体,最简单的办法就是把放射体搁置足够长的时间,让母体几乎都衰变完,剩下就是单纯的较长寿命的子体。

由上面三种情形的讨论可以看到,对于任何递次衰变系列,不管各放射体的衰变常量之间相互关系如何,其中必有一最小者,即半衰期最长者,则在时间足够长以后,整个衰变系列只剩下半衰期最长的及其后面的放射体,它们均按最长半衰期的简单指数规律衰减。

四、放射系

作为递次衰变规律和放射性平衡的应用,现在讨论放射系。

递次衰变系列通称放射系。地壳中存在的一些重的放射性核素形成三个天然放射系。它们的母体半衰期都很长,和地球年龄(约 10^9 a)相近或更长,因而经过漫长的地质年代后还能保存下来。它们的成员大多具有 α 放射性,少数具有 β 放射性,一般都伴随有 γ 辐射,但没有一个具有 β^+ 衰变或轨道电子俘获的。每个放射系从母体开始,都经过至少是 10 次连续衰变,最后达到稳定的铅同位素。

1. 钍系

从 ^{232}Th 开始,经过 10 次连续衰变,最后到稳定核素 ^{208}Pb:

$$^{232}_{90}\mathrm{Th} \xrightarrow{\alpha} {}^{228}_{88}\mathrm{Ra} \xrightarrow{\beta} {}^{228}_{89}\mathrm{Ac} \xrightarrow{\beta} {}^{228}_{90}\mathrm{Th} \xrightarrow{\alpha} {}^{224}_{88}\mathrm{Ra} \xrightarrow{\alpha} \cdots \longrightarrow {}^{208}_{82}\mathrm{Pb}$$

这个系的成员,其质量数都是 4 的整倍数,即 $A = 4n$,所以钍系也叫 $4n$ 系。母体 ^{232}Th 的半衰期为 1.405×10^{10} a。子体半衰期最长的是 ^{228}Ra,$T_{1/2} = 5.75$ a。所以,钍系建立起长期平衡,需要几十年时间。

2. 铀系

从 ^{238}U 开始,经过 14 次连续衰变,最后到稳定核素 ^{206}Pb:

$$^{238}_{92}\mathrm{U} \xrightarrow{\alpha} {}^{234}_{90}\mathrm{Th} \xrightarrow{\beta} {}^{234}_{91}\mathrm{Pa} \xrightarrow{\beta} {}^{234}_{92}\mathrm{U} \xrightarrow{\alpha} {}^{230}_{90}\mathrm{Th} \xrightarrow{\alpha} \cdots \longrightarrow {}^{206}_{82}\mathrm{Pb}$$

该系成员的质量数都是 4 的整倍数加 2,即 $A = 4n + 2$,所以铀系也叫 $4n + 2$ 系。母体 ^{238}U 的半衰期为 4.468×10^9 a。子体半衰期最长的是 ^{234}U,$T_{1/2} = 2.455 \times 10^5$ a。所以,铀系建立起长期平衡,需要几百万年的时间。

3. 锕系

从 ^{235}U 开始,经过 11 次连续衰变,最后到稳定核素 ^{207}Pb:

$$^{235}_{92}U \xrightarrow{\alpha} {}^{231}_{90}Th \xrightarrow{\beta} {}^{231}_{91}Pa \xrightarrow{\alpha} {}^{227}_{89}Ac \xrightarrow{\beta} {}^{227}_{90}Th \xrightarrow{\alpha} {}^{223}_{88}Ra \xrightarrow{\alpha} \cdots \longrightarrow {}^{207}_{82}Pb$$

由于 ^{235}U 俗称锕铀,因而该系叫作锕系。该系成员的质量数都是 4 的整倍数加 3,即 $A = 4n+3$,所以锕系也叫 $4n+3$ 系。母体 ^{235}U 的半衰期为 $7.038 \times 10^8 a$。子体半衰期最长的是 $^{231}Pa, T_{1/2} = 3.28 \times 10^4 a$。所以,锕系建立起长期平衡,需要几十万年的时间。

从上面讨论看到,在地壳中存在 $4n, 4n+2, 4n+3$ 三个天然放射系,但是缺少 $4n+1$ 这样一个放射系。后来用人工方法合成了 $4n+1$ 系,把 ^{238}U 放在反应堆中照射,连续俘获三个中子变成 ^{241}U,它经两次 β^- 衰变变成了具有较长寿命 $(T = 14.4\ a)$ 的 ^{241}Pu。^{241}Pu 具有下列递次衰变:

$$^{241}_{94}Pu \xrightarrow{\beta} {}^{241}_{95}Am \xrightarrow{\alpha} {}^{237}_{93}Np \xrightarrow{\alpha} {}^{233}_{91}Pa \xrightarrow{\beta} \cdots \longrightarrow {}^{209}_{83}Bi$$

在这个衰变系列中,^{237}Np 的半衰期最长,当时间足够长时,^{241}Pu 和 ^{241}Am 几乎衰变完了,而 ^{237}Np 还会存在,并与其子体建立起平衡。所以这个系叫作镎系。该系成员的质量数都是 4 的整倍数加 1,即 $A = 4n+1$,因而也称为 $4n+1$ 系。由于 ^{237}Np 的半衰期比地球年龄小很多,地壳中原有的 ^{237}Np 早已变成为 ^{209}Bi,所以人们在地壳中没有发现 $4n+1$ 系。

上面各个系的衰变过程,通常用图 $3-10 \sim$ 图 $3-13$ 来表示。

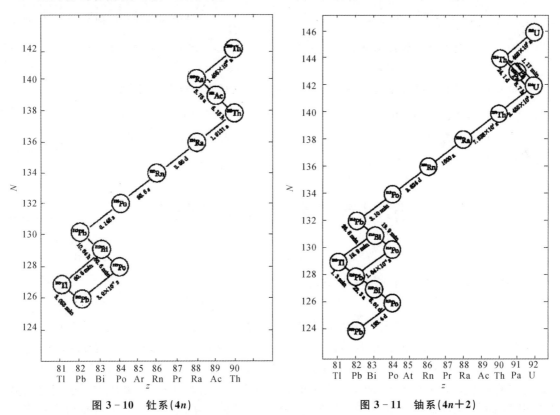

图 3 - 10　钍系(4n)　　　　　　图 3 - 11　铀系(4n+2)

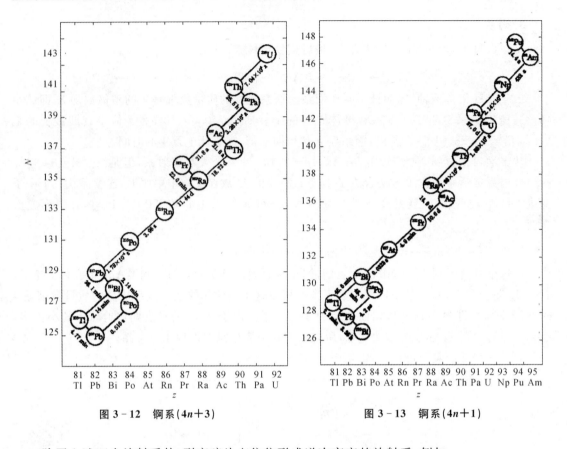

图 3-12　锕系(4n+3)　　　　　　图 3-13　锕系(4n+1)

除了上述四个放射系外,裂变碎片也往往形成递次衰变的放射系,例如:

$$_{54}^{140}\mathrm{Xe} \xrightarrow{\beta} _{55}^{140}\mathrm{Cs} \xrightarrow{\beta} _{56}^{140}\mathrm{Ba} \xrightarrow{\beta} _{57}^{140}\mathrm{La} \xrightarrow{\beta} _{58}^{140}\mathrm{Cs}(稳定)$$

由于可利用的裂变碎片都是人工产生的,所以裂变碎片放射系(也叫裂变碎片链)都属于人工放射系。

第四节　衰变规律的应用

一、人工放射性核素的制备

在目前所知的 2 000 多种放射性核素中,绝大多数是人工制造的。它们在科学研究和生产实践中发挥着重要作用,例如核燃料^{239}Pu 和强中子源物质^{252}Cf 就是用人工合成的。

人工放射性核素主要是用反应堆和加速器制备的。通过反应堆制备有以下两个途径:一是利用堆中强中子流来照射靶核,靶核俘获中子而生成放射性核;二是利用中子引起重核裂变,从裂变碎片中提取放射性核素。用加速器制备主要通过带电粒子引起的核反应来获得反应生成核,这种生成核大多是放射性的。利用反应堆来生产,产量大,成本低,是人工放射性核素的主要来源。这样生产出来的是丰中子核素,因此它们通常具有 β⁻ 衰变。用加速器生产的则相反,往往是缺中子核素,因而具有 β^+ 衰变或轨道电子俘获,而且多数是短寿命的。所以利用反应堆和加速器这两种办法各有特点,相互补充。

下面讨论在制备放射性核素时,人工放射性随时间的生长情况。

如果带电粒子束或中子束的强度是固定的,则单位时间内产生人工放射性核素的原子核数目,即产生率 P 也是一定的。另外,生成的放射性原子核也在衰变,其衰变常量为 λ。令 $N(t)$ 代表照射开始后 t 时刻的放射性原子核数目,则 N 的变化率为

$$\frac{\mathrm{d}N}{\mathrm{d}t} = P - \lambda N$$

即

$$\frac{\mathrm{d}N}{\mathrm{d}t} + \lambda N = P$$

解此微分方程并利用起始条件($t=0$ 时,$N=0$),可得生成的放射性原子核数目随时间的变化为

$$N(t) = \frac{P}{\lambda}(1 - \mathrm{e}^{-\lambda t}) \tag{3.2.41}$$

放射性活度 $A(t)$ 随时间的变化为

$$A(t) = \lambda N(t) = P(1 - \mathrm{e}^{-\lambda t}) \tag{3.2.42}$$

利用关系 $\lambda = \dfrac{\ln 2}{T_{1/2}}$,上式可写为

$$A = P(1 - \mathrm{e}^{-\frac{\ln 2}{T_{1/2}}t}) = P(1 - 2^{-\frac{t}{T_{1/2}}}) \tag{3.2.43}$$

如果照射时间 t 以半衰期 $T_{1/2}$ 为单位来量度,即 $t = nT_{1/2}$,则上式还可写为

$$A = P(1 - 2^{-n}) \tag{3.2.44}$$

由式(3.2.43)或式(3.2.44),A 随的 t 的变化可用图 3-15 或表 3-1 来表示。

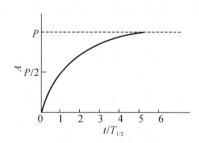

图 3-15　人工放射性的生长曲线

表 3-1　A 随 t 的变化

$t = nT_{1/2}$	$0.5\,T_{1/2}$	$1T_{1/2}$	$2T_{1/2}$	$3T_{1/2}$	$4T_{1/2}$	$5T_{1/2}$	$6T_{1/2}$
A	$0.293P$	$0.5P$	$0.75P$	$0.875P$	$0.938P$	$0.969P$	$0.985P$

可以看出,当 t 足够大时,放射性活度 A 为一饱和值 P,当照射时间大约为 5 个半衰期时,就接近饱和了。显然,无限制地增长照射时间是不能进一步提高放射性活度的,只能是白白浪费。所以,照射时间一般都选作小于 5 个半衰期。至于照射时间究竟多长才算合理,则要根据半衰期的长短、使用要求和是否经济等因素进行全盘考虑。

二、放射性鉴年法

在考古学中，^{14}C 可以利用来推算考古文物、古生物的年代。例如，1972 年在长沙发掘出来的马王堆一、二号墓，经鉴定，下葬的年代为公元前 168 年左右。这有多方面的证据。下面介绍一个旁证：^{14}C 含量的测定。

^{14}C 具有 β^- 放射性，半衰期为 5 730 a，比地球年龄短得多，本来是不可能天然存在的。它是宇宙线中的中子打在空气中的 ^{14}N 上产生的

$$n + {}_7^{14}N \longrightarrow {}_7^{14}C + p \qquad (3.2.45)$$

这个反应主要在高空的大气层发生，接着进一步与大气层的氧化合为 $^{14}CO_2$，混在普通的 $^{12}CO_2$ 中。如果假定近一两万年宇宙线的强度是不变的，那么，$^{14}CO_2$ 的含量应该是定值，^{14}C 与 ^{12}C 的含量比是 $1.2 ：10^{12}$。大气中的二氧化碳在一切生物体的新陈代谢中经常被吸收和放出，^{14}C 也参与了这样一个循环交换过程，最后处于一种动态的平衡。结果在活的生物体内含碳物质中，^{14}C 与 ^{12}C 的比例是恒定不变的。

一旦生物体死亡，它的残骸埋在地下，不再从大气中吸收新鲜的 CO_2，生物体经吸收的 ^{14}C 就不再得到新的补充，而是以 5 730 a 的半衰期衰减。可以估计活着的生物体内每克碳中所含的 ^{14}C 在每分钟的衰变数。即比放射性 A'_0 为 $14/(\text{min} \cdot g)$。则古生物在死亡 t 年后，在 m 克碳样品中，每分钟的衰变数为

$$\frac{dn_0}{dt} = 14me^{-\lambda t} = 14me^{-t/8\,270} \qquad (3.2.46)$$

可见，测得 dn_0/dt，由上式即可求得时间 t（以年为单位），这是多年来习惯用的 ^{14}C 考古时钟法。要获得精确的年代，必须采用很大的样品和很长的测量时间。这对测量带来一定困难。下面向大家介绍 ^{14}C 考古的新发展，可以克服这个困难。考虑到古生物死亡 t 年后，在样品中留下的 ^{14}C 原子的数目 n_0 远大于它在单位时间内的变化数目 dn_0/dt，因此如果能直接测出古生物样品中所含的 ^{14}C 原子本身的数目，则就可以大大提高测量的精度。但是，利用普通质谱仪是难以区分 ^{12}C 和 ^{14}C。一般情况 ^{14}C 又混在大量 ^{14}N 中，对 ^{14}C 和 ^{14}N 更难区分。

20 世纪 70 年代末期发展起来的加速器质谱学（简称 AMS），以它独有的技术特点，实现了对待测同位素原子数目的直接测量。从 1977 年以来，人们开始用加速器加速碳离子并与磁分析系统组合，大大提高了 ^{14}C 与 ^{12}C 的分离程度。例如，以 $^{14}C/^{12}C = 10^{-12}$ 的比例进入加速系统，经过磁分析器分离，到达探测器时比值可提高到 10^4。同时，由于采用负离子源，产生 ^{14}N 负离子的可能性极小，因此也消除了 ^{14}N 的影响。

目前，利用上述方法高灵敏地测定微量长寿命放射性同位素是十分引人注目的课题。为了定量比较新、老两种方法的精度，下面给出古生物样品中，经过 t 年所留下的 ^{14}C 的原子数目 $n_0(t)$：

$$n_0(t) = \frac{6.022 \times 10^{23}}{12} \times \frac{1.2}{10^{12}}me^{-t/8\,270} = 6.0 \times 10^{10}me^{-t/8\,270} \qquad (3.2.47)$$

设碳离子加速的效率一般为 3×10^{-5}，乘以上式，即得 m 克碳样品（放入离子源）加速后可测到的 ^{14}C 数目为

$$n = 1.8 \times 10^6 me^{-t/8\,270} \qquad (3.2.48)$$

比较式(3.2.48)与式(3.2.46),在同样 t 和同样 m 下,n 的数目要比 dn_0/dt 大得多。可见,新方法的精度要比老方法高得多。也可以说,在同样精度下,利用 AMS 方法可测年代将大大延伸。

AMS 技术的优点是测量灵敏度极高,待测同位素的丰度可以低于 $10^{-12} \sim 10^{-15}$,而且测量速度快,样品用量少。AMS 已被视为一种重要的分析工具,它的高灵敏度和精度,特别是处理极端小样品的能力,在澄清某些珍贵材料的问题方面打开了一种新的途径。近年来,确定了两个著名样品的年代。一个是都灵的裹尸布,许多人认为是耶稣的裹尸布。利用 AMS 技术,仅用了邮票大小的布块就确定了其年代是公元 1325 ± 30 年,否定了耶稣的裹尸布。另一个是纽芬兰炼铁的火坑中木材燃烧留下的一点碳,用 AMS 方法测得是公元 997 ± 13 年,这是斯堪的纳维亚人在哥伦布之前就已经出现在美洲大陆的第一个科学证据。目前,AMS 技术已被应用于测定自然界的长寿命核素 ^{10}Be,^{14}C,^{26}Al,^{41}Ca 和 ^{129}I 等,大量的工作仍集中在地质学和考古学方面。我国原子能科学研究院、上海原子核研究所、北京大学等单位也正在开展这方面的工作。

习　　题

1.确定核素 $^{80}_{35}Br$ 是否可以发生 β^-,β^+ 衰变和轨道电子俘获,是否可能有 α 衰变和发射中子衰变。

2.$^{47}_{23}V$ 可产生 β^+ 衰变,也可产生 K 俘获。已知 β^+ 衰变最大动能为 1.91 MeV,试求 K 俘获过程中放出的中微子能量。

3.已知 ^{224}Ra 的半衰期为 3.66 d,问一天和十天中分别衰变了多少份额? 若开始有 $1\ \mu g$,问一天和十天中分别衰变掉多少原子?

4.已知 ^{222}Rn 的半衰期为 3.824 d,问 $1\ \mu Ci$ 和 $10^3\ Bq$ 的 ^{222}Rn 的质量分别是多少?

5.已知 ^{210}Po 的半衰期为 138.4 d,问 $1\mu g$ 的 ^{210}Po,其放射性活度为多少 Bq?

6.某放射源既能发射 α 射线又能发射 β 射线,若总的半衰期 $T=3$ h,且放射 β 的部分半衰期 $T_\beta=12$ h。试求:(1)放射 α 的部分半衰期 T_α 为多少? (2)经过 12h 后,α,β 的活度各减弱为原来的几分之几?

7.用加速氘轰击 ^{55}Mn 来生成 ^{56}Mn,^{56}Mn 的产生率为 $5 \times 10^8\ s^{-1}$,已知 ^{56}Mn 的半衰期为 2.579 h,试求轰击 10 h 后 ^{56}Mn 的放射性活度。

8.用中子束照射 ^{197}Au 来生成 ^{198}Au,已知 ^{198}Au 的半衰期为 2.696 d,问照射多久才能达到饱和放射性活度的 95%?

9.实验测得纯 ^{235}U 样品的放射性比度为 80.0 Bq·mg^{-1},试求 ^{235}U 的半衰期。

10.某种放射性核素既有 α 放射性,又有 β 放射性,实验测得 β 射线强度 I_β 随时间 t 的衰减如下所示,试求考虑到两种衰变时,该核素的半衰期。

t/min	0	1	2	4	6	8
I_β	1 000	795	632	398	251	159

11.假设地球刚形成时,^{235}U 和 ^{238}U 的相对丰度为 1:2,试求地球年龄。

12.经测定一出土古尸的 ^{14}C 的相对含量为现代人的 80%,求该古人的死亡年代。

13.已知人体的碳含量为 18.25%,问体重为 63 kg 的人体相当于活度为多少贝克勒尔和微居里的放射源。

14.某一长毛象肌肉样品 0.9mg,用超灵敏质谱计测量 189 min,得到 $^{14}C/^{12}C$ 的原子比值为 $6.98\times10^{-24}(\pm7\%)$,试问该长毛象已死了多少年? 若用放射性法测量,达到与上述相同精度$(\pm7\%)$,至少要测量多长时间?

第四章　α　衰　变

在天然放射性中,最早发现的是 α 粒子。早在 1903 年,卢瑟福就通过从镭中辐射出来的 α 粒子在电场和磁场中的偏转测量到它的荷质比,其值仅比目前所接受值大 25％。1909 年,卢瑟福证实 α 粒子事实上就是氦核。

α 衰变是原子核自发地放射出 α 粒子而发生的转变,它的半衰期随核素的不同变化甚大,短者可小于 10^{-7} s,长者可达约 10^{15}a,α 粒子的能量一般分布在 4～9 MeV 范围内。人们要问:"为什么 α 粒子能自发地从原子核中发射出来? 哪些核素具有 α 放射性? α 粒子能量和半衰期有何关系? ……"本章将讨论与此有关的一些问题。

第一节　α 衰变的能量

一、α 粒子能量的测量——磁谱仪

1930 年以前,人们认为同一种原子核发射出来的 α 粒子的能量是单一的,没有发现所谓"精细结构"的现象。这是由于当时用来测量 α 粒子能量的方法是射程法,即是通过测量 α 粒子在空气中的射程来求得它的能量,这种方法的精确度不高。随着射线探测技术的发展,出现了电离室、磁谱仪和半导体探测器,因而测量 α 粒子能量的精度大大提高。例如,利用磁谱仪来测量,精度可达万分之一,从而对 α 粒子的能量可以做到精确测定。下面对磁谱仪的工作原理作简单介绍。

所谓磁谱仪是利用磁场来测定带电粒子能量的装置。图 4-1 所示是一种半圆谱仪的工作原理图。放射源 S,感光胶片 R 和限束光栏 A 都放在一个扁平的真空盒里。从放射源发出的带电粒子被限束光栏控制在 2φ 的角度内。垂直于真空盒,即垂直于画面加一均匀磁场 B,从放射源放出的带电粒子受到一洛仑兹力 $q\boldsymbol{v} \times \boldsymbol{B}$ 作用而发生偏转,q 是带电粒子的电荷,$\boldsymbol{v}$ 是它的速度。根据牛顿第二定律,有

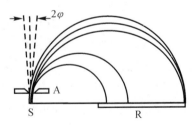

图 4-1　半圆谱仪的工作原理图

$$\frac{mv^2}{\rho} = qvB \tag{4.1.1}$$

式中 m 是带电粒子的质量,ρ 是粒子运动轨道的半径。

于是粒子的动量

$$p = mv = qB\rho \tag{4.1.2}$$

由式可见,对于动量相同(从而能量相同)的 α 粒子具有同一轨道半径 ρ。如果源对光栏

狭缝的张角 2φ 无限小,则具有相同能量的粒子经过 $180°$ 的偏转后,将聚集在感光胶片上距放射源具有同一距离的地方,胶片上就形成一条谱线。另一种能量的粒子将聚集在胶片上的另一处,形成另一条谱线。显然,由谱线的位置就可测得轨道半径 ρ 的大小,因源至谱线的距离就是直径 2ρ。将 ρ 值代入式(4.1.2),即得粒子的动量,从而求得粒子的能量。

实际上,源对光栏狭缝的张角 2φ 不可能无限小,此时具有相同能量的粒子经过 $180°$ 的偏转后,聚集在感光胶片上所形成的谱线将有一定的宽度 Δx,如图 4-2 所示,中央轨道正好是半个圆周时,粒子束具有最窄的宽度,这就是半圆聚焦的原理,显然有

$$\Delta x = 2\rho(1 - \cos\varphi) \tag{4.1.3}$$

由于 φ 一般都很小,则有

$$\Delta x = \rho\varphi^2 \tag{4.1.4}$$

应该注意到,谱线的右边界是由通过狭缝中心的粒子所决定的。因此,这一边界位置与狭缝宽度无关,从而可利用谱线的边界位置精确地确定粒子的能量。这就是常用半圆谱仪来精确地测定带电粒子能量的原因。

利用式(4.1.2)和式(4.1.4),动量分辨率 R_p 可写为

$$R_p = \frac{\Delta p}{p} = \frac{\Delta\rho}{\rho} = \frac{\Delta x}{2\rho} = \frac{1}{2}\varphi^2 \tag{4.1.5}$$

例如,设 $\varphi = 2°$,则 $R_p = 6.2 \times 10^{-4}$,此即表示两组动量的相对值相差为 6.2×10^{-4} 时,两组谱线就可以区分开来。式(4.1.5)中的 Δp 是指动量分布的全宽度。

对于寿命很长的辐射体,利用磁谱仪来进行研究是很困难的。这是由于,要保持磁谱仪的高分辨本领,就

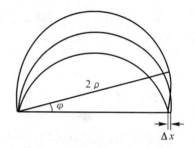

图 4-2　半圆谱仪的聚焦原理

要对放射源的面积和谱仪的立体角都有一定的限制,因而效率太低。例如,设所研究核素的质量数 A 约为 240,源面积约为 $0.1\ \mathrm{cm}^2$,源厚约为 $10\ \mu\mathrm{g} \cdot \mathrm{cm}^{-2}$,则源中放射性原子数目

$$N = (6.022 \times 10^{23} \times 0.1 \times 10 \times 10^{-6})/240 = 2.5 \times 10^{15}$$

设源对光栏所张的立体角为 10^{-3},则每秒所记的衰变数

$$n = (10^{-3}/4\pi)N\lambda = (10^{-3}/4\pi) \times 2.5 \times 10^{15}\lambda$$

这里 λ 是衰变常量。令 $n = 10^{-3}$(即每千秒记下一次衰变),此数一般已达记录下限。于是所测 λ 的下限 $\lambda_{\min} = 5 \times 10^{-15}\ \mathrm{s}^{-1}$,它所对应的半衰期 $T_{1/2} = 4.4 \times 10^6\ \mathrm{a}$。

对于长寿命的辐射体,使用半导体探测器或气体探测器较为适宜,因为这些探测器允许辐射体尽可能地靠近探测器的灵敏体积,所以可以有较大的立体角和用较大面积的源。

二、α 能谱的精细结构

用磁谱仪对 α 放射源的测量结果表明,一般而言,α 粒子的能量并不单一,而有不同的几组数值。图 4-3 所示是由磁谱仪测得的 $^{228}\mathrm{Th}$ α 粒子的能量分布。由图可见,整个能谱是由四组单一谱线组成的复杂分布,这种复杂分布称为 α 能谱的精细结构。

在 α 谱的精细结构中,一般讲,只有一种能量的 α 粒子的强度最大,其他几种能量的 α 粒子的强度都较弱,它们的能量也比较低,亦即射程比较短,这种 α 粒子称为短射程 α 粒子。另外,对于放射性核素观察到了另一种现象,除了最强的 α 粒子外,还发射出具有很大能量而强度很弱的 α 粒子,这种 α 粒子称为长射程 α 粒子。

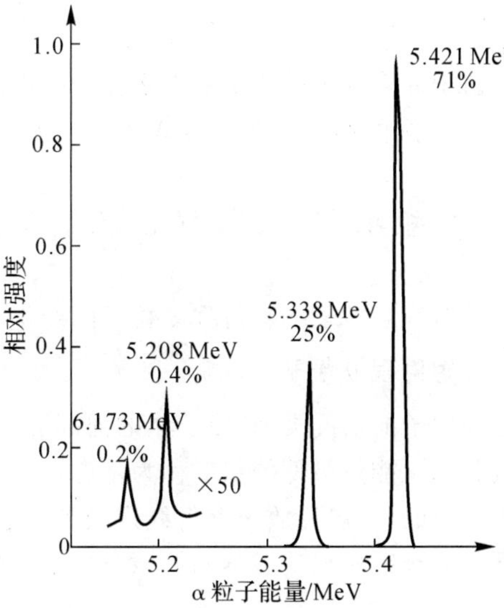

三、α 粒子能量与 α 衰变能的关系

α 衰变能是指 α 衰变时放出的能量。此能量以 α 粒子动能和子核动能的形式出现。由于子核的动能不可能为零,因此 α 粒子的动能(通常就叫 α 粒子能量)总是小于其衰变能。根据动量和能量守恒定律,容易推得 α 粒子能量与衰变能之间的定量关系。

图 4 - 3　^{228}Th 的 α 能谱

我们知道,α 衰变可表示为

$$_{Z}^{A}X \longrightarrow _{Z-2}^{A-4}Y + _{2}^{4}He \tag{4.1.6}$$

其中,X 为母核,Y 为子核。今设 m_X,m_Y 和 m_α 分别为母核、子核和 α 粒子的质量,v_X,v_Y 和 v_α 为相应的速度。由动量守恒定律,因 $v_X = 0$,得

$$m_Y v_Y = m_\alpha v_\alpha \tag{4.1.7}$$

则

$$v_Y = \frac{m_\alpha v_\alpha}{m_Y} \tag{4.1.8}$$

设 E_d,E_k 和 E_R 分别为衰变能、α 粒子动能和子核(也叫反冲核)的动能,则由能量守恒定律,有

$$E_d = E_k + E_R = E_k + \frac{1}{2}m_Y v_Y^2 \tag{4.1.9}$$

将式(4.1.8)代入式(4.1.9),可得

$$E_d = E_k + \frac{1}{2}m_Y \left(\frac{m_\alpha v_\alpha}{m_Y}\right)^2 = E_k + \frac{m_\alpha}{m_Y}E_k = \left(1 + \frac{m_\alpha}{m_Y}\right)E_k \tag{4.1.10}$$

利用 $\dfrac{m_\alpha}{m_Y} \approx \dfrac{4}{A-4}$($A$ 为母核质量数),式(4.1.10)可写成

$$E_d = \left(\frac{A}{A-4}\right)E_k$$

所以 α 粒子的动能

$$E_k = \left(\frac{A-4}{A}\right)E_d$$

子核的反冲能

$$E_Y = E_d - E_k = \frac{4}{A}E_d \tag{4.1.13}$$

由于 α 衰变核的质量数大多在 200 以上,则由式(4.1.13)可见子核的反冲能接近衰变能的 2%,其余的约 98%则为 α 粒子的动能。

四、短射程、长射程 α 粒子与核能级的关系

短射程 α 粒子和长射程 α 粒子的产生与原子核的不同能级结构有关,下面分别加以讨论。

1. 短射程 α 粒子

与原子的情况类似,原子核的内部能量是量子化的,就是说原子核可以处于不同的分立的能级状态。能量最低的状态称为基态,高于基态的能级统称为激发态。处于激发态的原子核是不稳定的,一般要放出 γ 射线退激到基态,或者先退激到较低的激发态而后再退激到基态。不同的能级结构反映了不同的原子核结构情况。因此,对核能级的研究是认识原子核结构的重要途径。

当原子核 $_Z^A X$ 放出 α 粒子而衰变为原子核 $_{Z-2}^{A-4} Y$ 时,它可以直接衰变到 Y 的基态,也可以先衰变到 Y 的激发态,然后放出 γ 射线再到基态。显然,当母核 X 衰变到子核 Y 的基态时,所放出的 α 粒子的能量要高一些;当母核 X 衰变到子核 Y 的激发态时,由于一部分能量要留作子核 Y 的激发态的能量,则此时放出的 α 粒子的能量要低一些。子核 Y 的激发能越高,α 粒子的能量就越低。这些能量较低的 α 粒子就是短射程 α 粒子。所以,短射程 α 粒子是从母核的基态衰变到子核的激发态时所发射的 α 粒子。

由此可见,测量母核放射出来的 α 粒子的能量就可以确定子核能级的能量。设母核放射出 $\alpha_0, \alpha_1, \alpha_2, \cdots$ 的能量分别为 $E_k(\alpha_0), E_k(\alpha_1), E_k(\alpha_2), \cdots$,其中 α_0 是从母核基态跃迁到子核基态时放出的 α 粒子,α_1 是由母核基态到子核第一激发态的,α_2 是由母核基态到子核第二激发态的,依次类推。于是 $E_k(\alpha_0) > E_k(\alpha_1) > E_k(\alpha_2) > \cdots$。由 α 粒子的能量可以求得相应的 α 衰变能 $E_d(\alpha_0), E_d(\alpha_1), E_d(\alpha_2), \cdots$。显然,$E_d(\alpha_0) > E_d(\alpha_1) > E_d(\alpha_2) > \cdots$。按能量守恒定律,有

$$E_d(\alpha_0) = E_d(\alpha_1) + E_1^*$$
$$E_d(\alpha_0) = E_d(\alpha_2) + E_2^*$$
$$\cdots\cdots$$

其中 $E_1^*, E_2^*, \cdots$ 分别为子核第一、第二、……激发能级的能量。因此,各激发能级的能量为下列 α 衰变能之差:

$$E_1^* = E_d(\alpha_0) - E_d(\alpha_1)$$
$$E_2^* = E_d(\alpha_0) - E_d(\alpha_2)$$
$$\cdots\cdots$$

例如 $_{90}^{226}$Th 衰变成 $_{88}^{222}$Ra 时共放出四组 α 粒子。它们的能量列在表 4-1 中。E_k 表示 α 粒子的动能。E_d 表示 α 衰变能,它由式(4.1.11)计算所得。表中第三列表示 α_0 组衰变能与各组衰变能之差。由上所述,按能量守恒定律,此差值应等于各激发能级的能量。另外,由实验测得的 γ 射线的能量(列于表中第四列)也可推知各激发能级的能量,如图 4-4 所示。由图可见,它的激发能值与表 4-1 中所给的值很符合,这表明短射程 α 粒子的确是从母核基态跃迁到子核激发态时所产生的。

表 4 - 1 $^{226}_{90}$Th 的衰变数据

	E_k/MeV	E_d/MeV	$[E_d(\alpha_0)-E_d]$/MeV	E_γ/MeV	相对强度
α	6.330	6.444	0	—	79%
α_1	6.220	6.332	0.112	0.112	19%
α_2	6.095	6.205	0.239	0.242	1.7%
α_3	6.029	6.137	0.307	0.197+0.112	0.6%

2. 长射程 α 粒子

以上讨论的 α 衰变,都是从母核的基态产生的。如果母核本身是一个衰变的产物,那么母核不仅可以处于基态,也可能处于激发态。处于激发态的母核可以通过 γ 射线的发射退激到基态,然后进行 α 衰变。但是也有可能从激发态进行 α 衰变。激发态究竟是发射 γ 射线还是发射 α 粒子,取决于相互竞争的这两个过程的概率。对一般的原子核,从激发态发射 γ 射线的概率要大得多,实际上观察不到 α 衰变。对少数几种原子核,从激发态进行 α 衰变占有一定的分支比(虽然所占的分支比很小),因而在实验上就能观察到从激发态进行的 α 衰变。显然,这种 α 粒子的能量比基态发射的 α 粒子的能量要大一些。激发能越高,α 粒子的能量就越大。这种 α 粒子就是长射程 α 粒子。所以,长射程 α 粒子是从母核的激发态衰变到子核的基态时所发射的 α 粒子。由于 γ 发射概率要比 α 衰变的概率大几个数量级,因此长射程 α 粒子的强度是极低的,只有总强度的 10^{-4} 到 10^{-7}。

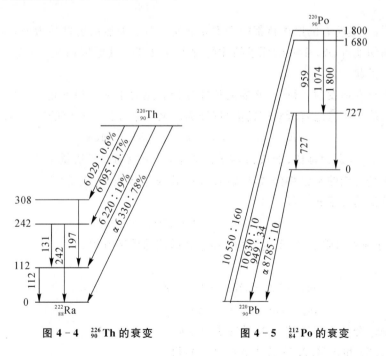

图 4 - 4 $^{226}_{90}$Th 的衰变   图 4 - 5 $^{212}_{84}$Po 的衰变

在天然放射性核素中只观察到两种原子核 $^{212}_{84}$Po 和 $^{214}_{84}$Po 有长射程 α 粒子。我们以 $^{212}_{84}$Po 为例来进一步说明长射程 α 粒子的成因。$^{212}_{84}$Po 的 α 粒子能量和衰变图见图 4 - 5。表 4 - 2 中也列出了各组 α 粒子的衰变能与 α_0 组衰变能之差。此差值应等于 $^{212}_{84}$Po 的激发能级的能量。另一方面,从实验测得的 γ 射线能量也可推知激发能值,见图 4-5 所示。由表 4-2 和图 4-5 可知,用两种方法推得的激发能值颇为一致,这就说明长射程 α 粒子的确是从母核的激发态产生的。

表 4-2　$_{84}^{212}\mathrm{Po}$ 的衰变数据

	E_k/MeV	E_d/MeV	$[E_d - E_d(\alpha_0)]/\mathrm{MeV}$	E_γ/MeV	相对强度
α	8.785	8.954	0	—	10^6
α_1	9.499	9.682	0.728	0.727	34
α_2	10.432	10.633	1.679	0.953+0.727	10
α_3	10.550	10.753	1.799	1.800	160

从以上讨论可以看到,由 α 粒子能谱可以获得原子核能级的知识,从而为研究原子核结构提供数据。

第二节　α 衰变的实验规律

一、衰变能随原子序数 Z 和质量数 A 的变化

实验表明,不是所有的原子核都能产生 α 衰变。对于天然放射性核素而言,α 衰变主要发生在重核。确切地讲,$A>140$ 的原子核才能发生 α 衰变。其原因何在? 要回答这个问题,需要从衰变能讨论起。

原子核要自发地发射 α 粒子,必要的条件是衰变能大于零。根据定义,衰变能 E_d 为衰变前后诸粒子的静止质量之差所对应的能量(即为广义质量亏损所对应的能量),即

$$E_d = (m_X - m_Y - m_\alpha) \times 931.5 \text{ MeV} \tag{4.2.1}$$

其中,m_X,m_Y,m_α 分别为母核、子核、α 粒子的质量,其单位为原子质量单位 u。

下面利用结合能的半经验公式从式(4.2.1)出发推导出 E_d 与 Z,A 的关系。

由质量亏损的表示式可得

$$m_X = Zm_p + (A-Z)m_n - \Delta m_X \tag{4.2.2}$$

式中 m_p,m_n 分别表示质子、中子的质量,Δm_X 为母核的质量亏损。

同理

$$\left.\begin{aligned} m_Y &= (Z-2)m_p + (A-Z-2)m_n - \Delta m_Y \\ m_\alpha &= 2m_p + 2m_n - \Delta m_\alpha \end{aligned}\right\} \tag{4.2.3}$$

式中,Δm_Y,Δm_α 分别表示子核、α 粒子的质量亏损。

把式(4.2.2)和式(4.2.3)代入式(4.2.1),得

$$E_d = (\Delta m_Y + \Delta m_\alpha - \Delta m_X) \times 931.5 \text{ (MeV)} = B_Y + B_\alpha - B_X \tag{4.2.4}$$

式中 B_X,B_Y 和 B_α 分别表示母核、子核和 α 粒子的结合能,单位为 MeV。

如果结合能随 Z,A 的变化是平滑的,可以将式(4.2.4)中的 $(B_Y - B_X)$ 近似地表示为 Z,A

的微分，即

$$E_d \approx \Delta B + B_\alpha = \frac{\partial B}{\partial Z}\Delta Z + \frac{\partial B}{\partial A}\Delta A + B_\alpha \tag{4.2.5}$$

式中 $\Delta Z = -2$；$\Delta A = -4$。

根据结合能的半经验公式(1.7.11)和式(1.7.12)，可得

$$\left.\begin{array}{l} B = a_v A - a_s A^{2/3} - a_a \left(\dfrac{A}{2} - Z\right)^2 / A - a_c \dfrac{Z^2}{A^{1/3}} + B_p \\ a_v = 15.835 \qquad a_s = 18.33 \\ a_a = 92.80 \qquad a_c = 0.714 \end{array}\right\} \tag{4.2.6}$$

在 α 衰变中，式(4.2.6)中的 $\left(\dfrac{A}{2} - Z\right)$ 为常数；B_p 在母核与子核间的变化很小，可以近似地看作常量。

将式(4.2.6)分别对 Z 和 A 求偏微分，然后代入式(4.2.5)可得

$$E_d = B_\alpha - 4a_v + \frac{8a_s}{3}\frac{1}{A^{1/3}} - a_a \left(1 - \frac{2Z}{A}\right)^2 + 4a_c \frac{Z}{A^{1/3}}\left(1 - \frac{Z}{3A}\right) \tag{4.2.7}$$

将各系数值 a_v, a_s, a_a, a_c，以及 α 粒子的结合能 $B_\alpha = 28.3$ 代入式(4.2.7)，最后得到 E_d 与 Z, A 的关系式为

$$E_d = 28.3 - 63.34 + 48.88\frac{1}{A^{1/3}} - 92.80\left(1 - \frac{2Z}{A}\right)2 + 2.856\frac{Z}{A^{1/3}}\left(1 - \frac{Z}{3A}\right) =$$

$$48.88\frac{1}{A^{1/3}} - 92.80\left(1 - \frac{2Z}{A}\right)^2 + 2.856\frac{Z}{A^{1/3}}\left(1 - \frac{Z}{3A}\right) - 35.04 \tag{4.2.8}$$

对于处于 β 稳定线的原子核，利用式(4.2.8)可以算出 E_d 随 A 的变化关系，此关系如图4-6中虚线所示。由图可见，对于 $A \geqslant 150$ 的原子核，E_d 才大于零，而且 E_d 随 A 的增加而增大。这就解释了为什么主要是重核才观察到 α 放射性。

应该指出，由式(4.2.8)所算得的衰变能在数量上与实验并不符合。根据实验测得的原子质量，利用式(4.2.4)所得的衰变能如图4-6中的实线所示。由图可见，曲线在 $A = 145$ 和 213 附近出现了两个峰；同时曲线与 $E_d = 0$ 线的交点由原来的 $A \approx 150$ 附近移到了 $A \approx 140$ 附近。这表明，对于 $A \geqslant 140$ 的原子核都有可能产生 α 衰变。实验中，在 $A = 145$ 附近，确实发现了天然存在的 α 衰变核，如 $^{147}_{62}\mathrm{Sm}(T_{1/2} = 1.06 \times 10^{11}\,\mathrm{a})$ 和 $^{144}_{60}\mathrm{Nd}(T_{1/2} = 2.29 \times 10^{15}\,\mathrm{a})$ 等。

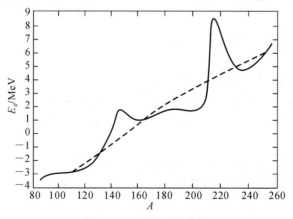

图 4-6　E_d 随 A 的变化

式(4.2.8)与实验分歧的原因在于:它是根据比较粗糙的结合能半经验公式(4.2.6)推得的。式(4.2.6)只能反映结合能随 A,Z 变化的平均趋势,反映不出变化的起伏现象。这是由于式(4.2.6)的基础是原子核的液滴模型,它只正确地反映了核结构的一个侧面,另一个重要侧面需要用核结构的壳模型来处理。

二、衰变能随同位素的变化

实验发现,同一元素的各种同位素的 α 衰变能可以近似地连成一条直线,如图 4-7 所示。由图可见,不计 $A=209 \sim 213$ 及 $A=250 \sim 254$ 范围,同一元素的各种同位素几乎都在一条直线上,而且衰变能随着质量数 A 的增大而减小。这种实验规律利用衰变能的表示式(4.2.8)容易说明。事实上,只要将式(4.2.8)对 A 求偏微商,即可求出 E_d 随 A 变化的斜率:

$$\frac{\partial E_d}{\partial A} = -16.29\,\frac{1}{A^{4/3}} - 371.20\,\frac{Z}{A^2}\left(1-\frac{2Z}{A}\right) - 0.952\,\frac{Z}{A^{4/3}}\left(1-\frac{4Z}{3A}\right) \tag{4.2.9}$$

由于式中每项都是负的,所以斜率为负值,即 E_d 随 A 的增大而变小。

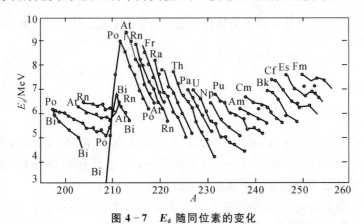

图 4-7　E_d 随同位素的变化

由图可见,在 $A=209 \sim 213$ 的范围内,对于 Bi,Po,At 和 Rn 等同位素的规律与式(4.2.9)预言的相反,斜率出现了正值。这与前面讨论类似,这种分歧说明了液滴模型的局限性,需要考虑原子核的壳层结构才能解释。

三、衰变能和衰变常数的关系

早在 20 世纪初,人们对天然 α 放射性作了大量的实验工作,测量了许多原子核放射出来的 α 粒子的能量和半衰期,发现衰变能和衰变常量之间存在着一定的相互依赖关系。1911年,盖革(Geiger)和努塔尔(Nuttall)总结成如下式表示的经验定律:

$$\lambda = aR^{57.5} \tag{4.2.10}$$

式中 λ 为衰变常量,R 是 α 粒子在空气中的射程,a 对同一个天然放射系而言是一常量。

由于射程和能量之间有以下经验关系:

$$R \propto E^{3/2} \tag{4.2.11}$$

所以式(4.2.10)可改写为

$$\lambda = a'E^{86.25} \tag{4.2.12}$$

或者写作

$$\lg \lambda = A + 86.25\lg E \tag{4.2.13}$$

式中 a' 与 A 均为常量。

应该指出,盖革-努塔尔定律有很大的近似性,这是由于当时实验技术的限制造成的。但是,从式(4.2.12)可见,衰变常量 λ 随 α 粒子能量的改变而剧烈地变化这一趋势是正确的。

表 4-3 中列出了某些天然 α 放射性原子核的数据。由表可见,衰变能越大衰变常量也越大,而且衰变常量对衰变能的依赖非常剧烈,当衰变能从 4.27 MeV 变到 8.95 MeV 时,即变化了 2.1 倍,衰变常量则从 $4.9 \times 10^{-18}\,\mathrm{s}^{-1}$ 变为 $2.3 \times 10^{-6}\,\mathrm{s}^{-1}$,即变化了 10^{24} 倍。这就是说,衰变能的微小改变却引起了衰变常量的巨大变化。

表 4-3 一些 α 放射核的数据

α 放射核	E_d/MeV	$T_{1/2}$	λ/s^{-1}
^{238}U	4.27	4.468×10^9 a	4.9×10^{-18}
^{226}Ra	4.86	1.60×10^3 a	1.4×10^{-11}
^{210}Po	5.40	1.384×10^2 d	5.8×10^{-8}
^{222}Rn	5.58	4.824 d	2.1×10^{-6}
^{214}Po	7.83	1.64×10^4 s	4.2×10^3
^{212}Po	8.95	4.0×10^{-7} s	2.3×10^6

后来,人们积累了更多更为精确的实验材料,说明衰变常量不仅与能量有关,而且与原子序数有关。当用半衰期的对数对 α 粒子的能量(或能量的平方根)作图时,对各种元素可以得到一系列有规则的曲线。图 4-8 表示了八种元素的偶偶核的实验结果,图中只画出了从基态至基态的 α 衰变的实验数据。由图可见,除了 Em(Rn)的两个同位素和 Po 的三个同位素外,同一元素的实验点都落在同一条直线上。它们所表示的半衰期和衰变能的关系可写成

$$\lg T_{1/2} = bE_d^{-1/2} - a \tag{4.2.14}$$

利用半衰期和衰变常量之间的关系 $T_{1/2} = \dfrac{0.693}{\lambda}$,式(4.2.14)可改写为

$$\lg \lambda = A - BE_d^{-1/2} \tag{4.2.15}$$

式中 a,b 或 A,B 对同一元素是常量,但对不同元素则不同。

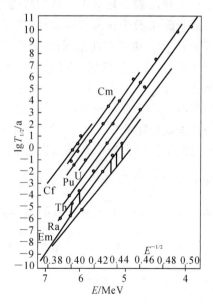

图 4-8 半衰期和 α 粒子能量的关系

对奇 A 核和奇奇核也可作类似于图 4-8 的图示,但实验点偏离直线的情况就更为严重。这种偏离与原子核结构的详情有关,是有待进一步研究的问题。

第三节　α衰变的基本理论

上面提到,衰变常量和衰变能之间有强烈的依赖关系。怎样解释这种现象？这牵涉到 α 衰变的机制问题,就是说,α粒子是怎样从原子核中发射出来的？

一、α粒子与原子核的相互作用

假设核内存在 α 粒子,而且在高速度地运动着。核内的 α 粒子与其他核子之间主要存在着两种作用力:核力和库仑力。前者为吸引力,后者为排斥力,而且核力大大超过库仑力。由于核力是短程力,因而可以认为,α 粒子在核内所受的力近似地达到平衡,从而合力为零,于是想象 α 粒子在核内可以自由地高速度地运动。这是 α 粒子在核内的情形。当 α 粒子跑到核的边界时,由于下面要讨论的库仑势垒的阻挡,在一般情况下,不会跑到核外去,而被子核的核力拉向核内,只有很小的概率能穿透库仑势垒跑到核外。如果 α 粒子一旦脱离了原子核,它与子核之间的相互作用——核力就完全消失了,剩下的主要是库仑相互作用。

当用势能来表示上述相互作用随距离的变化时,就得到如图 4-9 所示的势能曲线。图中 r 表示 α粒子与子核之间的距离,R 为子核和 α 粒子的半径之和,α 粒子相对于子核的势能用 $V(r)$ 表示。衰变前,α 粒子在母核内运动,这时 r 的变化范围为 $r<R$。由于在此范围内,α 粒子所受的力达到平衡,因此势能曲线可用水平线表示。设此势能为一常量 V_0。当 $r=R$ 时,即 α 粒子处于核的边界时,α 粒子受一很强的向核心的吸引力,所以势能曲线很陡上升。当 $r>R$ 时,由于 α 粒子与子核之间的作用力为库仑排斥力,因此势能遵从

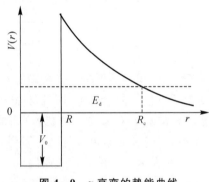

图 4-9　α衰变的势能曲线

规律 $V(r)=\dfrac{Z_1 Z_2 e^2}{4\pi\varepsilon_0 r}$,$Z_1$ 和 Z_2 分别为 α 粒子和子核的电荷数,即 $Z_1=2$,$Z_2=Z-2$,Z 为母核电荷数。这样,α 粒子相对于子核的势能为

$$V(r)=\begin{cases} -V_0 & \text{当 } r>R \text{ 时} \\ \dfrac{2(Z-2)e^2}{4\pi\varepsilon_0 r} & \text{当 } r>R \text{ 时} \end{cases} \tag{4.3.1}$$

二、库仑势垒

由图 4-9 可见,α粒子处于母核核内时,势能曲线像一个深井,称为势阱,V_0 叫作势阱的深度。势能曲线在母核的外围高高突起,像个壁垒,称为库仑势垒。$r=R$ 处,势垒最高,此值称为库仑势垒高度,或简称库仑势垒。根据式(4.3.1),子核对于 α 粒子的库仑势垒高度

$$V_c = V(R) = \frac{Z_1 Z_2 e^2}{4\pi\varepsilon_0 R} = \frac{Z_1 Z_2 e^2}{4\pi\varepsilon_0 r_0 (A_1^{1/3} + A_2^{1/3})} \tag{4.3.2}$$

式中 A_1 和 A_2 分别表示子核和 α 粒子的质量数。显然,对于任何两个原子核,设其电荷数和质量数分别为 Z_1,A_1 和 Z_2,A_2,则两核相互作用的库仑势垒高度

$$V_c = \frac{Z_1 Z_2 e^2}{4\pi\varepsilon_0 r_0 (A_1^{1/3} + A_2^{1/3})} \tag{4.3.3}$$

式中,r_0 一般取值 1.45×10^{-13} cm。用能量单位 MeV 表示库仑势垒高度时,式(4.3.3)可近似地简写为

$$V_c \approx \frac{Z_1 Z_2}{A_1^{1/3} + A_2^{1/3}} \tag{4.3.4}$$

应该指出,根据式(4.3.1),α 粒子相对于子核的势能曲线在 $r=R$ 的地方有突变。但是实际上,由于在原子核的边界上,α 粒子所受的吸引力不是突然产生和消失的,而是在边界附近存在着一个很窄的过渡区,在这过渡区内,α 粒子所受的吸引力从零变到最大,从最大再变到零,因此,在 R 附近的势能曲线应该与图中所示的稍有不同,但这种改变对我们讨论的问题影响不大。

三、经典理论的困难

前已指出,α 粒子的能量一般在 $(4 \sim 9)$ MeV 范围,例如 $^{212}_{84}\text{Po}(\text{ThC}')$ 的 α 衰变能为 8.95 MeV。但是,利用式(4.3.2)算出 $^{212}_{84}\text{Po}$ α 衰变时的库仑势垒高度 V_c 为 22 MeV,比 α 衰变能 8.95 MeV 要大得多。从经典观点看,α 衰变能比库仑势垒低的现象是不能理解的。因为 α 粒子要从核内发射出来,这就要求 α 衰变能大于势垒高度。这可以从衰变过程中能量守恒的角度来分析。只有当 α 粒子和子核分离为足够远(严格讲,应为无限远)时,衰变能 E_d 才等于 α 粒子的动能与子核反冲能之和。当 α 粒子与子核分离得不够远时,衰变能并不完全以动能的形式出现,而一部分是以势能 $V(r)$ 的形式出现,即

$$E_d = E_k + E_Y + V(r)$$

其中,E_k,E_Y 分别表示 α 粒子和子核的功能。显然,只有 $E_k + E_Y > 0$,即 $E_d > V(r)$ 的地方,α 粒子才有可能存在。从图 4-9 可见,由于衰变能小于势垒高度,在 r 从 R 到 R_c 这段范围内,$E_d < V(r)$,则 $E_k + E_Y < 0$,即 α 粒子和子核的动能之和为负值,这是不可思议的。于是从经典观点看,α 粒子在 $R < r < R_c$ 的范围内不可能存在,这意味着粒子不能从核中跑出来。所以,根据经典力学,α 衰变不能发生。

既然 α 衰变是客观存在的现象,而经典力学与 α 衰变的存在相矛盾,这只能说明经典力学的适用范围有它的局限性。实践表明,由 20 世纪 20 年代建立起来用来描述微观粒子运动的量子力学,能成功地描述 α 衰变的基本过程。

四、α 衰变的库仑势垒贯穿理论

1928 年,早在中子和裂变发现以前,加莫夫(G. Gamow)就用量子力学的隧道效应成功解释了 α 衰变现象,这是量子力学早期的重要成就之一。由量子力学知道,微观粒子具有一定

的概率能够穿透势垒,这种现象称为"隧道效应"。根据"隧道效应",经典力学所不能解释的 α 衰变就成为可能了。

按量子力学的势垒穿透理论,α 粒子穿透势垒的概率为

$$P = e^{-G} = \exp\left\{-\frac{2}{\hbar}\int_R^{R_c}\sqrt{2\mu\left[V(r) - E_d\right]}\,dr\right\} = \exp\left\{-\frac{2}{\hbar}\int_R^{R_c}\left[2\mu\left(\frac{Z_1 Z_2 e^2}{4\pi\varepsilon_0 r} - E_d\right)\right]^{1/2}dr\right\}$$

(4.3.5)

式中,μ 为 α 粒子与子核的折合质量,R_c 可由图 4-9 确定,$E_d = V(R_c) = \dfrac{Z_1 Z_2 e^2}{4\pi\varepsilon_0 R_c}$,于是

$$R_c = \frac{Z_1 Z_2 e^2}{4\pi\varepsilon_0 E_d}$$

(4.3.6)

下面,从式(4.3.5)出发,推导出衰变常量 λ 和能量 E_d 的关系。

由式(4.3.5)和式(4.3.6),可得

$$G = \frac{2}{\hbar}\int_R^{R_c}\left[2\mu\left(\frac{Z_1 Z_2 e^2}{4\pi\varepsilon_0 r} - E_d\right)\right]^{1/2}dr = \frac{2\sqrt{2\mu E_d}}{\hbar}\int_R^{R_c}\left(\frac{R_c}{r} - 1\right)^{1/2}dr$$

(4.3.7)

对积分号下作变量变换,令

$$x = \arccos\left(\frac{r}{R_c}\right)^{1/2}$$

4.3.8

则式(4.3.7)成为

$$G = \frac{2R_c\sqrt{2\mu E_d}}{\hbar}\left[x(R) - \frac{1}{2}\sin 2x(R)\right] = \frac{2R_c\sqrt{2\mu E_d}}{\hbar}\psi\left(\frac{R}{R_c}\right)$$

(4.3.9)

其中

$$\psi\left(\frac{R}{R_c}\right) = \arccos\left(\frac{R}{R_c}\right)^{1/2} - \left(\frac{R}{R_c} - \frac{R^2}{R_c^2}\right)^{1/2}$$

(4.3.10)

可见 G 是 $\left(\dfrac{R}{R_c}\right)$ 的函数,也就是 $\left(\dfrac{E_d}{V_c}\right)$ 的函数,使用时可查图表。

式(4.3.9)在一级近似下可以简化。由于 $\left(\dfrac{E_d}{V_c}\right)$ 或 $\left(\dfrac{R}{R_c}\right)$ 通常不大于 $\dfrac{1}{3}$,则在一级近似下

$$\psi\left(\frac{R}{R_c}\right) \approx \frac{\pi}{2} - 2\left(\frac{R}{R_c}\right)^{1/2}$$

(4.3.11)

因而式(4.3.9)成为

$$G = \frac{2R_c\sqrt{2\mu E_d}}{\hbar}\left[\frac{\pi}{2} - 2\left(\frac{R}{R_c}\right)^{1/2}\right]$$

(4.3.12)

当 $\dfrac{E_d}{V_c} \ll 1$ 时,式(4.3.12)进一步简化为

$$G = \frac{\pi R_c\sqrt{2\mu E_d}}{\hbar} = \frac{Z_1 Z_2 e^2}{2\varepsilon_0 \hbar v}$$

(4.3.13)

其中 v 是 α 粒子的速度。

为了便于和实验作比较,式(4.3.12)可写为

$$G = \frac{\sqrt{2\mu}(Z-2)e^2}{2\hbar\varepsilon_0\sqrt{E_d}} - \frac{4e\left[\mu(Z-2)R\right]^{1/2}}{\sqrt{\pi\varepsilon_0}\,\hbar}$$

(4.3.14)

于是 α 粒子穿透势垒的概率成为

$$P = \exp\left\{ -\frac{\sqrt{2\mu}(Z-2)e^2}{2\varepsilon_0 \hbar \sqrt{E_d}} + \frac{4e\left[\mu(Z-2)R\right]^{1/2}}{\sqrt{\pi\varepsilon_0}\,\hbar} \right\} \qquad (4.3.15)$$

因为衰变常量 λ 是单位时间内发生 α 衰变的概率,所以它应等于 α 粒子在单位时间内碰撞势垒的次数 n 与穿透概率 P 的乘积:

$$\lambda = nP \qquad (4.3.16)$$

令 R' 为母核半径,v 为 α 粒子在母核内运动的速度,则

$$n = \frac{v}{2R'} \qquad (4.3.17)$$

把式(4.3.15)和式(4.3.17)代入式(4.3.16),就得衰变常量 λ 与能量 E_d 的关系式

$$\lambda = \frac{v}{2R'}\exp\left\{ -\frac{\sqrt{2\mu}(Z-2)e^2}{2\varepsilon_0 \hbar \sqrt{E_d}} + \frac{4e\left[\mu(Z-2)R\right]^{1/2}}{\sqrt{\pi\varepsilon_0}\,\hbar} \right\} \qquad (4.3.18)$$

或写作对数形式:

$$\lg\lambda = \lg\frac{v}{2R'} - \left\{ \frac{\sqrt{2\mu}(Z-2)e^2}{2\varepsilon_0 \hbar \sqrt{E_d}} - \frac{4e\left[\mu(Z-2)R\right]^{1/2}}{\sqrt{\pi\varepsilon_0}\,\hbar} \right\}\lg e =$$

$$\lg\frac{v}{2R'} - \frac{\sqrt{2\mu}(Z-2)e^2}{4.6\varepsilon_0 \hbar \sqrt{E_d}} + \frac{4e\left[\mu(Z-2)R\right]^{1/2}}{2.3\sqrt{\pi\varepsilon_0}\,\hbar} = A - BE_d^{-1/2} \qquad (4.3.19)$$

其中

$$A = \lg\frac{v}{2R'} + \frac{4e\left[\mu(Z-2)R\right]^{1/2}}{2.3\sqrt{\pi\varepsilon_0}\,\hbar} \qquad B = \frac{\sqrt{2\mu}(Z-2)e^2}{4.6\varepsilon_0 \hbar}$$

由式(4.3.18)可见,$\frac{v}{2R'}$ 与 G 因子相比,可视为常量。从而 A,B 对同一元素可视为常量。

这样,由 α 衰变理论得到的式(4.3.19)和对偶偶核得出的实验规律式(4.2.15)完全一样。

公式(4.3.18)成功地解释 α 衰变的一些规律,特别是对偶偶核基态之间的 α 衰变,定量上符合得相当好。但是,对其他情形,尤其是奇奇核的 α 衰变,理论和实验数据的比较在定量上出现了严重分歧。这是由于上述计算中所做的简化假设所致。首先,推导公式(4.3.18)时假设 α 粒子在 α 衰变前就存在于核内。实际情况可能不是这样,而是 α 粒子在衰变过程中才形成的。若设形成 α 粒子的概率为 k,那么由式(4.3.16)有

$$\lambda = knP = k\frac{v}{2R'}P \qquad (4.3.20)$$

其中 k 称为形成因子。由于 $k \leqslant 1$,于是依 k 值的不同,α 衰变就有可能出现不同程度的禁戒。而 k 值的大小与原子核结构有密切关系,两者之间的联系规律如何,至今还没有了解清楚,这是有待进一步研究的问题。其次,上述计算中还忽视了两个细节:① 没有涉及衰变初态和末态的波函数;② 没有考虑 α 粒子所带走的轨道角动量 l_a。实际上,α 粒子的穿透概率与 l_a 以及原子核初、末态的自旋、宇称变化有关。

从公式(4.3.18)还可看到,R 的变化对 λ 的影响很灵敏;反之,λ 的改变对 R 的影响很小,所以一个粗略的 λ 值可以较准确地决定 R 值。这样,实验测得 α 衰变的能量和衰变常量后,利用式(4.3.18)可以较准确地计算出 R。用这种方法得到的原子核半径在 10^{-12} cm 量级,与用其他方法得到的结果基本一致。

五、α 衰变的角动量和宇称

上述讨论中,我们忽略了 α 粒子带走的轨道角动量,但对偶偶核基态之间的 α 衰变,公式 (4.3.18) 定量上符合得相当好。这是因为基态偶偶核 α 衰变的初、末态核的自旋均为零,α 粒子不带走角动量。实际上,初态核的自旋 I_i 和末态核的自旋 I_f 可以不为零,此时 α 粒子带走的角动量不为零。由于 α 粒子的自旋为零,因此在 α 衰变中,α 粒子带走的角动量纯粹是相对运动轨道角动量 l_a。由角动量守恒

$$I_i = I_f + l_a \qquad (4.3.21)$$

l_a 只能取

$$l_a = I_i + I_f, I_i + I_f - 1, \cdots, |I_i - I_f| \qquad (4.3.22)$$

设初态核的宇称为 π_i,末态核的宇称为 π_f,由宇称守恒

$$\pi_i = \pi_f (-1)^{l_a} \qquad (4.3.23)$$

可得初、末态的宇称变化为

$$\pi_i \pi_f = (-1)^{l_a} \qquad (4.3.24)$$

初、末态宇称相同,l_a 必取偶数;反之,取奇数。α 衰变不是任意进行的,要满足角动量和宇称守恒,因此有些 α 衰变是禁戒的。

前面说过,母核(初态)可以通过 α 衰变到子核的不同能级状态(末态),不同末态对应的 α 衰变的分分支强度是不同的,依赖于初、末态的波函数以及轨道角动量 l_a。这个轨道角动量使薛定谔方程中增加了一项离心势 $V_l = \dfrac{l(l+1)^2}{2\mu r^2}$。$V_l$ 的出现增加了势垒的高度、加宽了势垒的厚度,因此减少了 α 穿透势垒的概率。

第四节　质子及重粒子放射性

现在来讨论与 α 衰变很类似的一些问题。从能量守恒看,原子核不但可能自发地放射出 α 粒子,而且也有可能自发地放射出中子、质子或其他核子集团。事实上,对于丰中子核素,当其中质比远大于稳定核的中质比时,最后一个中子的结合能可能成为负值,于是它将自发地放射出中子,这是一种瞬发过程。至于所谓缓发中子,乃是处于激发态的原子核发射的中子,该激发态是某母核 β^- 衰变所形成的。所以缓发中子的半衰期实际上就是母核 β^- 衰变的半衰期。缓发中子现象将在后续内容详细讨论,这里仅对质子放射性和重离子放射性作一简要介绍。

一、质子放射性

对于普通的核素,最后一个质子的结合能总是正的,即对放射质子是稳定的。但处于 Z 为横轴 N 为纵轴的核素图右下方的原子核,当它们远离 β 稳定线时,它们的中质比远小于稳定核的中质比,最后一个质子的结合能有可能出现负值,因而可以自发地放射出质子。它与自

发放射中子不同,不是瞬发过程,而与 α 衰变类似,由于库仑势垒的阻挡,具有一定的半衰期。所以,质子放射性也叫质子衰变。

质子衰变的理论和 α 衰变类似,通过质子穿透势垒概率的计算,可以得到质子衰变的半衰期。一般它比 α 衰变的半衰期要短得多。质子放射体都具有 β^+ 放射性或轨道电子俘获的竞争过程,从而它们的半衰期与竞争过程衰变概率的大小有关。

与缓发中子类似,也存在缓发质子的现象,它是从 β^+ 衰变或轨道电子俘获所形成的子核激发态上发射的质子,它的半衰期首先取决于母核 β^+ 衰变或轨道电子俘获的半衰期,同时也与质子穿透势垒所需的时间有关。实验上第一次观察到缓发质子现象是在 1962 年,该实验利用 130 MeV 的 ^{20}Ne 粒子轰击 Ni 和 Ta 靶,生成了缓发质子体 ^{17}Ne,这是实验上观测到质子放射性的第一个事例。至今人们已发现了几十个缓发质子体,为核能级特性的研究开辟了新的途径。

实验上第一次观测到原子核直接发射质子的现象是在 1970 年。在实验中,利用 35MeV 的质子去轰击 ^{54}Fe,生成 ^{53}Co 的同核异能态 ^{53m}Co。它是一个质子直接发射体,虽然它的主要衰变方式是 β^+ 衰变,但也存在分支比为 1.5% 的质子发射方式。在后一方式中,^{53m}Co 放出能量为 1.59 MeV 的质子后变为 ^{52}Fe 的基态,这一衰变方式的半衰期约为 17 s。

1982 年首次在实验上观测到基态核的质子衰变。该实验利用重离子 ^{58}Ni 束轰击 ^{96}Ru 靶生成基态质子衰变核 ^{151}Lu。^{151}Lu 是一个十分缺中子的核素,比稳定核素 ^{175}Lu 缺 24 个中子。也就是说,它是一个十分丰质子的核素,其最后一个质子结合能为负值。从能量上看,它是极不稳定的,但由于库仑势垒的阻挡,最后一个质子还能勉强维系在核内,质子只有通过势垒穿透跑到核外。该核发射出的质子能量为 1.23 MeV,半衰期约为 0.1 s。后来,随着实验技术的发展,先后又发现了 22 个从基态或同核异能态发射质子的核,它们是 ^{147}Tm,^{147m}Tm,^{109}I,^{113}Cs,^{112}Cs,^{146}Tm,^{146m}Tm,^{150}Lu,^{156}Ta,^{156m}Ta,^{160}Re,^{105}Sb,^{157}Ta,^{161m}Re,^{161}Re,^{165m}Ir,^{166m}Ir,^{166}Ir,^{167m}Ir,^{167}Ir,^{171m}Au 和 ^{185m}Bi。质子放射性的研究对提供质子滴线附近的核结构信息有重要意义。

有些原子核,只发射一个质子的能量条件并不满足,但从对能考虑,可以同时放出两个质子。原子核同时自发发射两个质子的现象,称为双质子放射性。例如,在轻核范围内,^{6}Be,^{8}C,^{12}O,^{16}Ne 和 ^{19}Mg 等可能具有双质子放射性。一般的双质子放射体,不是由于寿命过短,就是由于质子能量太低,或是由于其他竞争衰变的影响,实验上很难观测到。1995 年有人观测到 ^{12}O 的双质子放射性。计算表明,在中等重量的原子核范围,也存在双质子放射性的可能性。它们可以利用重粒子核反应形成。例如,利用 $^{40}_{20}$Ca 轰击器 $^{40}_{20}$Ca 可生成 $^{76}_{40}$Zr;用 $^{58}_{28}$Ni 轰击 $^{58}_{28}$Ni 可生成 $^{112}_{56}$Ba。$^{76}_{40}$Zr 和 $^{112}_{56}$Ba 可能是双质子放射体。对双质子放射性的实验研究,比单质子放射性有可能提供更多的知识。通过质子能谱和角关联的测量,将可能给出有关势垒形状和成对质子相互作用的知识。

二、重粒子放射性

原子核自发地放射出重粒子的现象,称为重粒子放射性。重粒子是指比 α 粒子更重的粒子。自从 1896 年贝克勒尔发现放射性直至 1984 年,人们一直只知道 α,β,γ 和质子放射性。为什么长期以来没有观察到重粒子放射性呢?原因有两个。一个是从能量考虑可自发发射重粒子者,几乎都具有 α 放射性。重离子穿透势垒的概率一般比 α 粒子穿透概率要小。更重要的原因是原子核中不大可能有重粒子集团结构。如果重粒子被原子核发射出来,则很可能是在衰变过程中形成的。而重粒子的形成概率一定比 α 粒子的形成概率小得多。因此,重粒子放射性是不容易发现的。随着粒子甄别技术的发展,尤其是选择合适的固体径迹探测器,对重粒子放射性的实验探索成为可能。北京大学卢希庭教授曾预言存在碳粒子放射性的可能性,而且指出,选择 ^{224}Ra 和 ^{223}Ra 作为研究对象也许是最有希望的。果然,1984 年英国科学家罗斯(H. J. Rose)和琼斯(G. A. Jones)首先发现了 ^{223}Ra 具有碳粒子放射性。他们利用半导体探测器粒子鉴别技术在 189 d 中观察到 ^{223}Ra 发射的 11 个 ^{14}C 粒子的计数。其衰变方式如下:

$$^{223}_{88}\text{Ra} \longrightarrow ^{209}_{82}\text{Pb} + ^{14}_{6}\text{C}$$

而且测得相对 α 粒子的分支比为$(8.5\pm2.5)\times10^{-10}$。随后,他们的结果被苏联、法国、美国和中国的研究组所证实。美国小组利用固体径迹探测器还首次发现 ^{224}Ra 和 ^{222}Ra 的 ^{14}C 放射性。从此,揭开了实验研究重粒子放射性的新篇章。至今,已发现从 ^{221}Fr 至 ^{238}Pu 共有 18 种核具有重粒子放射性。被发射的重粒子有 ^{14}C, ^{20}O, ^{23}F, ^{22}Ne, ^{24}Ne, ^{28}Mg, ^{30}Mg 和 ^{32}Si 等,部分衰变半衰期从 10^{11} s 直至 10^{27} s,相对于 α 衰变的分支比很小,在 $10^{-10}\sim10^{-17}$ 范围。

重粒子放射性的研究可以提供重粒子发射机制和核结构的信息。有关理论处理大致分两类:放射性衰变和自发裂变。前者遇到的困难是预形成概率的计算,后者的困难是难以解释重粒子能谱的单一性。这些问题只有依靠更多的实验事实和理论研究逐步加以解决。

习 题

1.实验测得 ^{210}Po 的 α 粒子能量为 5 301 keV,试求其衰变能。

2.利用核素质量,计算 ^{226}Ra 的 α 衰变能和 α 粒子的动能。

3.$^{211}_{83}$Bi 衰变至 $^{207}_{81}$Tl,有两组 α 粒子,其能量分别为 $E(\alpha_0)=6\ 621$ keV,$E(\alpha_1)=6\ 274$ keV。前者相应为母核基态衰变至子核基态,后者相应为母核基态衰变至子核的激发态。试求子核 $^{207}_{81}$Tl 激发态的能量,并画出此衰变纲图。

4.$^{218}_{84}$Po α 衰变至 $^{214}_{82}$Pb,已知 α 粒子的动能 E_k 为 5.988 MeV,试计算反冲核 $^{214}_{82}$Pb 的动能,并求出 α 衰变能 E_d。

5.一块质量为 0.5 kg 的核燃料纯 ^{239}Pu,试计算这块核燃料存放时由于 α 衰变放出的功率为多少瓦(W)。

6.试计算 α 粒子对于 $^{20}_{10}$Ne,$^{112}_{50}$Sn,$^{238}_{92}$U 的库仑势垒,设 $r_0=1.45$ fm。

7.已知 ThC′($^{212}_{84}$Po)对于基本 α 粒子组($E_0=8.785$ MeV)的半衰期为 3×10^{-7} s,试计算激发核 ThC′ 对于发射长射程 α 粒子($E_3=10.55$ MeV)的平均寿命。在计算时假定 α 粒子碰撞势垒的次数,在激发核内和在非激发核内都是相同的。

8.试计算:(1) ^{223}Ra 发射 ^{14}C 的动能 E_k 和库仑势垒 V_c;(2)^{53m}Co 发射质子的动能 E_k 和库仑势垒 V_c。

9.利用结合能的半经验公式,推导出原子核发射质子的衰变能随 Z,A 变化的关系式。

10.为什么能量低于 2 MeV 和高于 9 MeV 的 α 放射性很难探测到?

11.为什么基态偶偶核 α 衰变时能量最大的 α 粒子强度最大?而奇 A 核的就不一定?

12.有没有 α 稳定线?为什么?

第五章 β 衰 变

β衰变是指原子核自发地放射出β粒子或俘获一个轨道电子而发生的转变。β粒子是电子和正电子的统称。电子和正电子，它们的质量相同，电荷的大小也相等，但电荷符号相反。原子核衰变时，放出电子的过程称为β⁻衰变；放出正电子的过程称为β⁺衰变。另外，还有一种β衰变过程，即原子核从核外的电子壳层中俘获一个轨道电子，这叫作轨道电子俘获。俘获K层电子，叫作K俘获。俘获L层电子，叫作L俘获。其余类推。由于K层电子最靠近原子核。因而一般K俘获的概率最大。

β衰变的半衰期大致分布在 10^{-2} s～10^{18} a 的范围内，发射出粒子的能量最大为几个 MeV。β衰变与α衰变不同，它不仅在重核范围内能发生，在全部周期表的范围内都存在β放射性核素。因此，对β衰变的研究比α衰变的研究更为重要。

第一节 连续β能谱与中微子假设

一、β谱的连续性

前已指出，α衰变时发射出来的α粒子的能谱是分立的，这正反映了原子核能级的量子特性，表明原子核的能量状态是分立的。但是，无数实验指出，β粒子的能谱与α粒子能谱不同，不是分立的而是连续的，即β衰变时放射出来的β射线，其强度随能量的变化为连续分布。

通常用来测量β能谱的实验装置是β磁谱仪。它的基本原理与前章所述的α磁谱仪相同，即利用带电粒子在磁场中的偏转来测定它的能量。所不同的是，β粒子的质量比α粒子的质量轻得多，因而它的速度比相同能量的α粒子的速度要大得多。例如，同样为 4 MeV 的能量，α粒子的速度约为光速 c 的 5%，而β粒子的速度却为光速 c 的 99.5%，可见β粒子的速度接近光速。因此，在处理β粒子的有关问题时，必须考虑相对论效应。

根据相对论，β粒子的总能量 E 与动量 p 有如下关系：

$$E^2 = c^2 p^2 + m_e^2 c^4 \tag{5.1.1}$$

式中，m_e 为电子的静止质量，c 为光速。

于是，β粒子的动能

$$T = E - m_e c^2 = (c^2 p^2 + m_e^2 c^4)^{1/2} - m_e c^2 \tag{5.1.2}$$

由前章式(4.1.2)可得

$$p = eB\rho \tag{5.1.3}$$

其中 e 为β粒子的电荷。

将此式代入式(5.1.2)，则得

$$T = [c^2 e^2 (B\rho)^2 + m_e^2 c^4]^{1/2} - m_e c^2 \tag{5.1.4}$$

如果 T 用 keV 做单位，$B\rho$ 用 T·m 做单位，则式(5.1.4)可写成

$$T = 511.00\{[3441.8 \times 10^2 (B\rho)^2 + 1]^{1/2} - 1\} \tag{5.1.5}$$

式中 511.00 是用 keV 做单位的电子静止能量。

由式(5.1.4)或式(5.1.5)可见，实验上测得 $B\rho$ 后，即可求得 β 粒子的动能 T。

图 5-1 所示是实验测得的 β 能谱的一般情形。由图可见：①β 粒子的能量是连续分布的；②有一确定的最大能量 E_m；③曲线有一极大值，即在某一能量处，强度最大。

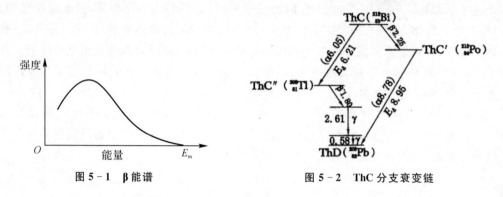

图 5-1 β 能谱

图 5-2 ThC 分支衰变链

二、β 衰变与能量守恒定律的"矛盾"

β 粒子能量的连续分布现象在早期是很难理解的。因为大量事实证明，核衰变过程中放出的 α 射线和 γ 射线的能量是分立的，它与原子核的分立的能量状态相适应。既然 β 粒子也是从原子核中射出的，那么它的能量好像也应该是分立的。但是，如上所述，实验上发现的 β 能谱是连续分布的，而且无数实验表明，最大能量 E_m 正好等于衰变能。ThC 分支衰变链的实验是一个很好的例子。ThC($^{212}_{83}$Bi)同时具有 β 和 α 衰变(见图 5-2)，β 衰变的子体为 ThC′($^{212}_{84}$Po)，α 衰变的子体为 ThC″($^{208}_{81}$Tl)。这两个分支分别通过 α 衰变和 β 衰变及 γ 跃迁，汇合于同一个第二代子体 ThD($^{208}_{82}$Pb)。显然，这两个分支衰变链的能量释放是应该相等的，即两个分支的总衰变能相等。如果取 β 谱的最大能量作为 β 衰变能，则以上条件可以满足。事实上，经 ThC′分支的总衰变能为

$$2.25 \text{ MeV} + 8.95 \text{ MeV} = 11.20 \text{ MeV}$$

经 ThC″分支的总衰变能为

$$6.21 \text{ MeV} + 1.80 \text{ MeV} + 2.61 \text{ MeV} + 0.58 \text{ MeV} = 11.20 \text{ MeV}$$

两者正好相等。这就说明 β 谱的最大能量 E_m 正好等于衰变能，β 谱中的其他能量都比这个衰变能小。于是产生了一个严重的问题：β 衰变中如何满足能量守恒定律？

为了解决上述困难，曾经提出过一些假说：

1)在 β 衰变中，母核首先通过放出 β 粒子跃迁到子核的许多不同能级上，然后子核通过释放 γ 光子由激发能级跃迁到基态。如果子核的能级很多，那么就可得到连续的电子谱和射线谱。但是实验指出，伴随 β 衰变发射的 γ 射线不是连续谱，而是分立谱，而且有些 β 衰变根本不发射 γ 射线。

2)设想 β 粒子刚从核中射出时具有相同的能量 E_m，但它在行进的路程中与放射源本身和

周围介质的轨道电子相互作用的结果,把部分能量交给了轨道电子,即损失了部分能量。有的β粒子能量损失多,有的损失少。因此,出现了β粒子能量的连续分布。为了检验这个假说是否正确,曾做了如下量热实验:把β放射源 RaE($^{210}_{83}$Bi)放在厚壁的量热器中,精确地测量β衰变时产生的热量。如果以上假说正确,那么量热器中测量到的每次衰变的能量,就应该是β粒子的最大能量 E_m,因量热器测到的能量也应包括β粒子交给轨道电子的那部分。但实验结果否定了以上假说,量热器测得的每次衰变放出的能量是 0.337 MeV,与β谱的平均值 0.331 MeV 相符合,而与最大能量 1.170 MeV 相差很远。

上述两个假说的被否定似乎表明:β衰变过程中的能量关系是与能量守恒定律相矛盾的。为了解决这一矛盾,在各种假说失败的情况下,泡利(W. Pauli)于 1930—1933 年间提出了β衰变放出中微子的假说,成功地解决了上述矛盾,并为以后的实验所证实。

三、中微子假设

泡利的中微子假说:原子核在β衰变过程中,不仅放出一个β粒子,还放出一个不带电的中性粒子,它的质量小得几乎为零,所以叫作中微子,用符号 ν 表示。有了中微子假说,以上困难就迎刃而解了。这时β衰变过程中的动量守恒、能量守恒牵涉到三个物体(β粒子、中微子和反冲核),而不是两个物体。由于三个物体从一点分离时,它们之间的角度关系可以出现各种情况,都满足动量守恒,即保持三者的矢量之和为零:$\boldsymbol{p}_\beta + \boldsymbol{p}_\nu + \boldsymbol{p}_R = 0$,如图 5-3 所示。此处 $\boldsymbol{p}_\beta$,$\boldsymbol{p}_\nu$ 和 $\boldsymbol{p}_R$ 分别表示β粒子、中微子和反冲核的动量。从而三者之间的能量分配也可以出现各种情况,β粒子的能量从 $0 \sim E_m$ 之间都可能出现。下面考虑两种极端情况。

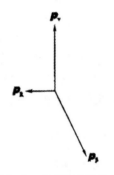

图 5-3 β衰变中诸粒子间的动量关系

1)β粒子和反冲核的动量大小相等方向相反,即 $\boldsymbol{p}_\beta = -\boldsymbol{p}_R$。显然,这时 $\boldsymbol{p}_\nu = 0$。于是衰变能

$$E_d = E_\beta + E_R + E_\nu = E_\beta + E_R \tag{5.1.6}$$

其中 E_β,E_R 和 E_ν 分别表示β粒子、反冲核和中微子的动能。

另外

$$E_R = \frac{p_R^2}{2m_R} = \frac{p_\beta^2}{2m_R} = \frac{(E_\beta + 2m_e c^2)E_\beta}{2m_R c^2} \tag{5.1.7}$$

其中 m_R 和 m_e 分别表示反冲核和电子的质量。

将式(5.1.7)代入式(5.1.6),

$$E_d = E_\beta + \frac{(E_\beta + 2m_e c^2)E_\beta}{2m_R c^2} = E_\beta\left(1 + \frac{E_\beta}{2m_R c^2} + \frac{m_e}{m_R}\right) \approx E_\beta \tag{5.1.8}$$

即此时β粒子的动能大约等于衰变能。

2)中微子和反冲核的动量大小相等方向相反,即 $\boldsymbol{p}_\nu = -\boldsymbol{p}_R$。显然,这时 $\boldsymbol{p}_\beta = 0$,所以 $E_\beta = 0$。

对于一般情况,β粒子的动能介于上述两种极端情况之间,而得到 $E_\beta = 0 \sim E_m$ 的连续分布。

中微子是不带电的,而且质量和磁矩都几乎等于零,所以在量热器的实验中,它能透过量热器的厚壁而逃跑,量热器测到的能量只是 β 粒子的平均能量。至于反冲核的能量,与 β 粒子的平均能量相比可以忽略不计。

四、中微子的性质

根据实验和理论考虑,可以得出中微子的一些基本性质。

(1)静止质量 m_v。

近期的实验表明,中微子静止能量的上限为 15 eV,在 β 衰变理论中,可近似地看成为零。因此,它的速度与光速相同,能量 E_v 与动量 p_v 之间的关系为

$$E_v = c p_v \tag{5.1.9}$$

(2)电荷 $q_v = 0$。

由于 β 衰变的母子体是相邻的同量异位素,同时衰变过程只放出一个 β 粒子或吸收一个轨道电子,为保持衰变过程电荷守恒,中微子的电荷应为零。

(3)自旋 $I_v = 1/2$。

β 衰变中母子核的质量数不变,则母子核的自旋必同为半整数或整数。由于 β 粒子(即普通的电子或正电子)的自旋为 1/2,为保持角动量守恒,中微子的自旋必为半整数,而且实验表明,只能是 1/2。例如下列衰变:

$$^{14}O \longrightarrow {}^{14}N + \beta^+ + v \tag{5.1.10}$$
$$自旋: 0 \qquad 0 \qquad 1/2$$

按角动量守恒和 β 谱形分析,中微子的自旋 I_v 只能为 1/2。

(4)遵从费米统计。

β 衰变中,母、子核的质量数不变,则母核和子核的统计性相同。因电子是费米子,为保持统计性守恒,中微子必为费米子。

(5)磁矩 μ_v。

实验没有测得中微子的磁矩,其上限不超过 $10^{-6} \mu_N$。

(6)螺旋性(helicity)$H = \pm 1$(此式指 H 的本征值为 ± 1)。

螺旋性的定义如下:

$$H = \frac{\boldsymbol{p} \cdot \boldsymbol{\sigma}}{|\boldsymbol{p}||\boldsymbol{\sigma}|} \tag{5.1.11}$$

式中 $\boldsymbol{p}$ 和 $\boldsymbol{\sigma}$ 分别表示粒子的动量和自旋。理论和实验表明,中微子的螺旋性 $H = \pm 1$。所以,中微子有两种螺旋性(见图 5-4)。$H = +1$ 者称为反中微子,用符号 $\bar{v}$ 表示,其自旋方向与运动方向相同,即属于右旋粒子(运动方向与右手螺丝相同);$H = -1$ 者就称为中微子,用 v 表示,其自旋方向与运动方向相反,即属于左旋粒子(运动方向与左手螺旋相同)。$\bar{v}$ 和 v 互为粒子和反粒子。实验证明,β^- 衰变放出的是反中微子 $\bar{v}$,β^+ 衰变和轨道电子俘获过程放出的是中微子 v。

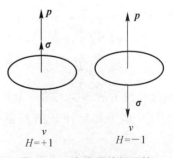

图 5-4　中微子的螺旋性

除上述性质外,中微子不仅在 β 衰变中产生,而且在其他许多基本粒子衰变中也会出现,其性质与 β 衰变的中微子有所不同。

五、中微子存在的实验证明

1. 间接证明

中微子的存在,后来为许多实验所证实。由于中微子与物质的作用概率很小,不易直接观察,大部分用来证明中微子存在的实验都是间接的。有的间接实验是测量 β 粒子和反冲核之间的角度关系。它的基本思想是这样:如果 β 衰变时只发射 β 粒子,不发射中微子,那么按动量守恒原理,β 粒子只能在反冲核的相反方向上才能探测到。如果 β 衰变时也发射出中微子,那么不仅在反冲核的相反方向上,而且在其他方向上也可能探测到 β 粒子。实验结果指出,β 粒子和反冲核的方向不是恰恰相反,这就表明一定有第三个粒子同时发出。进一步测量 β 粒子和反冲核的动量或能量,根据动量守恒和能量守恒定律就能确定第三个粒子的动量和能量,从而可以求出它的质量。用这种方法测得的中微子的静止质量几乎为零。

另一种间接实验是测量 K 俘获过程反冲核的能量。K 俘获的终态只有两个物体(中微子和反冲核),所以它们的能量都是单一的,根据动量守恒以及中微子的能量近似等于衰变能 E_d,则反冲核的动能

$$E_R = \frac{p_R^2}{2m_R} = \frac{p_\nu^2}{2m_R} = \frac{E_d^2}{2m_R c^2} \tag{5.1.12}$$

式中 m_R 为反冲核的质量。注意分母是两倍反冲核的静止能,其数量级一般大于 10^4 MeV,而分子 E_d 一般为 MeV 数量级,所以反冲能 E_R 通常不到 100 eV。这对测量技术要求较高。正因为如此,反冲实验尽量采用轻核进行,以便获得尽可能大的反冲能。这种用轨道电子俘获过程探测中微子的方法,是我国物理学家王淦昌于 1941 年提出的,并于 1942 年发表在美国的物理评论(Phys. Rev.)上。根据这种方法,1952 年,戴维斯(R. Davis)研究了 $^7_4$Be 的 K 俘获:

$$^7_4\text{Be} + e_K^- \longrightarrow ^7_3\text{Li} + \nu + 0.86 \text{ MeV} \quad (E_R = 56 \text{ eV}) \tag{5.1.13}$$

实验结果与发射中微子的结果是一致的。

2. 直接证明——自由中微子的记录

上述间接证明的实验,只能说明中微子的存在及其质量近似于零。它不能提供关于中微子的更多知识。为了研究中微子的一些重要特性(如与物质的相互作用截面和螺旋性等),人们进行了艰巨的实验工作。莱尼斯(F. Reines)和柯文(C. L. Cowan)研究了中微子与物质的相互作用截面。实验工作于 1953 年开始,于 1959 年获得了比较满意的结果。

中微子与物质的作用是极弱的,据理论估计,它与一般原子核的作用截面 σ 只有约 10^{-44} cm^2 数量级。物质的原子密度 n 通常为约 10^{23} cm^{-3},所以中微子在普通物质中的平均自由程

$$l = \frac{1}{n\sigma} \approx \frac{1}{10^{23} \times 10^{-44}} \text{cm} = 10^{21} \text{cm} = 10^{16} \text{km}$$

比地球直径(约 1.3×10^4 km)大亿万倍。这表明中微子可以横贯地球通行无阻。因此,探测中微子需要庞大而又高灵敏度的设备。

莱尼斯和柯文实验的原理是利用中子衰变($\text{n} \longrightarrow \text{p} + \text{e}^- + \bar{\nu}$)的逆过程:

$$\bar{\nu} + p \longrightarrow n + e^+ \tag{5.1.14}$$

即反中微子被质子俘获后产生中子和正电子。若实验能探测到这过程中同时产生的中子和正电子,则就直接证明了中微子的存在。记录了单位时间该事件发生的数目,就能获得反中微子与质子相互作用截面的大小。为了得到足够大的计效率,一方面需要强大的反中微子源和大体积的质子靶,另一方面需要有高效率和高灵敏的探测器。实验中利用高功率反应堆来产生强大的反中微子流。反应堆中的裂变碎片具有级联的 β^- 衰变,因此可放出大量反中微子(平均每次裂变放出 6.1 个)。实验装置由两个质子靶和三个液体闪烁探测器组成,位于距离反应堆 15 m 远的地下室中。为了进一步降低本底,整个系统用厚铅层屏蔽。质子靶为装在 200 L 的大水槽中的 $CdCl_2$ 水溶液。每个液体闪烁探测器包含有 1 400 L 的液体闪烁体,各用 110 个 5 英寸(1 英寸=2.54 cm)口径的光电倍增管来记录每个闪烁体中产生的闪光。整个系统的工作原理如图 5-5 所示。反中微子射入水靶 A,若被靶中的质子俘获,则产生正电子和中子。正电子很快在水靶中损失掉全部动能。于是与靶中电子湮没产生一对能量为 0.511 MeV 的 γ 光子,它们分别同时在闪烁体 1 和 2 中产生闪光,这一过程大约为 10^{-9} s。另一方面,与正电子同时产生的中子,在水中慢化后被镉吸收,放出几个 γ 光子,其总能量为 9.1 MeV,这些光子也在闪烁体 1 和 2 中产生闪光,这一过程大约为 10^{-5} s。闪烁体 1 和 2 中产生的闪光被光电倍增管收集转化为电信号,经过精密的电子学仪器输入到双线示波器。为了保证记录的高灵敏度,还采用反符合技术来降低本底,因而示波器的荧光屏上只显示出以下信号的组合:从闪烁体 1 和 2 道来的一对能量为 0.511 MeV 的湮没辐射信号,接着相隔大约 10^{-5} s 后给出总能量为 9.1 MeV 的辐射俘获信号。这样,$\bar{\nu}$ 被质子俘获的现象,令人信服地得到了证明。

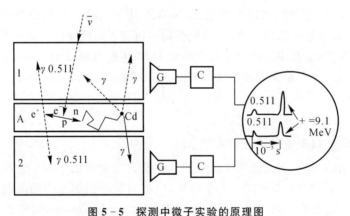

图 5-5 探测中微子实验的原理图

G—光电倍增管; C—电子学线路

反中微子与质子的作用截面可由下式计算:

$$\sigma = \frac{R}{3\ 600 N \Phi \varepsilon_\beta \varepsilon_n} \tag{5.1.15}$$

其中,R 为每小时测得的事件数,N 为靶中质子数,Φ 为反中微子注量率,ε_β 和 ε_n 分别表示 β^+ 和中子的探测效率。实验测得 $R \approx (36 \pm 4)\ h^{-1}$,$N = 8.3 \times 10^{28}$,$\varepsilon_\beta \approx 0.85 \pm 0.05$,$\varepsilon_n \approx 0.10 \pm 0.02$,并按每次裂变放出 6.1 个反中微子计算出 $\Phi \approx 1.3 \times 10^{13}\ cm^{-2} \cdot s^{-1}$。将这些数据代入式(5.1.15)可得

$$\sigma_{\text{exp}} = (1.10 \pm 0.26) \times 10^{-43} \text{ cm}^2 \tag{5.1.16}$$

此结果与理论值 σ_{th} 完全一致：

$$\sigma_{\text{th}} = (1.07 \pm 0.07) \times 10^{-43} \text{ cm}^2 \tag{5.1.17}$$

第二节　β 衰变的费米理论

在中微子假说提出后不久,1934 年费米(E. Fermi)基于中微子假说和实验事实建立了 β 衰变理论,成功地解释了实验上所观察到的 β 谱的形状、半衰期和能量的关系。以后的理论虽有很大发展,但基本思想是一致的。

一、费米理论的基本思想

费米认为,β 衰变的本质在于原子核中的一个中子转变成质子,或者是一个质子转变成中子,而中子和质子可以看作是同一核子的两个不同的量子状态。它们之间的相互转变,就相当于核子从一个量子状态跃迁到另一个量子状态。在跃迁过程中,放出电子和中微子。所以,β 粒子是核子的不同状态之间跃迁的产物,事先并不存在于核内,正像原子发光的情形,光子是原子不同状态之间跃迁的产物,事先并不存在于原子内部一样。按照费米理论,β 衰变可表示为

$$\begin{cases} \beta^- \text{衰变}: n \longrightarrow p + e^- + \bar{\nu} \\ \beta^+ \text{衰变}: p \longrightarrow n + e^+ + \nu \\ \text{EC}: p + e^- \longrightarrow n + \nu \end{cases}$$

费米理论是与原子发光理论类比产生的。引起原子发光的是电磁相互作用,这种相互作用人们已经研究得比较清楚,它是电磁场与轨道电子间的相互作用。作用的结果使原子不同状态之间引起跃迁,因而产生电磁辐射,即原子发光。类比原子发光,费米提出 β 衰变是电子-中微子场与原子核的相互作用。作用的结果使核子不同状态之间引起跃迁,发射出电子、中微子。所以,原子发光和 β 衰变,两者的相互作用不同,前者是电磁相互作用,后者是一种弱相互作用。

二、β 衰变概率公式

下面来推导 β 衰变的概率公式。严格的理论需要场论,这里仅仅是一个示意的推导。

根据量子力学的微扰论,单位时间发射一动量在 p 到 $p + \mathrm{d}p$ 间 β 粒子的概率可表示为

$$I(p)\mathrm{d}p = \frac{2\pi}{h} \left| \int \psi_f^* \hat{H} \psi_i \mathrm{d}\tau \right|^2 \frac{\mathrm{d}n}{\mathrm{d}E} \tag{5.2.1}$$

式中 ψ_i 为始态波函数,始态只有一个母核,设其波函数为 u_i,即 $\psi_i = u_i$;ψ_f 为终态波函数,终态有三个粒子,即子核、β 粒子和中微子,设其波函数分别为 u_f、ϕ_β 和 ϕ_v,由于它们之间的相互作用很弱,因而有 $\psi_f = u_f \phi_\beta \phi_v$;$\dfrac{\mathrm{d}n}{\mathrm{d}E}$ 为单位能量间隔的终态数目;$\hat{H}$ 为 β 相互作用算符。

在费米理论中,简单地假定 $\hat{H}$ 等于常量 g。与电磁场的相互作用常量 e 相类比,g 是描写电子-中微子场与核子的相互作用常量,这是一种弱相互作用,因此称 g 为弱相互作用常量。

于是,式(5.2.1)可写成

$$I(p)\mathrm{d}p = \frac{2\pi g^2}{\hbar} \left| \int u_f^* \varphi_\beta^* \varphi_\nu^* u_i \mathrm{d}\tau \right|^2 \frac{\mathrm{d}n}{\mathrm{d}E} \tag{5.2.2}$$

假定发射出来的 β 粒子、中微子与子核间的作用很弱,则可以近似地把 β 粒子和中微子看作自由粒子,并以平面波来描写它们,即

$$\phi_\beta^* = V^{-1/2}\exp\left(-\mathrm{i}\boldsymbol{k}_\beta \cdot \boldsymbol{r}\right) \tag{5.2.3}$$

$$\phi_\nu^* = V^{-1/2}\exp\left(-\mathrm{i}\boldsymbol{k}_\nu \cdot \boldsymbol{r}\right) \tag{5.2.4}$$

式中 V 是归一化体积,$\boldsymbol{k}_\beta$ 和 $\boldsymbol{k}_\nu$ 分别是 β 粒子和中微子的波矢量。

把式(5.2.3)和式(5.2.4)代入式(5.2.2),得

$$I(p)\mathrm{d}p = \frac{2\pi g^2}{V^2} \left| M_{if} \right|^2 \frac{\mathrm{d}n}{\mathrm{d}E} \tag{5.2.5}$$

其中 $M_{if} = \int u_f^* u_i^* \exp\left[-i(\boldsymbol{k}_\beta + \boldsymbol{k}_\nu) \cdot \boldsymbol{r}\right]\mathrm{d}\tau$ 称为跃迁矩阵元。

现在来计算单位能量间隔的终态数目 $\dfrac{\mathrm{d}n}{\mathrm{d}E}$。终态数目为子核、β 粒子和中微子的状态数的乘积。对某一确定的 β 衰变,子核的状态数是 1。至于 β 粒子,按照量子统计理论,体积 V 中动量在 p 到 $p+\mathrm{d}p$ 之间的状态数

$$\mathrm{d}n_\beta = \frac{4\pi p^2 \mathrm{d}p}{(2\pi\hbar)^3}V$$

同样,中微子的状态数

$$n_\nu = \frac{4\pi p_\nu^2 \mathrm{d}p_\nu}{(2\pi\hbar)^3}V$$

所以,终态密度为

$$\frac{\mathrm{d}n}{\mathrm{d}E} = \frac{\mathrm{d}n_\beta \mathrm{d}n_\nu}{\mathrm{d}E} = \frac{16\pi^2 p^2 p_\nu^2 \mathrm{d}p\mathrm{d}p_\nu}{(2\pi\hbar)^6 \mathrm{d}E}V^2 = \frac{p^2 p_\nu^2 \mathrm{d}p\mathrm{d}p_\nu}{4\pi^4\hbar^6 \mathrm{d}E}V^2 \tag{5.2.6}$$

β 粒子与中微子的能量之和等于 β 粒子的最大能量 E_m,即

$$E + E_\nu = E_\mathrm{m}$$

E_m 对某一确定的 β 衰变是一常量,则

$$\mathrm{d}E = -\mathrm{d}E_\nu$$

若中微子的静止质量 $m_\nu = 0$,有 $E_\nu = cp_\nu$,$\mathrm{d}E_\nu = c\mathrm{d}p_\nu$,所以有

$$\mathrm{d}E = -c\mathrm{d}p_\nu \tag{5.2.7}$$

$$p_\nu = (E_\mathrm{m} - E)/c \tag{5.2.8}$$

注意式(5.2.7)中的负号表示中微子动量增加时,β 粒子能量减少,于是将式(5.2.7)代入式(5.2.6)时,可将负号略去。再将式(5.2.8)代入式(5.2.6),得

$$\frac{\mathrm{d}n}{\mathrm{d}E} = \frac{p^2 (E_\mathrm{m} - E)^2 \mathrm{d}p}{4\pi^4\hbar^6 c^3}V^2 \tag{5.2.9}$$

因此,式(5.2.5)成为

$$I(p)\mathrm{d}p = \frac{g^2 \left| M_{if} \right|^2}{2\pi^3\hbar^7 c^3} (E_\mathrm{m} - E)^2 p^2 \mathrm{d}p \tag{5.2.10}$$

这就是 β 衰变的概率公式。它表示单位时间发射动量在 p 到 $p+\mathrm{d}p$ 之间的 β 粒子相对数目随动量的分布。由于跃迁矩阵元 M_{if} 一般随 β 粒子能量的变化不甚剧烈,对有些跃迁,M_{if} 实际是常量,所以 β 粒子的动量分布取决于统计因子 $(E_\mathrm{m}-E)^2 p^2$。由图 5-6 可见,动量分布 $I(p)$ 在两端都以抛物线的形状下降为零,在中间有一极大值。这与实验结果基本一致。

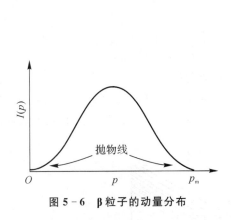

图 5-6 β 粒子的动量分布

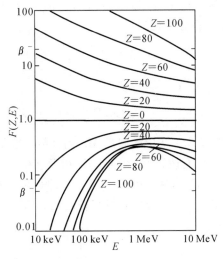

图 5-7 费米函数 $F(Z,E)$

注意,上面的推导中忽略了原子核的库仑场对发射 β 粒子的影响。这种影响对于高原子序数的核发射低能 β 粒子时尤其显著。考虑了库仑场的影响之后,式(5.2.10)的右边应乘上一个改正因子 $F(Z,E)$。它是子核电荷数 Z 和 β 粒子能量 E 的函数。通常称它为费米函数,或叫库仑改正因子。对费米函数的计算,一般相当复杂,应用时有现成的函数表或图(见图5-7)可查。如果 Z 值比较小,$F(Z,E)$ 在非相对论近似中可用一简单函数来表示:

$$F(Z,E)=\frac{x}{1-\mathrm{e}^{-x}} \tag{5.2.11}$$

其中 $x=\pm\dfrac{2\pi Zc}{137v}$,对 β^- 衰变取正号,对 β^+ 衰变取负号;v 为 β 粒子的速度。

考虑了库仑改正因子,β 粒子动量分布的最后表达式为

$$I(p)\mathrm{d}p=\frac{g^2\left|M_{if}\right|^2}{2\pi^3\hbar^7c^3}F(Z,E)(E_\mathrm{m}-E)^2p^2\mathrm{d}p \tag{5.2.12}$$

这是 β 衰变的基本公式。以后有关 β 衰变的跃迁分类、选择定则、β 谱形和半衰期等的讨论都将以此式作为出发点。有了库仑改正因子后的 β 能谱如图 5-8 所示。下面将指出,它与实验结果符合得很好。

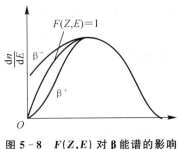

图 5-8 $F(Z,E)$ 对 β 能谱的影响

三、β 衰变常数 λ

公式(5.2.12)表示单位时间内发射一动量在 p 与 $p+\mathrm{d}p$ 之间的 β 粒子的概率,则单位时间内发射一动量从零到最大值 p_m 范围内的 β 粒子的总概率(即衰变常量 λ)可以通过对式(5.2.12)积分来得到:

$$\lambda = \frac{\ln 2}{T_{1/2}} = \int_0^{p_\mathrm{m}} I(p)\mathrm{d}p \approx \frac{m_\mathrm{e}^5 c^4 g^2 \mid M_{if} \mid^2}{2\pi^3 \hbar^7} f(Z, E_\mathrm{m}) \tag{5.2.13}$$

其中

$$f(Z, E_\mathrm{m}) = \int_0^{p_\mathrm{m}} F(Z, E) \left(\frac{E_\mathrm{m} - E}{m_\mathrm{e}c^2}\right)^2 \left(\frac{p}{m_\mathrm{e}c^2}\right)^2 \frac{\mathrm{d}p}{m_\mathrm{e}c} \tag{5.2.14}$$

注意,式(5.2.13)中已假定 M_{if} 与 β 粒子能量关系可以忽略。

知道库仑改正因子 $F(Z, E)$ 以及 β 粒子的最大能量 E_m,按式(5.2.14)通过数值积分即可求得 $f(Z, E_\mathrm{m})$,从而由式(5.2.13)即得衰变常量 λ 或半衰期 $T_{1/2}$。$f(Z, E_\mathrm{m})$ 值已制成曲线和表(例如图 5-9),应用时只要查阅图表即可。

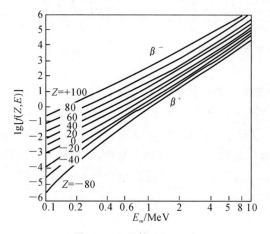

图 5-9 函数 $f(Z, E_\mathrm{m})$

(Z 的正负号分别表示 β^- 和 β^+ 衰变情形)

当 $E_\mathrm{m} \gg m_\mathrm{e}c^2$,并取 $f(Z, E) \approx 1$ 时,由式(5.2.14)容易求出

$$f(Z, E_\mathrm{m}) = 常量 \times E_\mathrm{m}^5 \tag{5.2.15}$$

从而

$$T_{1/2} \propto 1/E_\mathrm{m}^5 \quad 或 \quad \lambda \propto E_\mathrm{m}^5 \tag{5.2.16}$$

历史上曾把这一关系称为萨金特(Sargent)定律。

由式(5.2.16)可见,半衰期或跃迁概率与 β 粒子的最大能量有强烈的依赖关系。由于能量不同,即使对于同一类型的跃迁,例如均为超容许跃迁,半衰期可以相差 10^9,见表 5-1。所以,仅仅半衰期不能反映跃迁类型的特征。

表 5 - 1　一些超容许跃迁

衰 变 方 式	半衰期 $T_{1/2}/s$	$fT_{1/2}/s$
$_0^1\text{n} \xrightarrow{\beta^-} _1^1\text{H}$	637	1 115
$_1^3\text{H} \xrightarrow{\beta^-} _2^3\text{He}$	3.87×10^3	1 131
$_8^{14}\text{O} \xrightarrow{\beta^+} _7^{14}\text{N}$	71.36	3 127
$_{13}^{26\text{m}}\text{Al} \xrightarrow{\beta^+} _{12}^{26}\text{Mg}$	6.374	3 086
$_{17}^{34}\text{Cl} \xrightarrow{\beta^+} _{16}^{34}\text{S}$	1.565	3 140
$_{25}^{50}\text{Mn} \xrightarrow{\beta^+} _{24}^{50}\text{Cr}$	0.286	3 125

四、轨道电子俘获

轨道电子俘获的衰变概率的计算方法与 β 衰变的基本公式(5.2.12)的推导完全类似,但不同的有如下两点:

1) β 衰变概率的推导是在假定原子核放射出 β 粒子和中微子的情况下得到的,放出轻子的能量是连续的。而在轨道电子俘获过程中只有中微子放出,而且中微子的能量是单能的。

2) β 衰变中,电子波函数可以在不考虑核的库仑效应下近似地认为是平面波,而轨道电子俘获中,电子波函数是核库仑场下的束缚态波函数。

考虑到以上两点不同后,可以计算出容许跃迁(即出射电子、中微子的相对轨道角动量 $l = 0$ 的跃迁)K 俘获衰变概率

$$\lambda_{\text{K}} = \frac{m_{\text{e}}^5 c^4 g^2 |M_{if}|^2}{2\pi^3 \hbar^7} f_{\text{K}}(Z, W_v) \tag{5.2.17}$$

其中

$$f_{\text{K}}(Z, W_v) = 4\pi \left(\frac{Ze^2}{\hbar c}\right)^3 W_v^2 \tag{5.2.18}$$

$$\left(W_v = \frac{E_v}{m_{\text{e}} c^2} \right)$$

由式(5.2.17)和式(5.2.18)可见,K 俘获概率 λ_{K} 与原子序数 Z 的三次方成正比。这是因为:Z 越大,K 层电子轨道越小,越容易被原子核俘获。

我们知道,当衰变前后原子质量差大于 $2m_{\text{e}}c^2$(1.022 MeV),且母核的电荷数比子核的电荷数大 1 时,轨道电子俘获和 β^+ 衰变原则上可以同时发生。研究两者的概率之比 $\lambda_{\text{K}}/\lambda_\beta^+$ 可用来检验 β 衰变理论。对于容许跃迁,由式(5.2.13)和式(5.2.17)得

$$\frac{\lambda_{\text{K}}}{\lambda_\beta^+} = 4\pi \left(\frac{Ze^2}{c}\right)^3 W_v^2 / f(Z, E_{\text{m}}) \tag{5.2.19}$$

由此式可见,$\lambda_{\text{K}}/\lambda_\beta^+$ 与原子核矩阵元无关,因此,可以从理论上精确计算出它的数值,从而可以与实验测量值进行比较。表 5 - 2 列出了一些 $\lambda_{\text{K}}/\lambda_\beta^+$ 的理论和实验值。由表可见,除最后一个核的数据外,理论值和实验值一致。

表 5-2　一些 $(\lambda_{K}/\lambda_{\beta}^{+})$ 的理论和实验值

母　核	理论值 $(\lambda_{K}/\lambda_{\beta}^{+})_{th}$	实验值 $(\lambda_{K}/\lambda_{\beta}^{+})_{exp}$
^{18}F	0.029	0.030 ± 0.002
^{48}V	0.066	0.068 ± 0.02
^{52}Mn	1.77	1.81 ± 0.07
^{107}Cd	310	320 ± 30
^{111}Sn	1.5	2.5 ± 0.25

根据式(5.2.19),对某一确定的 Z 值可以计算出 lg $(\lambda_{K}/\lambda_{\beta}^{+})$ 随正电子最大能量的变化关系,如图 5-10 所示。

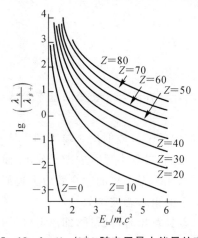

图 5-10　lg $(\lambda_{K}/\lambda_{\beta}^{+})$ 随电子最大能量的变化

由图可见,对于轻核,由于衰变能一般都较大, β^{+} 衰变的概率占压倒优势,很难观察到与 β^{+} 衰变同时产生的 K 俘获;对于重核,情况则相反,由于衰变能都较小,K 俘获概率可占压倒优势, β^{+} 衰变的概率则很小;在中等重量的原子核范围内,两者往往同时发生。这与实际情况完全相符。

第三节　跃迁分类和选择定则

一、跃迁分类

根据跃迁矩阵元 $|M_{if}|$ 的大小,可以将 β 跃迁进行分类。为此,把矩阵元中的指数项展为级数:

$$\exp\left[-i(\boldsymbol{k}_{\beta}+\boldsymbol{k}_{v})\cdot\boldsymbol{r}\right]=1-i(\boldsymbol{k}_{\beta}+\boldsymbol{k}_{v})\cdot\boldsymbol{r}-\frac{1}{2!}\left[(\boldsymbol{k}_{\beta}+\boldsymbol{k}_{v})\cdot\boldsymbol{r}\right]^{2}+\cdots \quad (5.3.1)$$

可以证明, $(\boldsymbol{k}_{\beta}+\boldsymbol{k}_{v})\cdot\boldsymbol{r}$ 一般在 $0.1 \sim 0.01$ 范围,比 1 小很多。于是用此级数代入 β 衰变

的基本公式(5.2.12)的矩阵元中时,级数的第一项对跃迁概率的贡献最大,依次递减。

也可以利用平面波展成球面波的公式得到同样的结论。

$$\exp\left[-\mathrm{i}(\boldsymbol{k}_\beta + \boldsymbol{k}_v)\cdot\boldsymbol{r}\right] = \sum_{l=0}^{\infty}(2l+1)(-\mathrm{i})^l\mathrm{J}_l\left[|(\boldsymbol{k}_\beta+\boldsymbol{k}_v)|\cdot|\boldsymbol{r}|\right]\mathrm{P}_l(\cos\theta) \quad (5.3.2)$$

式中 $\mathrm{J}_l\left[|(\boldsymbol{k}_\beta+\boldsymbol{k}_v)|\cdot|\boldsymbol{r}|\right]$ 是球贝塞尔函数,$\mathrm{P}_l(\cos\theta)$ 是勒让德多项式。因 $|(\boldsymbol{k}_\beta+\boldsymbol{k}_v)|\cdot|\boldsymbol{r}|\ll 1$,则有

$$\mathrm{J}_l\left[|(\boldsymbol{k}_\beta+\boldsymbol{k}_v)|\cdot|\boldsymbol{r}|\right]\approx\left[|(\boldsymbol{k}_\beta+\boldsymbol{k}_v)|\cdot|\boldsymbol{r}|\right]^l/(2l+1)!!$$

其中 $(2l+1)!! = 1\times 3\times 5\times\cdots\times(2l+1)$,于是式(5.3.2)成为

$$\exp\left[-\mathrm{i}(\boldsymbol{k}_\beta+\boldsymbol{k}_v)\cdot\boldsymbol{r}\right] = \sum_{l=0}^{\infty}\frac{(2l+1)(-\mathrm{i})^l}{(2l+1)!!}\left[|(\boldsymbol{k}_\beta+\boldsymbol{k}_v)|\cdot|\boldsymbol{r}|\right]^l\mathrm{P}_l(\cos\theta) \quad (5.3.3)$$

将式(5.3.3)代入式(5.2.12)的矩阵元中时,即得级数的第一项($l=0$)对跃迁概率的贡献最大,随 l 的增大而递减。

当第一项($l=0$ 项)有贡献时,称为容许跃迁。此时,跃迁矩阵元 $M_{if}\approx\int u_f^* u_i\,\mathrm{d}\tau\equiv M$,它与轻子(即电子和中微子)的能量或动量无关,仅与跃迁前后原子核的状态有关。所以,也称 M 为原子核矩阵元。

如果级数的第一项在计算矩阵元时贡献为零,跃迁的概率就要小得多,这种跃迁称为禁戒跃迁。禁戒跃迁又分为几类:如果第二项($l=1$ 项)贡献是主要的,称为一级禁戒跃迁;如果第二项的贡献为零,第三项($l=2$ 项)的贡献成为主要的,称为二级禁戒跃迁;其余类推。所以,容许跃迁可以理解为主要发射 s 波的轻子,一级禁戒跃迁主要发射 p 波的轻子,二级禁戒跃迁主要发射 d 波轻子……

由于 $(\boldsymbol{k}_\beta+\boldsymbol{k}_v)\cdot\boldsymbol{r}$ 在 0.1～0.01 范围,因而一级禁戒跃迁概率比容许跃迁概率小几个数量级,而二级的又比一级的小几个数量级……级次越高,跃迁概率越小。

二、选择定则

类似于原子跃迁中的选择定则,β 衰变也须服从一定的选择定则。选择定则可以分析衰变过程中有关守恒定律而得。

1. 容许跃迁的选择定则

根据角动量守恒

$$I_i = I_f + s + l \quad (5.3.4)$$

s 和 l 分别代表轻子的自旋角动量和轨道角动量。

对于容许跃迁,$l=0$,则式(5.3.4)成为

$$I_i = I_f + s \quad (5.3.5)$$

轻子自旋等于电子自旋和中微子自旋之和:

$$s = s_\mathrm{e} + s_v$$

电子和中微子的自旋均为 1/2,按角动量耦合规则,轻子的自旋(电子和中微子的总自旋)只有两种可能性:要么等于 0,此时电子和中微子的自旋反平行,即为独态;要么等于 1,此时电子和中微子的自旋平行,即为三重态。

根据式(5.3.5),可知:

1)电子和中微子的自旋反平行时,有

$$I_i = I_f$$

所以

$$\Delta I = I_i - I_f = 0 \tag{5.3.6}$$

2)电子和中微子的自旋平行时,有

$$I_i = I_f + 1, \quad I_f, \quad I_f - 1$$

所以

$$\Delta I = I_i - I_f = 1,\ 0,\ -1 \quad (0 \to 0\ 跃迁除外) \tag{5.3.7}$$

式(5.3.6)称为费米选择定则,简称为 F 选择定则;相应的跃迁称为 F 跃迁;相应的 β 相互作用称为 F 相互作用。式(5.3.7)称为伽莫夫–泰勒(Gamov–Teller)选择定则,简称为 G–T 选择定则;相应的跃迁称为 G–T 跃迁;相应的 β 相互作用称为 G–T 相互作用。

因此,容许跃迁遵从以下选择定则:

$$\left.\begin{array}{c} \Delta I = 0, \pm 1 \\ \Delta \pi = +1 \end{array}\right\} \tag{5.3.8}$$

ΔI 代表衰变前后原子核(母核和子核)的自旋变化,即母核自旋与子核自旋之差 $\Delta I = I_i - I_f$; $\Delta \pi$ 代表母核与子核的宇称变化,即母核宇称与子核宇称之积 $\Delta \pi = \pi_i \pi_f$,所以 $\Delta \pi = +1$ 表示母核与子核宇称相同,$\Delta \pi = 1$ 表示母核与子核的宇称相反。

例如 ${}_1^3\text{H} \xrightarrow{\beta^-} {}_2^3\text{He}$。${}_1^3\text{H}$ 的 $I = \frac{1}{2}$,$\Delta \pi = +1$;${}_2^3\text{He}$ 的 $I = \frac{1}{2}$,$\Delta \pi = +1$。于是 $\Delta I = 0$,$\Delta \pi = +1$,所以此跃迁为容许跃迁。

比较式(5.3.6)和式(5.3.7)可以看出:$0 \to 0$ 跃迁只可能是 F 跃迁,即纯 F 跃迁,例如 ${}_8^{14}\text{O} \xrightarrow{\beta^+} {}_7^{14}\text{N}$,其自旋和宇称的变化是 $0^+ \to 0^+$,所以是 F 型的容许跃迁;$\Delta I = \pm 1$ 的跃迁是纯 G–T 跃迁,例如 ${}_2^6\text{He} \xrightarrow{\beta^-} {}_3^6\text{Li}$,其自旋和宇称变化是 $0^+ \to 1^+$,所以是 G–T 型容许跃迁;$\Delta I = 0, I_i = I_f \neq 0$ 的跃迁则是 F 跃迁与 G–T 跃迁的混合,例如中子衰变 $\text{n} \xrightarrow{\beta^-} \text{p}$,其自旋和宇称变化是 $\frac{1}{2}^- \to \frac{1}{2}^+$,则此衰变中 F 跃迁和 G–T 跃迁均有。

关于宇称选择定则,对于 β 衰变不能简单地根据宇称守恒定律而得出。这是因为 β 衰变中宇称是不守恒的,这一点将在本章第五节中详细讨论。但是,在非相对论处理中,β 衰变中原子核宇称的变化可以认为等于轻子带走的轨道宇称,即

$$\pi_i = \pi_f (-1)^l \tag{5.3.9}$$

其中 l 为轻子带走的轨道角动量。则由式(5.3.9)得 β 衰变的宇称选择定则

$$\Delta \pi = \pi_i \pi_f = (-1)^l \pi_f^2 = (-1)^l \tag{5.3.10}$$

对于容许跃迁,轻子带走的轨道角动量 $l = 0$,则得容许跃迁的宇称选择定则是

$$\Delta \pi = +1$$

2. 禁戒跃迁的选择定则

根据式(5.3.4)和式(5.3.10)不难得出禁戒跃迁的选择定则。

对于一级禁戒跃迁,$l = 1$。当电子和中微子的自旋反平行时,即 F 型跃迁时,按式

(5.3.4),有

$$I_i = I_f + 1, \quad I_f, \quad I_f - 1$$

则得角动量选择定则

$$\Delta I = I_i - I_f = 0, \pm 1 \quad (0 \to 0 \text{ 跃迁除外}) \tag{5.3.11}$$

式(5.3.11)和式(5.3.7)在形式上完全一样,但其实质却不同。式(5.3.11)属于 F 型跃迁,式(5.3.7)属于 G - T 型跃迁。重要的是必须同时考虑宇称选择定则。按式(5.3.10),对一级禁戒跃迁,有

$$\Delta \pi = -1 \tag{5.3.12}$$

可见,它与容许跃迁是不同的。

当电子和中微子的自旋平行时,即为 G - T 型跃迁时,则按式(5.3.4),对一级禁戒跃迁有

$$I_i = I_f + 2, \ I_f + 1, \ I_f, \ I_f - 1, \ I_f - 2$$

所以此时角动量选择定则

$$\Delta I = I_i - I_f = 0, \pm 1, \pm 2 \tag{5.3.13}$$

把式(5.3.11)、式(5.3.13)和式(5.3.12)结合在一起,最后得一级禁戒跃迁的选择定则是

$$\left.\begin{array}{l} \Delta I = 0, \pm 1, \pm 2 \\ \Delta \pi = -1 \end{array}\right\} \tag{5.3.14}$$

注意从上面讨论可以看出,对 $\Delta I = \pm 2$ 和 $0 \to 0$ 的一级禁戒跃迁是纯 G - T 型跃迁,其他情形则是 F 型与 G - T 型相混合的。

对于二级禁戒跃迁,$l = 2$。与上述讨论完全类似,可以得出二级禁戒跃迁的选择定则如下:

$$\left.\begin{array}{l} \Delta I = \pm 2, \pm 3 \\ \Delta \pi = +1 \end{array}\right\} \tag{5.3.15}$$

其中 $\Delta I = \pm 3$ 的二级禁戒跃迁是纯 G - T 型跃迁,其他情形则是混合跃迁。

应该指出,如果单从角动量守恒考虑,$\Delta I = 0, \pm 1$ 情形也可以产生二级禁戒跃迁。结合宇称选择定则 $\Delta \pi = +1$ 一起考虑,此时必能发生容许跃迁。由于二级禁戒跃迁比容许跃迁弱很多,从而完全可以忽略 $\Delta I = 0, \pm 1$ 的二级禁戒跃迁。

对于二级以上的禁戒跃迁,与二级禁戒跃迁的讨论完全相同,可以得出 n 级禁戒跃迁的选择定则如下:

$$\left.\begin{array}{l} \Delta I = \pm n, \pm (n + 1) \\ \Delta \pi = (-1)^n \end{array}\right\} \tag{5.3.16}$$

$\Delta I = \pm (n + 1)$ 的 n 级禁戒跃迁是纯 G - T 型跃迁,其他情形则是混合跃迁。

下面举一些禁戒跃迁的例子。

1)一级禁戒跃迁:$^{39}_{18}\text{Ar} \xrightarrow{\beta^-} {}^{39}_{19}\text{K}(7/2^- \to 3/2^+)$,$^{111}_{47}\text{Ag} \xrightarrow{\beta^-} {}^{111}_{48}\text{Cd}(1/2^- \to 1/2^+)$,$^{113m}_{48}\text{Cd} \xrightarrow{\beta^-} {}^{113}_{49}\text{In}(11/2^- \to 9/2^+)$。

2)二级禁戒跃迁:$^{59}_{26}\text{Fe} \xrightarrow{\beta^-} {}^{59}_{27}\text{Co}(3/2^- \to 7/2^-)$,$^{10}_{4}\text{Be} \xrightarrow{\beta^-} {}^{10}_{5}\text{B}(0^+ \to 3^+)$。

3)三级禁戒跃迁:$^{87}_{37}\text{Rb} \xrightarrow{\beta^-} {}^{87}_{38}\text{Sr}(3/2^- \to 9/2^+)$,$^{40}_{19}\text{K} \xrightarrow{\beta^-} {}^{40}_{20}\text{Ca}(4^- \to 0^+)$。

4)四级禁戒跃迁:$^{115}_{49}\text{In} \xrightarrow{\beta^-} {}^{115}_{50}\text{Sn}(9/2^+ \to 1/2^+)$。

四级以上的禁戒跃迁,由于它们的跃迁概率实在太小,至今在实验上还没有观察到。

三、比较半衰期

由式(5.2.13)可见,衰变常熟 λ 除了与核跃迁矩阵元有关外,还与子核的原子序数 Z,初涉电子的最大动能 E_m 有关。因此,仅仅由 λ 值(或半衰期 $T_{1/2}$)是不能反映核跃迁矩阵元的情况,也就无法反映出不同跃迁类型的特征。为此,我们引入比较半衰期。

由式(5.2.13)可得

$$f(T_{1/2}) \approx \frac{2\pi^3 \hbar^7 \ln 2}{m_e^5 c^4 g^2 |M_{if}|^2} \tag{5.3.17}$$

$f(T_{1/2})$ 称为比较半衰期。由式(5.3.17)可见,$f T_{1/2}$ 值与跃迁矩阵元的绝对值平方 $|M_{if}|^2$ 成反比,而 $|M_{if}|^2$ 的大小对容许跃迁和不同级次的禁戒跃迁有很大差别,从而 $f T_{1/2}$ 值可用来比较跃迁的级次。这就是称 $f(T_{1/2})$ 为比较半衰期的由来。

因为 $f(T_{1/2})$ 值都是很大的数,而且变化范围很广,所以通常使用 $\lg f(T_{1/2})$ 值,其中 $f(T_{1/2})$ 是取秒作单位时的数值。一般衰变纲图中分支比后面括号中的数即为 $\lg f(T_{1/2})$ 值。表 5-3 列出了各级跃迁的 $\lg f(T_{1/2})$ 值的大致范围。

表 5-3 各级跃迁的 $\lg f(T_{1/2})$ 值

跃迁级次	$\lg f(T_{1/2})$
超容许跃迁	$2.9 \sim 3.7$
容许跃迁	$4.4 \sim 6.0$
一级禁戒(非唯一型)	$6 \sim 9$
一级禁戒(唯一型)	$8 \sim 10$
二级禁戒	$10 \sim 13$
三级禁戒	$15 \sim 180$

以上划分是不严格的,只是指出了大致范围。但由实验测得 $\lg f(T_{1/2})$ 值后依据这个大致分类对于判断跃迁级次很有用处。

第四节 丘 里 描 绘

定量地考察实验上测得的 β 谱与理论公式(5.2.12)是否符合,就可对 β 衰变的费米理论作局部的检验。 为了进行实验与理论的比较,一个比较方便的方法乃是观察函数 $[I(p)/Fp^2]^{1/2}$ 对于 E 的线性关系,公式(5.2.12)可改写为

$$[I(p)/(Fp^2)]^{1/2} = K(E_m - E) \tag{5.4.1}$$

式中 $K = g|M_{if}|/(2\pi^3 c^{37})^{1/2}$。从实验上测得 β 粒子的动量分布,来作 $[I(p)/(Fp^2)]^{1/2}$ 对 E 的图,看它是否一条直线,就可对理论和实验进行比较。用这种方法来表示实验结果的图,称为丘里描绘(Kurie Plot,或库里厄图)。现在分别对容许跃迁和禁戒跃迁的丘里描绘讨论如下。

一、容许跃迁的丘里描绘

对于容许跃迁，跃迁矩阵元近似等于原子核矩阵元，即 $M_{if} = M \equiv \int u_f^* u_i d\tau$，它与 β 粒子的能量无关。此时，式(5.4.1)中的

$$K = g|M_{if}|/(2\pi^3 c^3 \hbar^7) \, 1/2 = g|M|/(2\pi^3 c^3 \hbar^7)^{1/2} = \text{常量}$$

因此丘里描绘使得 β 能谱的实验结果画成一条直线。这不仅便于与理论进行比较，而且可以比较精确地确定 β 谱的最大能量 E_m。这是丘里描绘的独到之处。如果利用普通的 β 能谱曲线来确定 β 谱的最大能量，那将是十分困难的。因为普通的 β 能谱曲线在最大能量处与横轴相切，在切点附近，计数率很低，误差很大，所以不能精确地找到切点，从而不能精确地求得 β 谱的最大能量。可是，利用丘里描绘就克服了上述困难。这时 β 谱的最大能量 E_m 由直线与横轴的交点来确定。即使 β 谱曲线高能尾端的计数率很低，误差很大，这也无妨，利用直线外推仍然可以比较准确地求出 E_m。

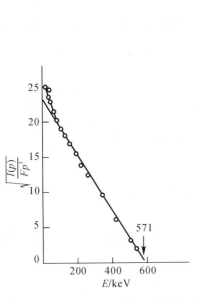

图 5-11 ^{64}Cu 的 β$^-$ 谱的丘里描绘

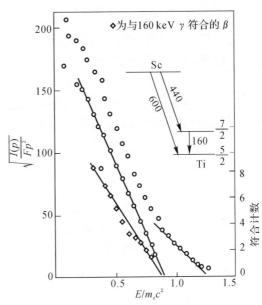

图 5-12 ^{47}Sc 的 β$^-$ 谱的丘里描绘

图 5-11 所示是 ^{64}Cu 的 β$^-$ 谱的丘里描绘。由图中直线与横轴的交点求得 β 谱的最大能量 $E_m = 571$ keV。可以看到，由最大能量直至 100 keV 处，实验点完全落在一条直线上，说明理论和实验符合得很好。但是，低能部分的实验结果和理论直线有偏离。这是由于放射源的自吸收和散射等因素引起的。为了减小源的自吸收和散射等影响，放射源需要做得尽量薄。可是放射源太薄，也会带来不利的影响。例如，计数率会很低，在高能部分更是如此，这将增大确定最大能量 E_m 的误差。因此放射源厚度的选择需要根据具体实验要求而定。

丘里描绘也可用来对复杂的 β 谱进行分解。在一般情况下，β 衰变往往由母核的基态衰变到子核的几个不同的能态，这时就会发射出最大能量不同的几组 β 粒子来，这几组 β 粒子叠在一起的 β 谱称为复杂的 β 谱。复杂的 β 谱需要通过丘里描绘才能分解开。图 5-12 所示

是 $^{47}_{21}\text{Sc}$ 的 β^- 谱的丘里描绘。由于 $^{47}_{21}\text{Sc}$ 的衰变有两组 β 粒子，所以它的丘里描绘不是一条直线，而是一条折线。但是，对于任何容许型 β 衰变，不管 β 谱的成分多么复杂，总有一组 β 谱的能量最大，因而丘里描绘的高能部分总是直线。对于 $^{47}_{21}\text{Sc}$ 的丘里描绘也是这样。如图所见，折线的右端为一直线，将此直线部分向低能方面延长即得第一组 β 谱的丘里描绘，并由此可以推算出第一组 β 谱的分布 $I_1(p)\mathrm{d}p$。再由差 $I_2(p)=I(p)-I_1(p)$ 可以作出第二组 β 谱的丘里描绘。这样就可以分别求出两组 β 谱的最大能量为 600 keV 和 440 keV。由分解后的两个 β 谱的面积可以计算出它们的相对强度分别为 27% 和 73%。由图 5-13 中的衰变纲图可见，两组 β 谱的最大能量之差应该等于子核的相应能级的能量差 160 keV。实验中的确发现了 160 keV 的 γ 射线，而且与低能组 β 粒子(440 keV)同时发生。这也证明了上述用丘里描绘分解 β 谱的方法是正确的。

二、禁戒跃迁的丘里描绘

对于禁戒跃迁，跃迁矩阵元 $M_{if}=\int u_f^* u_i \exp\left[-\mathrm{i}(k_\beta+k_\nu)\cdot r\right]\mathrm{d}\tau$，不等于原子核矩阵元 M。此时它不仅与原子核的波函数有关，而且与轻粒子的动量 p_β 和 p_ν 有关。一般地说，对于 n 级禁戒跃迁 M_{if} 可以成下列形式：

$$M_{if}=M\left[S_n(E)\right]^{1/2} \tag{5.4.2}$$

其中，M 是原子核矩阵元；$S_n(E)$ 称为 n 级形状因子，它是 β 粒子能量 E 的函数。

用式(5.4.2)代入式(5.2.12)，得到 n 级禁戒跃迁的动量分布如下：

$$I(p)\mathrm{d}p=\frac{g^2\left|M\right|^2}{2\pi^3 c^3\hbar^7}F(Z,E)(E_\mathrm{m}-E)^2 p^2 S_n(E)\mathrm{d}p \tag{5.4.3}$$

从而

$$\left[I(p)/(Fp^2)\right]^{1/2}=K(E_\mathrm{m}-E)\left[S_n(E)\right]^{1/2} \tag{5.4.4}$$

其中，$K=g\left|M\right|/(2\pi^3 c^3\hbar^7)^{1/2}$，是常量。

由于式(5.4.4)右边出现因子 $\left[S_n(E)\right]^{1/2}$，严格地讲，此时的丘里描绘不再是直线。但是，对于有些禁戒跃迁，$S_n(E)$ 随能量 E 的变化不灵敏，可以近似地看作常量。于是式(5.4.4)成为

$$\left[I(p)/(Fp^2)\right]^{1/2}=K'(E_\mathrm{m}-E) \tag{5.4.5}$$

式中 $K'=K\left[S_n(E)\right]^{1/2}\approx$ 常量。

由此可见，有些禁戒跃迁的丘里描绘仍然可能是条直线。但是对于选择定则 $\Delta I=\pm(n+1)$ 的禁戒跃迁，即纯 G-T 型禁戒跃迁，$S_n(E)$ 肯定不是常量，其值为

$$S_1(E)=(W^2-1)+(W_0-W)^2$$
$$S_2(E)=(W^2-1)^2+(W_0-W)^4+\frac{10}{3}(W^2-1)(W_0-W)^2$$
$$S_3(E)=(W^2-1)^3+(W_0-W)^6+7(W^2-1)(W_0-W)^2\left[(W^2-1)+(W_0-W)^2\right]$$

$$\left.\right\} \tag{5.4.6}$$

式中，W 和 W_0 是以 $m_\mathrm{e}c^2$ 为单位的 β 粒子总能量及其最大值，即 $W=(E+m_\mathrm{e}c^2)/(m_\mathrm{e}c^2)$，$W_0=(E_\mathrm{m}+m_\mathrm{e}c^2)/(m_\mathrm{e}c^2)$。

这种类型的跃迁,称为唯一型 n 级禁戒跃迁。对于此种跃迁,按式(5.4.4),丘里描绘不是直线,但利用形状因子 $S_n(E)$ 对丘里描绘进行修正后可以还原为直线,这时应当采用函数 $[I(p)/Fp^2 S_n]^{1/2}$ 对 E 来作图。由公式(5.4.4)得

$$[I(p)/(Fp^2 S_n)]^{1/2} = K(E_m - E) \tag{5.4.7}$$

于是 $[I(p)/Fp^2 S_n]^{1/2}$ 和 E 是直线关系。

实验中常常根据式(5.4.6)选取形状因子。经过它改正后如果得到直线的丘里描绘,那么可以肯定这种跃迁是唯一禁戒跃迁,其禁戒级次则由所选取的 $S_n(E)$ 的级次来定。所以,丘里描绘可用来分析跃迁的性质,从而可以获得有关原子核能级自旋和宇称的知识。

图 5-13 所示是 ^{89}Sr β 谱的丘里描绘。图中下面那条曲线是 $S_n = 1$ 的,即未经形状因子改正的,上面那条直线是 $S_n = S_1$ 的,即经形状因子 S_1 改正的。这就表明丘里描绘在引入 S_1 的改正后由曲线变成直线。所以,这一跃迁是唯一型一级禁戒跃迁。按选择定则,跃迁前后原子核的自旋和宇称的变化应该是 $\Delta I = 2, \Delta\pi \approx -1$。

图 5-14 所示是加 ^{10}Be β 谱的丘里描绘。由图可见,未作形状因子改正的丘里描绘不是一条直线。引入 S_1 的改正后,实验点仍然不在一条直线上。引入 S_2 的改正才得到一条直线。所以这一跃迁是唯一型二级禁戒跃迁。这时跃迁前后原子核的自旋和宇称的变化应该是 $\Delta I = 3, \Delta\pi = +1$。

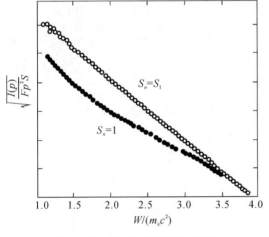

图 5-13 ^{89}Sr β$^-$ 谱的丘里描绘

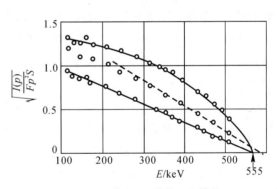

图 5-14 ^{10}Be β$^-$ 谱的丘里描绘

三、由丘里描绘确定中微子质量

β 能谱的测量是直接确定中微子质量的一种有效方法,它的原理如下。

可以证明,β 能谱丘里描绘的高能端的形状是中微子质量的函数。由上面讨论知道,当中微子质量 $m_v = 0$ 时,容许跃迁 β 谱的丘里描绘是一条直线(见图5-15),它与横轴的交点为 β 谱的最大能量 E_m。容易证明,如果 $m_v \neq 0$,则此丘里描绘的高能端将偏离直线,m_v 越大,偏离越严重,将与横轴交于 E'_m,E_m 和 E'_m 之差正好等于中微子的静止能量。

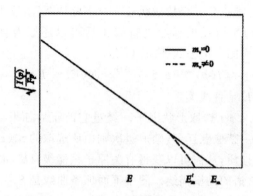

图 5-15　确定中微子质量的丘里描绘

事实上，如果 $m_\nu \neq 0$，对于容许跃迁，式(5.2.12)变成

$$[I(p)/Fp^2]^{1/2} = K(E_\mathrm{m} - E)\left[1 - \left(\frac{m_\nu c^2}{E_\mathrm{m} - E}\right)^2\right]^{1/4} \tag{5.4.8}$$

式中 $K = g|M| / (2\pi^3 c^{37})^{1/2} = $ 常量。

现在对式(5.4.8)进行讨论。当 $E \ll E_\mathrm{m}$ 时，由于中微子静止质量能远小于 β 谱的最大能量，即 $m_\nu c^2 \ll E_\mathrm{m}$，所以式中方括号项 $\left[1 - \left(\frac{m_\nu c^2}{E_\mathrm{m} - E}\right)^2\right]^{1/4} \approx 1$，则有 $[I(p)/(Fp^2\_]^{1/2} \propto (E_\mathrm{m} - E)$，此时丘里描绘为直线。当 E 接近 E_m 时，式中方括号项不能忽略，故此时丘里描绘偏离直线，偏离程度依赖于 m_ν 的大小，m_ν 越大，偏离越大。当 $E_\mathrm{m} - E = m_\nu c^2$ 时，即 $E = E_\mathrm{m} - m_\nu c^2$ 时，$[I(p)/(Fp^2)]^{1/2} = 0$，则此时的 E 值为 E'_m，故得 $E_\mathrm{m} - E'_\mathrm{m} = m_\nu c^2$。

由于 m_ν 极小，因此要在实验中实现此原理，只有 E_m 值很小的 β 谱的丘里描绘偏离直线的情况才能较易显示出来。迄今都采用 ^{3}H 作为 β 放射源，它的 $E_\mathrm{m} = 18.6$ keV，是容许型 β 衰变中最小的。实验上最早利用氚 β 谱测量中微子质量是在 1950 年前后，早期测得 m_ν 的上限为 250 eV。1972 年测得 $m_\nu < 60$ eV。1980 年苏联留比莫夫(V. Lubimov)小组经过 10 年氚 β 谱测量后，第一次给出了中微子质量的下限，结果为 14 eV $< m_\nu <$ 46 eV，最概然值为 $m_\nu \approx$ 34 eV。后来，留比莫夫等人在 1988 年给出新结果：17 eV $< m_\nu <$ 40 eV，最概然值为 $m_\nu \approx 26$ eV。

20 世纪 80 年代以来，国际上有多家实验室进行了中微子质量的测量，给出的最低上限约为 10 eV，并不排除 $m_\nu = 0$ 的可能性。到目前为止，中微子是否具有静止质量仍是一个未解之谜。

第五节　宇称不守恒问题

在 β 衰变的研究中，一个很重要的突破是 1957 年发现宇称不守恒，这个发现不仅促进 β 衰变本身的研究，而且促使粒子物理研究的快速向前发展。本节对 β 衰变中的宇称不守恒作简要的介绍。

一、宇称和宇称守恒

设由 n 个粒子组成一体系，如果各粒子作非相对论性运动，则该体系的宇称由两部分组成。一部分是粒子"内禀宇称"（粒子本身固有的宇称叫作内禀宇称，并不是所有微观粒子都有确定的内禀宇称）P_i 的乘积，即 $\prod\limits_{i=1}^{n} P_i$；另一部分是"轨道宇称"，对 n 个粒子体系的轨道宇称，我们以 P_{on} 表示。因此，由 n 个粒子组成的体系，总的宇称是

$$\pi = (\prod_{i=1}^{n} P_i) P_{on} \tag{5.5.1}$$

前已指出，所谓宇称守恒，是指一个孤立体系的宇称不随时间变化。如果体系具有偶宇称则永远是偶宇称；如果具有奇宇称则永远是奇宇称。若体系内部发生变化，则变化前体系的宇称等于变化后体系的宇称。这就是宇称守恒定律。我们知道，宇称守恒定律是与微观物理规律对空间反演的不变性相联系的，即一个微观物理过程和它的镜像过程的规律完全相同时，该微观体系的宇称是守恒的。反之亦然。

因此，如果由 n 个粒子组成的一个体系，本身变成了由 m 个粒子组成的体系，则根据宇称守恒定律，有

$$(\prod_{i=1}^{n} P_i) P_{on} = (\prod_{j=1}^{m} P_j) P_{om} \tag{5.5.2}$$

大量事实表明，核反应过程中宇称是守恒的。

二、"θ-τ 疑难"与李-杨假说

过去一直认为在一切微观过程中宇称都守恒，直到 1956 年在研究和分析介子的衰变时才使人们怀疑宇称守恒定律的普遍性。

现在让我们来分析 θ^+ 和 τ^+ 介子的衰变。从实验获得这两种介子的性质见表 5-4。

表 5-4　两种介子性质对比

衰变方式	质量 m_e	占所有 K 介子衰变的百分比	平均寿命 /s
$\theta^+ \rightarrow \pi^+ + \pi^0$	966.7 ± 2.0	29%	$(1.21 \pm 0.04) \times 10^{-8}$
$\tau^+ \rightarrow \pi^+ + \pi^+ + \pi^-$	966.3 ± 2.1	6%	$(1.19 \pm 0.05) \times 10^{-8}$

我们看到，它们不仅质量相等、平均寿命相同，而且总是同时出现，并占 K 介子衰变的恒定百分比。因而自然会想到：它们可能是同一种粒子，即都是 K 介子，只是衰变方式不同而已。

但是，根据宇称守恒，可以推出 θ^+ 介子的宇称应为偶，τ^+ 介子的宇称则为奇，它们不是同一种粒子。这就与前面由它们的质量、寿命等性质所得出的结论相矛盾，从而产生了历史上所谓"θ-τ 疑难"。解开这个疑难只能通过两个途径：一是认为宇称守恒是普遍定律，而 θ 和 τ 是两种粒子；二是认为 θ 和 τ 是同一种粒子，而宇称守恒在此不成立。第一个途径的困难是无法解释为什么 θ 和 τ 的性质是如此相似。第二个途径的困难是违背了传统的宇称守恒的概念。

1956 年,李政道和杨振宁根据"θ-τ疑难"的启示,抛弃了传统观念,大胆地沿着第二条途径进行探索。他们认真地分析了有关宇称守恒的实验材料,结果发现在强相互作用和电磁相互作用中,宇称守恒有大量的实验证明;而在弱相互作用中,宇称守恒定律从来没有用专门的实验去检验过,而只是作为一个理论的推论被大家接受下来。于是他们在"θ-τ疑难"的启示下,提出了在弱相互作用中宇称不守恒的假说,并且建议可以通过哪些实验来检验宇称是否守恒。其中一个实验,极化原子核^{60}Co 的 β 衰变,在 1957 年很快被吴健雄等人实现了,结果证明在 β 衰变中宇称是不守恒的。

三、极化核^{60}Co 的 β 衰变实验

这是证明宇称不守恒的第一个实验。它的基本思想是这样的:

设一原子核^{60}Co,它的自旋向上(见图 5-16),则它的镜像自旋向下。当沿着自旋的反方向发射 β 粒子时,其镜像过程就沿着自旋方向发射 β 粒子。如果 β 衰变时宇称是守恒的,则互为镜像的两种过程都同样能实现。因而原子核沿着自旋的方向和沿着自旋的反方向发射 β 粒子的概率就应该一样,否则,就表明宇称不守恒。因此,只要测量这两个方向的 β 粒子发射概率是否相等就能判断 β 衰变时宇称是否守恒。

但是在一般情况下,原子核是非极化的,就是说原子核的自旋取向是杂乱的,这是由于热运动的缘故。在非极化情形,即使每个原子核发射 β 粒子有一定的角分布,即发射 β 粒子的概率随原子核自旋方向与发射粒子方向之间的夹角不同而不同。但对于放射源,由于包含大量原子核,它们的自旋取向是杂乱的,因而就观察不到 β 粒子的角分布。为了检验宇称是否守恒,就需要把 β 放射源中的原子核按自旋的一定取向排列起来,即所谓极化。要使原子核极化,一是要降温,使热运动对原子核自旋取向的影响减弱;二是加磁场,通过磁场与原子核磁矩的作用把原子核排列起来。

吴健雄等人的实验就是依据以上思想进行的。实验装置如图 5-17 所示。把^{60}Co 源混在硝酸铈镁单晶的表面层内。硝酸铈镁在外磁场作用下可以磁化,产生一个很强的内磁场,利用这个内磁场使^{60}Co 极化。超低温是通过绝热退磁获得的。^{60}Co 放出的 β 粒子射入源上方的蒽晶体,在晶体内产生的荧光通过有机玻璃光导传至光电倍增管记录下来。两块 NaI(Tl)晶体是用来记录^{60}Co 的 γ 射线的。其中一块大致沿极化核自旋方向;另一块垂直自旋方向。根据两块晶体测得的 γ 射

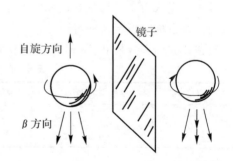

图 5-16 极化核^{60}Co β 衰变的镜像过程

线强度的差别可以确定原子核的极化程度。^{60}Co 的自旋方向可以通过外磁场的方向来改变。当磁场方向向上时,蒽晶体记录的是沿着自旋方向发射的 β 粒子;当磁场方向向下时,记录的是与自旋反方向发射的 β 粒子。因此,如果两种情况所测的强度相等,就表明宇称守恒,否则就表明宇称不守恒。

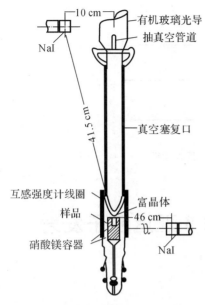

图 5-17 极化 ^{60}Co 的 β 衰变实验

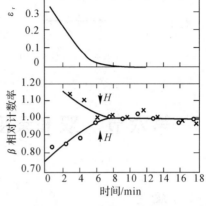

图 5-18 极化 ^{60}Co 实验结果

实验结果如图 5-18 所示。从图 5-18 中可以看出,当磁场方向向下时,在极化不为零的时间范围内,β 相对计数率大于 1;当磁场方向向上时,相对计数率小于 1。这就表明 β 粒子沿着自旋方向和自旋反方向的发射概率不相等,而是后者大于前者。于是令人信服地证明了 β 衰变时宇称是不守恒的。

不久以后,实验证明在介子衰变中宇称也是不守恒的。从而解开了前面提到的"θ-τ 疑难"。原来 τ 和 θ 介子都是 K 介子,只是表明 K 介子有不同的衰变方式而已。于是得出结论:在整个弱相互作用中宇称守恒定律并不成立。至于在强相互作用和电磁相互作用中,至今的实验表明宇称守恒定律还是成立的。

四、β 衰变中粒子的螺旋性

上面介绍的极化核 ^{60}Co 的实验表明了在 β 衰变中宇称守恒定律的失效。与此相关,由理论可以得出,在 β 衰变中放出的中微子和电子没有确定的内禀宇称,它们具有一定的螺旋性,也就是说是纵向极化的。具有固定的纵向极化的粒子就没有内禀宇称。关于这一结论,我们可以作如下理解。例如中微子是纵向极化的。如前所述,迄今人们认为反中微子的自旋方向与运动方向相同,即它是右旋粒子,以 $\bar{v}^R$ 表示;中微子的自旋方向与运动方向相反,即它是左旋粒子,以 v^L 表示。而它们的镜像过程,即左旋反中微子 $\bar{v}^L$ 和右旋中微子 v^R 在世界上是不存在的,如图 5-19 所示,镜外状态是实在的,镜内状态则是虚构的。这表明中微子只存在两个状态 $|\bar{v}^R\rangle$ 和 $|v^L\rangle$,它们的空间反演态 $|\bar{v}^L\rangle$ 和 $|v^R\rangle$ 并不存在。于是得出结论:中微子没有内禀宇称。关于中微子只存在两个状态的理论称为二分量中微子理论。该理论是在 1957 年宇称不守恒发现后不久分别由李政道、杨振宁和朗道提出的。理论预言,中微子两个状态的螺旋性 $H=\pm1$。由二分量中微子理论还可得出:β 粒子也是纵向极化的,其螺旋性 $H=\pm v/c$,此处 v

是 β 粒子的速度。随后进行了一系列实验,证实了二分量中微子理论的正确性。

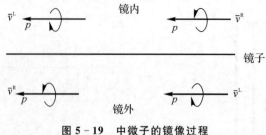

图 5 - 19　中微子的镜像过程

第六节　双 β 衰变和 β 延迟粒子发射

一、双 β 衰变

β 衰变还存在一种非常稀少的所谓"双 β 衰变"。它是指原子核自发地放出两个电子或两个正电子,或发射一个正电子同时又俘获一个轨道电子,或俘获两个轨道电子的过程。如下式所示:

$$\left. \begin{array}{l} {}^A_Z X \xrightarrow{2\beta^-} {}^A_{Z+2} Y \\[4pt] {}^A_Z X \xrightarrow{2\beta^+} {}^A_{Z-2} Y \\[4pt] {}^A_Z X \xrightarrow{\beta^+ \varepsilon} {}^A_{Z-2} Y \\[4pt] {}^A_Z X \xrightarrow{2\varepsilon} {}^A_{Z-2} Y \end{array} \right\} \qquad (5.6.1)$$

在上列任一过程中,原子核的电荷数改变 2。其发生的概率要比单 β 衰变的概率小得多,它只有在原子核的单 β 衰变在能量上被禁戒或由于母子核的角动量差很大时才能被观察到,只能在一些偶偶核中发生。由于偶质量数 A 的核素可以有 2~3 个稳定的偶偶同量异位素,它们的电荷数相差 2。图 5 - 20 中的横线 1,2,3,4,5,分别表示一组偶质量数 A 的同量异位素 1,2,3,4,5 的质量,其中 2 和 4 是偶偶同量异位素。由图可见,核素 2 和 4 的质量比相邻核素的质量均小,因此它们对于通常的 β 衰变是稳定的。但是,核素 2 和 4 的质量仍有差别。如图所示,如果核素 2 的质量大于核素 4 的质量,那么,就有可能产生核素 2→4 的跃迁。这种跃迁的电荷数要改变 2,于是在跃迁中要同时放出两个电子。这种过程就是双 β 衰变。

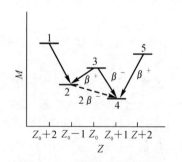

图 5 - 20　双 β 衰变示意图

二、β 延迟粒子发射

在 β 稳定线附近的原子核,β 衰变能量 E_d 是比较小的(1~2 MeV),从能量上是不可能发射核子的。但是,远离 β 稳定线的核衰变能可以足够大,以致使 β 衰变形成的中间核处于较高的激发态。然后,此中间核可以通过发射核子衰变到子核。近年来,人们对 β 延迟核子发射的研究兴趣不断增长,其中一个主要原因是要研究远离 β 稳定线核的新的衰变模式,另一个原因是延迟中子对核反应控制起关键的作用。

1. β 延迟中子的发射

所谓 β 延迟中子发射就是指 $β^-$ 衰变所形成的子核激发态上发射的中子。此过程发射中子的半衰期由母核决定,这种中子称为缓发中子。

1979 年,实验上首次发现了 β 延迟 2n 和 3n 的发射。^{11}Li 先以半衰期 8.5ms 经过 $β^-$ 衰变到 ^{11}Be 的激发态,然后通过释放一个或两个以上的中子衰变。图 5-21 给出了 β 延迟中子发射的一个重要实例。

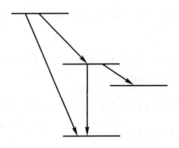

图 5-21 ^{87}Br 的 β 延迟中子发射

2. β 延迟质子的发射

所谓 β 延迟质子发射就是指 $β^-$ 衰变或轨道电子俘获所形成的子核激发态上发射的质子。此过程发射质子的半衰期由母核及子核共同决定,这种质子称为缓发质子。例如 ^{35}Ca 先从 $β^-$ 衰变到 ^{35}K 的激发态,再放一个质子到 ^{34}Ar:

$$^{35}\text{Ca} \longrightarrow {}^{35}\text{K} + e^+ + \nu \quad {}^{35}\text{K} \longrightarrow {}^{34}\text{Ar} + p$$

又如 ^{114}Cs 以 $β^-$ 衰变到 ^{114}Xe 激发态,然后放质子衰变为 ^{113}I。实验上也观测到了 β 延迟两质子发射和 β 延迟三质子发射事件。

除了 β 延迟中子和质子的发射外,实验上还发现了缓发 α 粒子,它是伴随 $β^-$ 衰变从子核激发态发射的 α 粒子。这种核素比较少,一个实例是 ^{118}Cs 的 $β^-$ 衰变子核 ^{118}Xe 会接着发射 p,α 和 γ 三种粒子。

习 题

1. 利用核素质量,计算 ^{3}H $\longrightarrow$ ^{3}He 的 β 谱的最大能量 E_m。

2. ^{47}V 既可产生 $β^+$ 衰变,也可产生 K 俘获,已知 $β^+$ 的最大能量为 1.89 MeV,试求 K 俘获过程放出的中微子的能量 E_ν。

3. 样品中含 ^{210}Bi 4.00 mg,实验测得半衰期为 5.01 d,放出 β 粒子的平均能量为 0.337 MeV,试求样品的能量辐射率 W。

4. 设在标准状态下的 2.57 cm^3 的氚气样品中,发现每小时放出 0.80 J 的热,已知氚的半衰期为 12.33 a,试求:(a)衰变率 D;(b)β 粒子的平均能量 $\bar{E}_\beta$;(c)$\bar{E}_\beta$ 与 β 谱的最大能量 E_m 之比 $\bar{E}_\beta/E_m$。

5. $^7_4$Be $\xrightarrow{K}$ $^7_3$Li 的衰变能 $E_d=0.87$ MeV,试求 ^{7}Li 的反冲能 E_R。

6. ^{32}P 的 β 粒子最大能量 $E_m=1.71$ MeV,计算放出 β 粒子时原子核的最大反冲能 E_{Re} 和发射中微子时核的最大反冲能 $E_{R\nu}$。

7. 放射源 $^{74}_{33}$As 有:(1) 两组 β$^-$ 电子,其最大能量和分支比为 0.69 MeV,16% 和 1.36 MeV,16%,后者为相应至 $^{74}_{34}$Se 基态之衰变;(2) 两组 β$^+$ 电子,其最大能量和分支比为 0.92 MeV,25% 和1.53 MeV,2.8%,后者为相应至 $^{74}_{32}$Ge 基态之衰变;(3) 两组单能中微子:1.93 MeV,38% 和 2.54 MeV,2.2%。试作出 $^{74}_{33}$As 的衰变纲图,并求该放射源所放出的 γ 射线的能量(已知 Ge 的 K 电子结合能约为 0.01 MeV)。

8. 计算 ^{24}Na 的 β$^-$ 衰变的 β 粒子最大能量 E_m,为什么在实验中没有观察到这组能量的 β 粒子?

9. 已知 ^{177}Lu 的半衰期是 6.8d,通过 β$^-$ 衰变放出四组电子,它们的强度分别为 90%,2.95%,0.31% 和 6.72%,试求部分半衰期。

10. 对于 $^{42}_{21}$Sc $\xrightarrow[0.68s]{\beta^+}$ $^{42}_{20}$Ca,查表得 $f(Z,E_m)=10^{3.3}$,并已知子核的能级特性为 0^+。试求 $\lg f(T_{1/2})$ 值,并以此判断母核的能级特性。

11. ^{17}Ne 经过 β$^+$ 衰变到 ^{17}F 的某一较高激发态,随后发射一个动能为 10.597MeV 的质子衰变到 ^{16}O 的基态。试求在 β$^+$ 衰变中所发射的正电子的最大动能(不考虑发射质子时氧核的反冲)。

12. 已知 ^{15}N 的结合能为 115.49 MeV,^{15}O 的 β$^+$ 衰变能为 1.73 MeV,中子的 β$^-$ 衰变能为 0.78 MeV,试求 ^{15}O 的结合能。

第六章 γ 跃 迁

α衰变和β衰变所形成的子核往往处于激发态。核反应所形成的原子核,情况也是如此。激发态是不稳定的,它要直接退激或者级联退激到基态。原子核通过发射γ光子(或称γ辐射)从激发态跃迁到较低能态的过程,称为γ跃迁,或称为γ衰变。由于γ跃迁的性质与激发态的性质相联系,因而通过它的研究,可以获得激发态能级特性的知识。本章将介绍γ辐射的多极性、跃迁概率、选择定则、内转换、同质异能态、角关联和穆斯堡尔效应等。

第一节 γ跃迁的多极性和跃迁概率

一、经典的电磁辐射

为了便于对γ辐射的理解,先回顾一下经典的电磁辐射。

由经典电动力学知道,带电体系作周期性运动时会产生电磁辐射。例如,由两个电量相等符号相反的电荷 q 和 $-q$ 组成的偶极子作简谐振动,如图6-1所示。这两个电荷的位置随时间 t 的变化为

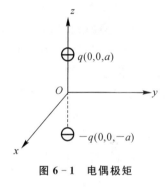

图 6-1 电偶极矩

$$z_1 = a\sin \omega t$$
$$z_2 = -a\sin \omega t$$

其中 a 为振幅,ω 为角频率。两个电荷之间的距离随时间的变化为

$$z = z_1 - z_2 = 2a\sin \omega t$$

于是电偶极矩随时间的变化为

$$p \equiv qz = p_0\sin \omega t$$

其中 $p_0 = 2aq$。这种偶极振子所产生的辐射,叫作电偶极辐射。可以推得偶极振子单位时间放出的平均能量为

$$\overline{W} = \frac{\omega^4}{3c^3}p_0^2 \tag{6.1.1}$$

由两个偶极子组成的系统叫作四极子,它所产生的辐射叫作四极辐射;两个四极子组成的系统叫作八极子,它所产生的辐射叫作八极辐射 …… 偶极辐射、四极辐射、八极辐射等称为多极辐射。

由电多极子产生的辐射称为电多极辐射,磁多极子产生的辐射称为磁多极辐射,上面所举的偶极振子的例子是电偶极振子。如果在 O—xy 平面内有一交变电流回路,角频率为 ω,这样一个电流回路就相当于一个沿 z 方向作简谐振动的磁偶极振子,它所产生的辐射就是磁偶极

辐射。

由经典电动力学可以得到多极辐射能量发射率(单位时间发射的能量)的表达式。

对于 L 级的电多极辐射,有

$$W_E(LM) = \frac{1}{4\pi\varepsilon_0} \frac{8\pi(L+1)c}{L\left[(2L+1)!!\right]^2} \left(\frac{\omega}{c}\right)^{2L+2} |Q_{LM}|^2 \tag{6.1.2}$$

$$Q_{LM} = \int r^L Y_{LM}^*(\theta,\varphi)\rho d\tau \tag{6.1.3}$$

Q_{LM} 称为电多极矩,它与第一章第四节中的定义差一系数。$Y_{LM}(\theta,\varphi)$ 为 L 级的球谐函数,ρ 为电荷密度,$d\tau$ 是体积元。

对于 L 级的磁多极辐射,有

$$W_E(LM) = \frac{1}{4\pi\varepsilon_0} \frac{8\pi(L+1)}{L\left[(2L+1)!!\right]^2} \left(\frac{\omega}{c}\right)^{2L+2} |M_{LM}|^2 \tag{6.1.4}$$

$$M_{LM} = \frac{1}{(L+1)c}\int r^L Y_{LM}^*(\theta,\varphi)\nabla(rj)d\tau \tag{6.1.5}$$

M_{LM} 称为磁多极矩,j 是电流密度。

多极辐射具有能量和角动量,它们是频率 ω 的函数。振动频率 ω 可以取任意值,辐射能量和角动量也可以取任意值。

二、原子核的多极辐射

经典电磁辐射是指宏观的电荷电流体系所产生的多极辐射,它们遵从经典力学的规律。原子核 γ 跃迁时所产生的多极辐射,就不能用经典力学来处理。虽然原子核也是一个电荷电流的分布系统,但它是一个微观体系,其运动规律与宏观体系的运动规律有质的不同。它的许多现象,遵从量子力学的规律。微观体系的特点之一是能量和角动量的量子化,它们不能取任意值,只能取某些分立的值。例如,用来表示原子核能量状态的能级是分立的,原子核的角动量大小在空间某方向的投影只能是的整数倍或半奇数倍。另外,原子核的状态还有确定的宇称。这些都与宏观体系根本不同。在讨论原子核的多极辐射时,应该注意微观体系的这些特点。

下面依次讨论 γ 辐射的能量、角动量和宇称。

因为原子核的能级是分立的,所以在两分立能级间的 γ 跃迁中所放出的 γ 光子具有单一的能量。设由能量为 E_i 的能级跃迁到能量为 E_f 的能级,如图 6-2 所示。根据能量守恒定律,γ 光子的能量为

$$E_\gamma = E_i - E_f \tag{6.1.6}$$

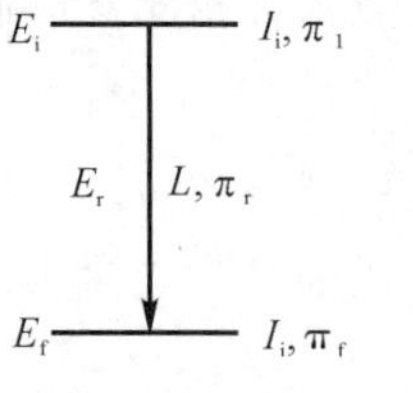

根据跃迁前后角动量守恒,γ 光子还具有确定的角动量。设原子核跃迁前的角动量为 $\boldsymbol{I}_i$,跃迁后的角动量为 $\boldsymbol{I}_f$,γ 光子的角动量为 $\boldsymbol{L}$,则有

$$\boldsymbol{L} = \boldsymbol{I}_i - \boldsymbol{I}_f$$

即 $\boldsymbol{L}$ 可以取以下整数值

$$L = |I_i - I_f|, \ |I_i - I_f| + 1, \ \cdots, \ I_i + I_f \tag{6.1.7}$$

从后面的讨论可以知道,L 越大,γ 跃迁的概率越小。因此,一般都取 L 的最小值,即 $L=$

图 6-2　γ 跃迁与核能级的关系

$|I_i - I_f|$。其他 L 值的跃迁概率可以忽略不计。

由于光子本身的自旋为1，则在 γ 跃迁中被光子带走的角动量不可能为零，至少是1。因而，由 $I_i = 0$ 的状态跃迁到 $I_f = 0$ 的状态（称 $0 \rightarrow 0$ 跃迁），不可能通过发射 γ 光子来实现。另外，对于 $I_i = I_f \neq 0$ 的跃迁，若按式(6.1.7)，L 的最小值为零，但这也不可能，所以应该取 $L = 1$。

根据被 γ 光子带走的角动量的不同，可以把 γ 辐射分为不同的极次：$L = 1$ 的叫作偶极辐射；$L = 2$ 的叫作四极辐射；$L = 3$ 的叫作八极辐射等等。即角动量为 L 的 γ 辐射，它的极次为 2^L。

γ 跃迁是一种电磁相互作用，在电磁相互作用中宇称是守恒的，即 γ 跃迁要遵守宇称守恒定律。设原子核在跃迁前的宇称为 π_i，跃迁后的宇称为 π_f，则 γ 辐射的宇称 π_γ 由下式决定

$$\pi_i = \pi_f \pi_\gamma \tag{6.1.8}$$

即

$$\pi_\gamma = \frac{\pi_i}{\pi_f} \tag{6.1.9}$$

由式(6.1.9)可知，跃迁前后原子核的宇称相同时，γ 辐射具有偶宇称，跃迁前后原子核的宇称相反时，γ 辐射具有奇宇称。

根据 γ 辐射的宇称不同，γ 辐射分为两类，一类叫作电多极辐射，一类叫作磁多极辐射。宇称的奇偶性和 L 的奇偶性相同的为电多极辐射，相反的为磁多极辐射。因此，电多极辐射的宇称 $\pi_\gamma = (-1)^L$，磁多极辐射的宇称 $\pi_\gamma = (-1)^{L+1}$。

通常，电 2^L 极辐射用符号 EL 表示，例如 $E1$ 表示电偶极辐射，$E2$ 为电四极辐射，$E3$ 为电八极辐射……磁 2^L 极辐射用符号 ML，表示，例如 $M1$ 为磁偶极辐射，$M2$ 为磁四极辐射，$M3$ 为磁八极辐射……

电多极辐射的实质主要是由原子核内电荷密度变化引起的；磁多极辐射则由电流密度和内在磁矩的变化所引起。

γ 辐射的多极性是指辐射的电磁性质和极次。由辐射的角动量和宇称即可定出辐射的多极性，反之亦然。研究 γ 跃迁的重要任务之一是从实验定出 γ 辐射的多极性，以便和理论作比较。

三、γ 跃迁概率公式

γ 跃迁与 α 衰变、β 衰变一样，都遵从指数衰变律

$$N = N_0 e^{-\lambda t}$$

其中 λ 是衰变常量，也就是跃迁概率。我们知道，跃迁概率与半衰期 $T_{1/2}$ 或平均寿命 τ 有下面的关系

$$\lambda = \frac{1}{\tau} = \frac{\ln 2}{T_{1/2}}$$

实验上往往通过测量半衰期或平均寿命来求得跃迁概率。γ 跃迁的半衰期一般比 α，β 衰变的半衰期要短，大多在 $10^{-4} \sim 10^{-16}$ s 之间。

γ 跃迁概率的公式可以由量子电动力学得出，整个计算是一个繁杂的数学过程，其中要涉

及电磁场的量子化问题,这里不作具体推导,只列出最后结果。其实,由经典电磁场理论计算得到的多极辐射能量发射率公式(6.1.2)和式(6.1.4)过渡到量子力学的描述,可以得出 γ 跃迁概率的表达式,其结果与由量子力学得到的公式完全相同。在这两个公式从经典表达式过渡到量子力学的表达式时,只需作两点改进:① 把辐射能量量子化,$E_\gamma = \omega$;② 原子核的电荷和电流分布用核态的波函数表示。经过这两点改进后,再考虑到实际测量 γ 跃迁概率时,原子核始态的角动量是任意排列的,而且我们也不测光子和原子核终态角动量的方向。因此要对跃迁概率对始态角动量方向求平均,并对终态及光子的角动量方向求和。于是最后得到电 2^L 极辐射的跃迁概率 $\lambda_E(L)$ 和磁 2^L 极辐射的跃迁概率 $\lambda_M(L)$ 如下:

$$\lambda_E(L) = \frac{8\pi(L+1)}{L\left[(2L+1)!!\right]^2} \frac{k^{2L+1}}{\hbar} B(EL) \tag{6.1.10}$$

其中,$B(EL) = \sum_{M_i M M_i} \frac{1}{2I_i+1} |Q_{LM}|^2$。

$$\lambda_M(L) = \frac{8\pi(L+1)}{L\left[(2L+1)!!\right]^2} \frac{k^{2L+1}}{\hbar} B(ML) \tag{6.1.11}$$

其中,$B(ML) = \sum_{M_i M M_i} \frac{1}{2I_i+1} |M_{LM}|^2$,$k$ 为光子波数。

$B(EL)$ 和 $B(ML)$ 分别称为 EL 跃迁和 ML 跃迁的约化概率。它和跃迁的能量无关,仅仅和原子核的结构相联系,对核结构作一定的假设后,理论上可以把它计算出来。另一方面,通过对 γ 跃迁概率的测量,以及知道 γ 辐射的多极性后,由式(6.1.10)和式(6.1.11)可以从实验上定出约化概率来。这样,实验和理论就可以进行比较,从而可以检验给定的核结构理论正确与否。

四、不同类型、不同极次的跃迁概率比较

利用式(6.1.10)和式(6.1.11)可以对各种跃迁概率的数量级进行比较。经估算,可得不同类型、不同极次的 γ 跃迁概率有如下数量级关系:

$$\lambda_E(L+1)/\lambda_E(L) \sim 10^{-3}$$
$$\lambda_M(L+1)/\lambda_M(L) \sim 10^{-3}$$
$$\lambda_M(L)/\lambda_E(L) \sim 4 \times 10^{-3}$$

关于跃迁概率数量级的比较可以得出下面三点结论:
1) 电辐射快于磁辐射;
2) 辐射的极次越低跃迁越快;
3) 一般讲,$\lambda_M(L) \approx \lambda_E(L+1)$。

第二节   选 择 定 则

在上节中已指出,对于自旋为 I_i 宇称为 π_i 的始态至自旋为 I_f 宇称为 π_f 的末态的 γ 跃迁,根据角动量守恒定律,光子带走的角动量 L 按式(6.1.7)可以取以下数值:

$$L = |I_i - I_f|, \ |I_i - I_f| + 1, \cdots, I_i + I_f$$

根据宇称守恒定律,光子带走的宇称 π_γ,由式(6.1.9)决定:

$$\pi_\gamma = \pi_i / \pi_f$$

由式(6.1.7)和式(6.1.9)以及上节中关于跃迁概率数量级的比较,可以得出始态(I_i, π_i)至末态(I_f, π_f)的跃迁选择定则,见表6-1。

表 6-1 γ 跃迁选择定则

$\Delta\pi$ \ ΔI	0 或 1	2	3	4	5
+	$M1(E2)$	$E2$	$M3(E4)$	$E4$	$M5(E6)$
−	$E1$	$M2(E3)$	$E3$	$M4(E5)$	$E5$

表中 ΔI 和 $\Delta\pi$ 分别表示始末态角动量和宇称的变化,括号内的跃迁类型表示有可能与括号前的跃迁同时出现。可以从始末态的自旋和宇称,根据选择定则定出跃迁的类型。不过,这样定出的能级自旋一般有两种或三种可能值,需要配合其他数据最后才能肯定其中一个自旋值。由实验测得的跃迁类型推究出能级的特性(自旋和宇称),是核谱学的一项重要内容。当然,也可以从跃迁类型和始态的能级特性来推出末态的能级特性。

第三节 内 转 换

一、内转换现象

原子核从激发态到较低的能态或基态的跃迁,除发射 γ 光子外,还可以通过发射电子来完成。上面讨论了发射光子的情形,本节则要讨论发射电子的情形。研究表明,这种电子通常不是来自原子核,而是来自原子的电子壳层,即跃迁时可以把核的激发能直接交给原子的壳层电子而发射出来,这种现象称为内转换。内转换过程放出来的电子称为内转换电子。

应当指出,不能把内转换过程认作为内光电效应,即认为原子核先放出光子,然后光子把能量交给核外的壳层电子而放出电子来。因为发生内转换的概率,可以比光电效应的概率大很多。内转换电子是通过原子核的电磁场与壳层电子相互作用直接把激发能交给壳层电子而产生的,这同时并不产生 γ 光子。

内转换电子是在早期研究 β 能谱时发现的,用磁谱仪测量 β 放射源的能谱时,发现有些放射源除具有 β 连续谱外,还出现一些单能电子峰。图6-3所示是 ^{137}Cs 的电子谱。由图可见,除了连续的 β 谱外,还有一些线状谱。这些谱线就是由内转换电子构成的。这是因为 ^{137}Cs β^- 衰变至 ^{137}Ba 的激发态,当后者跃迁至基态时,会发射出内转换电子来。还应指出,内转换过程中由于原子的内壳层缺少了电子从

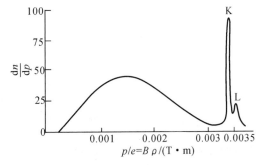

图 6-3 ^{137}Cs 的电子谱

而出现空位,外层电子则会来填充这个空位。于是与电子俘获情形相类似,内转换过程要伴随特征 X 射线或俄歇电子的发射。

根据能量守恒定律,内转换电子的能量 E_e 应该等于

$$E_e = E_\gamma - W \qquad (6.3.1)$$

式中,E_γ 是跃迁的能量;W 是相应壳层电子的结合能。因此,对于 K 层内转换电子的能量 E_K 有

$$E_K = E_\gamma - W_K \qquad (6.3.2)$$

当实验上测得某一壳层的内转换电子的能量后,加上该壳层的电子结合能,即得 γ 跃迁的能量。这种由内转换电子的能量来求得 γ 跃迁能量的方法是常用的较为准确的方法。这是因为内转换电子的能量可以用 β 磁谱仪相当准确地测定。

二、内转换系数

原子核的激发态至较低能态或基态的跃迁,既可以通过发射光子,也可以通过发射内转换电子来实现。因此,原子核在两状态间的总跃迁概率 λ(指跃迁能量较低时)应该是两种过程的跃迁概率之和,即

$$\lambda = \lambda_\gamma + \lambda_e \qquad (6.3.3)$$

式中 λ_γ 和 λ_e 分别为发射 γ 光子和内转换电子时的跃迁概率。

我们定义 λ_e 与 λ_γ 之比为内转换系数,一般以 α 表示,即

$$\alpha \equiv \lambda_e/\lambda_\gamma = N_e/N_\gamma = (N_K + N_L + N_M + \cdots)/N_\gamma = \alpha_K + \alpha_L + \alpha_M + \cdots \qquad (6.3.4)$$

式中 N_e 和 N_γ 分别为单位时间内发射的内转换电子数和 γ 光子数,$N_K, N_L, N_M, \cdots$ 分别表示单位时间内发射的 K,L,M,… 层的内转换电子数,

根据内转换系数的定义知道,它可以由实验测定,即测量同一时间间隔内原子核所放射的内转换电子数和相应的 γ 光子数。另一方面,内转换系数可以由理论计算而得,因而可以进行实验值和理论值的比较,从中获得有关能级特性的重要知识。目前有关核衰变能级特性的大部分知识是从研究内转换而得的。

实验中测得的能级寿命既包含有 γ 跃迁的贡献,也包含有发射内转换电子概率的贡献。为了使 γ 跃迁概率公式能与实验作比较,必须知道内转换系数值。根据式(6.3.3)和式(6.3.4),平均寿命

$$\tau = \frac{1}{\lambda} = \frac{1}{\lambda_\gamma + \lambda_e} = \frac{1}{\lambda_\gamma(1 + \alpha)} \qquad (6.3.5)$$

于是 γ 跃迁概率 λ_γ 可写作

$$\lambda_\gamma = \frac{1}{\tau(1 + \alpha)} \qquad (6.3.6)$$

以 ^{60}Co 的能量为 59 keV 的激发态至基态的跃迁为例,实验测得此跃迁的 $\dfrac{N_\gamma}{N_e} = (2.8 \pm 0.6) \times 10^{-3}$,则 $\alpha = 3.6 \times 10^2$。按式(6.3.6),有

$$\lambda_\gamma = \frac{1}{\tau(1 + \alpha)} = \frac{1}{9.1 \times 10^2 \times (1 + 3.6 \times 10^2)} \mathrm{s}^{-1} = 3.1 \times 10^{-6} \mathrm{s}^{-1}$$

其中 $\tau = \dfrac{T_{1/2}}{0.693} = 9.1 \times 10^2$ s。

如果不考虑内转换系数的校正，则有

$$\lambda'_\gamma = \frac{1}{\tau} = \frac{1}{9.1 \times 10^2} s^{-1} = 1.1 \times 10^{-3} s^{-1}$$

将实验值与式(6.1.10)和式(6.1.11)所得理论值进行比较后可见，在考虑了内转换系数对 λ_γ 的校正后，实验值与理论值相符。

三、$0^+ \rightarrow 0^+$ 跃迁

如本章第一节所述，$0^+ \rightarrow 0^+$ 跃迁为电磁辐射所严格禁止的。但发射内转换电子还是可能的。因为电子是原来存在的，带有自旋，所以并不违背角动量守恒定律。实验中也观测到这一现象。例如 ^{214}Po 的 1.416 MeV 激发态向基态的跃迁为 $0^+ \rightarrow 0^+$ 跃迁。$0^+ \rightarrow 0^+$ 跃迁不能放射 γ 光子，但能放出内转换电子，这也充分表明内转换过程不是内光电效应。

第四节　同质异能态

一、同质异能态与同质异能素

前面已指出，γ 跃迁的半衰期一般都比较短，因而早先人们一直认为它是瞬时的。后来发现也存在半衰期长的 γ 跃迁，激发态的平均寿命甚至可达好几年。半衰期比较长的跃迁称为同质异能跃迁，寿命比较长的激发态称为同质异能态。显然，这种定义是不准确的。因为"比较长"的概念有相当任意性。早期人们把 0.1s 当作"比较长"的起点，随着测量短寿命技术的发展，人们又把 10^{-10} s 当作"比较长"的起点，即把寿命大于 10^{-10} s 的激发态定义为同质异能态。现在，人们常把同质异能态理解为寿命可测量的激发态。这样，即使激发态的寿命小于 10^{-10} s，只要能够被测量，这种激发态就叫作同质异能态。同质异能态的定义之所以如此不同，是由于它与一般的激发态只有寿命长短之差异，而无质的不同。

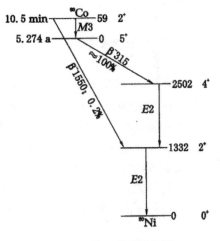

图 6-4　^{60}Co 的衰变纲图

寿命大于 0.1s 的同质异能态称为长寿命的同质异能态。长寿命的同质异能态通常在质量数后面加上 m 来表示，例如 ^{60}Co 的同质异能态可表示为 ^{60m}Co。

由于有长寿命的同质异能态的存在，就可能存在这样的原子核，它们的电荷数和质量数完

全一样,即核的组成完全相同,但放射性衰变的半衰期却不相同,这样的核素称为同质异能素。例如^{60m}Co与^{60}Co的电荷数和质量数都相同,但它们的半衰期却不同,前者为 10.5 min,后者为 5.27 a(见图 6-4)。

同质异能素最早是在 1921 年发现的,发现$^{234}_{90}$Th 的 β^- 衰变所形成的子体$^{234}_{91}$Pa 有两种半衰期,如下式所示:

$$^{234}_{90}\text{Th} \xrightarrow{\beta^-} \begin{cases} ^{234m}_{91}\text{Pa} \xrightarrow[1.22\ min]{\beta^-} \\[2mm] ^{234}_{91}\text{Pa} \xrightarrow[6.7\ h]{\beta^-} \end{cases} \tag{6.4.1}$$

$^{234m}_{91}$Pa 的半衰期为 1.22 min,$^{234}_{91}$Pa 的半衰期为 6.7 h,但它们的电荷数都是 91,质量数都是 234。后来才明白,$^{234}_{91m}$Pa 是$^{234}_{91}$Pa 的一个亚稳的激发态。这是在很长期间内唯一知道的同质异能素的例子。自 1934 年发现人工放射性后,新的同质异能素才不断地被人们发现。

二、同质异能态和 γ 跃迁的关系

利用目前所知的有关原子核结构的知识,以及有关 γ 跃迁的知识,出现同质异能态的原因是不难理解的。这里指出同质异能态与 γ 跃迁的关系。

实验发现,同质异能态的角动量和基态(或相邻的较低激发态)的角动量之差 ΔI 较大,能量之差 ΔE 一般较小。根据本章第一节中的讨论,γ 跃迁概率随 ΔI 的增加和 ΔE 减小而急剧地下降,因而这时跃迁概率就小,半衰期就长。例如,^{234m}Pa 的角动量 $I_m = 0$,而 ^{234}Pa 基态的角动量 $I_0 = 4$,$\Delta I = 4$;^{60m}CO 的 $I_m = 2$,^{60}Co 的 $I_m = 5$,$\Delta I = 3$;^{211m}Po 的 $I_m = 25/2$,^{211}Po 的 $I_0 = 9/2$,$\Delta I = 8$,可见它们的 ΔI 都比较大,因而 γ 跃迁概率比较小,但此时同质异能跃迁的内转换系数是比较大的。

三、同质异能素岛

实验表明:同质异能态的存在是普遍现象,但长寿命同质异能素(相应同质异能跃迁的 $\Delta I \geqslant 3$)不是在元素周期表的全部范围内都有可能出现,它的分布随核子数的变化具有一定的规律性,形成所谓同质异能素岛,如图 6-5 所示。由图可见,它们几乎都集中在紧靠 Z 或 $N = 50, 82, 126$ 等所谓幻数前面的区域。这种规律性能用核结构的壳模型理论得到成功的解释。

综上所述,同质异能态有两个特点:一是寿命较长;二是 γ 跃迁的内转换系数较大。由于前者,使得我们有可能较详细地并直接地研究它们的许多性质。由于后者,便于我们较准确地推断 γ 跃迁的多极性。因此,人们对同质异能态的研究有很大的兴趣。

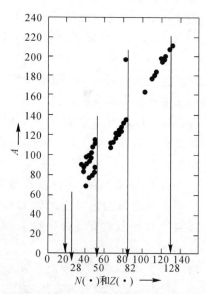

图 6-5　同核异能素岛

第五节 级联 γ 辐射的角关联

一、γ-γ 角关联及其本质

原子核由激发态跃迁到基态,有时要连续地通过几次 γ 跃迁,这时放出的辐射称为级联 γ 辐射。接连地放出的两个 γ 光子,若其概率与这两个 γ 光子发射方向的夹角有关,即夹角改变时,概率也变化,这种现象称为级联 γ 辐射的方向角关联,或简称为 γ-γ 角关联。

具体说,对 $\gamma_1 - \gamma_2$ 的级联辐射(见图 6-6),当原子核放出 γ_1 之后,接连地放射 γ_2 的概率 W 是与 γ_1 和 γ_2 之间的夹角 θ 有关,即 W 是 θ 的函数,$W=W(\theta)$,这种函数称为角关联函数。

由角关联理论知道,函数 $W(\theta)$ 只与每一跃迁前后原子核的角动量以及 γ 辐射的角动量有关,而与它们的宇称以及跃迁的能量无关。因此,γ-γ 方向角关联的研究,通过实验与理论的比较,可以告诉我们有关原子核能级的角动量以及跃迁极次的知识。

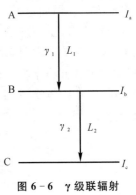

图 6-6 γ 级联辐射

为什么级联辐射会有角关联? 其本质在于极化原子核发射粒子的概率会出现一定的角分布。放射性原子核放射粒子的概率一般和原子核自旋方向与发射粒子方向之间的夹角有关。可是对一般放射源,观察不到辐射的各向异性。这是由于放射源中原子核的自旋方向是杂乱的,没有一定的取向。结果各个原子核辐射的角分布混淆在一起,总的效果就看不出个别核发射粒子的角分布,表现出各向同性的分布。

为了要观察到原子核辐射的角分布,原子核的自旋需要有一定的取向。方法之一是把原子核按一定的自旋方向排列好,即把原子核极化。例如在 β 衰变的宇称不守恒的实验证明时讲过的低温和加磁场的方法。但这牵扯到非常复杂的技术,而且目前还不能应用于所有原子核。另一方法是不必把原子核排列起来,而是在一堆杂乱安排的原子核中,选取自旋朝某些方向的原子核来进行观察。如果原子核接连地放出两个粒子(例如 γ_1 和 γ_2),那么,这种方法是可行的。这时可任意选择一个方向来记录 γ_1,由于 γ 辐射的各向异性,只有自旋有某种倾向的原子核,在这个方向发射 γ_1 的概率才最大。这样,在一定的方向上测量 γ_1,就等于把那些自旋有某种倾向的原子核挑选出来了。这些挑选出来的原子核接连发射的 γ_2,当然会呈现出一定的角分布。因此,γ_1 与 γ_2 之间就出现了角关联。应当指出,为了使挑选出来的原子核的自选取向不受干扰而破坏,级联跃迁中间态 B 的寿命 τ_b 要小于 10^{-11} s,否则,角关联现象会受到干扰,甚至完全看不到。

二、γ 辐射角分布的测量

由以上分析可以知道,为了在实验上观察到角关联,就必须同时记录 γ_1 和 γ_2。因此需要采用符合方法进行测量。图 6-7 所示是测量 γ-γ 方向角关联的实验装置示意图。S 是放射源,1 和 2 都是闪烁计数器。其中计数器 1 是固定的,用来记录 γ_1;计数器 2 是可动的,可在计数器 1 和放射源 S 组成的平面内扰 S 转动。因此夹角 θ 可以改变。这样,在不同 θ 角测得符合计数率,就可以得到 $W(\theta)$。将它与理论的角关联函数作比较,就可以定出有关能级的自旋以及 γ_1 和 γ_2 辐射的极次。

三、扰动角关联

上面讨论的 γ 角关联是在假定没有外界电磁场的影响的条件下进行的。如果存在外场,则角关联将受干扰。这种角关联叫作扰动角关联。角关联受干扰的原因是外界电磁场与原子核的磁矩和电四极矩的作用使原子核级联辐射的中间态改变了自旋方向。因而角关联受干扰的程度既与中间态的磁矩或电四极矩有关,也与外场的性质有关。因此,在已知外场的情况下,扰动角关联常用来测量激发态的磁矩和电四极矩。另外,扰动角关联方法作为一种核探针,可以研究介质内部电磁场的性质,它在固体物理、生物化学、冶金技术等方面有着重要应用价值。

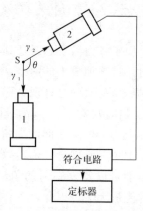

图 6-7　测量角关联的实验装置

第六节　穆斯堡尔效应

到目前为止的讨论中,我们认为各种原子核状态的能量具有完全确定的值。但是,对于大多数情形,这只是一种近似。因为除了稳定的基态原子核外,所有各种状态的原子核都有一定寿命。根据量子力学的测不准关系,具有一定寿命的原子核的能量不是完全确定的,或者说,具有一定的能级宽度,在能级宽度 Γ 与平均寿命 τ 之间有下面的关系

$$\Gamma\tau \approx \hbar \tag{6.6.1}$$

可见状态的寿命越长,能级宽度就越窄。所以只有稳定核的基态才有完全确定的能量。

通过测量能级宽度可以求得跃迁概率。由式(6.6.1)知,跃迁概率 λ 与能级宽度成正比,有

$$\lambda = \frac{1}{\tau} = \frac{\Gamma}{\hbar} \tag{6.6.2}$$

由于激发能级有一定宽度,所以 γ 跃迁时放出的 γ 射线的能量有一定展宽,这种展宽被称为谱线的自然宽度。原则上,通过测量 γ 谱线的自然宽度可以测定激发能级的宽度,从而可以求得 γ 跃迁概率。然而,实验上要直接测出自然宽度,一般要求 γ 谱仪有极高的能量分辨本领。例如能量为 1 MeV 寿命为 10^{-13} s 的激发态跃迁到稳定核的基态时放出的 γ 射线的自然宽度为 6.58×10^{-3} eV。为了直接观测如此窄的自然宽度,γ 谱仪的能量分辨需要高达约 10^{-8} 数量级。现有的 γ 谱仪远没有这么好的分辨本领。因此,常用间接方法来测量能级宽度,方法之一是所谓 γ 射线的共振吸收。

一、γ射线的共振吸收和散射

γ射线的共振吸收在原理上和其他共振现象一样。假如收音机当其接收回路的频率等于某一电台的频率时,就会引起电磁波的共振吸收,收听到该电台的广播;两支频率相同的音叉靠近在一起,其中一支发生振动时,就会引起另一支音叉对于声波的共振吸收而发生振动;在原子光谱中,当一束光子的能量等于原子的激发态的能量时,就会引起光子的共振吸收。实现光子共振吸收的有效办法就是让一原子放出的光子通过同类的原子,因为同类原子放出光子的能量等于相应激发能级的能量。

同样道理,在原子核情形,当入射γ射线的能量等于原子核激发能级的能量时,就会发生γ射线的共振吸收。这一道理早已被人们认识到。但是,γ射线的共振吸收直到1953年才被发现,原因在于原子核发射或吸收γ射线时反冲作用的影响。原子核发射γ射线,一般要受到反冲,正如大炮发射炮弹,大炮本身要受到回座力一样。因此,本来是静止的处于激发态的原子核,当它通过放射γ光子跃迁到基态时,将激发能 E_0 的绝大部分交给γ光子外,还有很小一部分变成了反冲原子核的动能 E_R。根据能量和动量守恒定律可以得出考虑反冲效应后的γ射线的能量

$$E_{\gamma e} = E_0 - E_R = E_0 - \frac{E_0^2}{2mc^2} \tag{6.6.3}$$

式中 m 是原子核的质量。可见,这时γ射线能量并不等于激发能 E_0,而是等于激发能 E_0 与反冲能量损失 $\dfrac{E_0^2}{2mc^2}$ 之差。

同样道理,处于基态的同类原子核吸收γ光子时也会发生同样大小的反冲。因此,要把原子核激发到能量为 E_0 的激发态,γ射线的能量 $E_{\gamma a}$ 必须大于 E_0。

$$E_{\gamma a} = E_0 + E_R = E_0 + \frac{E_0^2}{2mc^2} \tag{6.6.4}$$

这样,同一激发态的γ射线发射谱和吸收谱,其平均能量相差 $2E_R$(见图6-8)。显然,只有相应发射谱和吸收谱的重叠部分,即图6-8中的阴影区,γ射线的共振吸收才能发生。所以,有显著共振吸收的必要条件是 $E_R \leqslant \Gamma$。如果 $E_R \gg \Gamma$,发射谱和吸收谱就不可能有重叠,当然就不可能发生共振吸收。对于原子情形,由于光子能量很小,因

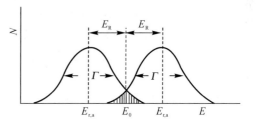

图6-8　γ射线的发射谱和吸收谱

而反冲能量损失总是小于原子的能级宽度。例如,对钠原子的D线,能谱宽度 $\Gamma \approx 10^{-8}$ eV,而反冲能量损失 $E_R \approx 10^{-11}$ eV。所以实验上容易观察到共振吸收。原子核的情形则不然,通常 $E_R \gg \Gamma$。例如,对 ^{191}Ir 的129 keV的γ跃迁,$E_R = 0.047$ eV,$\Gamma = 4.6 \times 10^{-6}$ eV,反冲能量损失比能级宽度大很多,实际上不能观察到原子核的γ射线共振吸收。

由此可见,为了观测到γ射线的共振吸收,必须想法补偿反冲能量损失。一个办法是利用高速机械转动,使放射性原子核向吸收体运动。根据多普勒(Doppler)效应,放射源与接收器

有相对运动时,接收器测得的 γ 射线的能量 E_γ 和放射源放射出的 γ 射线能量 $E_{\gamma e}$ 不同,两者相差一个微量

$$E'_\gamma - E_{\gamma e} = E_{\gamma e}(v/c) \tag{6.6.5}$$

式中 v 是放射源与接收器的相对运动的速度。两者面向运动时,即 $v > 0$,则 $E'_\gamma > E_{\gamma e}$;两者背向运动时,即 $v < 0$,则 $E'_\gamma < E_{\gamma e}$。因此,若将放射源放在一个高速旋转的转子上,面向吸收体有一相对运动,选择合适的相对运动速度 v,使 $(E'_\gamma - E_{\gamma e})$ 值刚好等于 $2E_R$,那么,共振条件可以完全恢复。另一个办法是增加放射源或吸收体或两者的温度,使两者原子核之间有一合适的相对速度,从而达到补偿反冲能量损失的目的。

二、穆斯堡尔效应

1958 年穆斯堡尔(Mössbauer)发现,可以采用另一个更为聪明而且切实可行的办法来消除反冲,其原理并不深奥。我们知道,受反冲物体的质量越大,反冲能量所占的比例就越小。这个规律无论对于发射炮弹的大炮还是放出 γ 光子的原子核都是同样正确的。为了消除大炮的反冲,人们要用制动锄将大炮固定在大地上。同样,为了消除原子核的反冲,穆斯堡尔提出.可将原子放人固体晶格以便尽可能使其固定,即将放射 γ 光子的原子核与吸收 γ 光子的原子核束缚在晶格中。如果 γ 光子的能量满足一定的条件,那么这时遭受反冲的不是单个原子核,而是整块晶体。与单个原子核的质量相比,晶体的质量大得不可比拟,所以反冲速度极小,反冲能量实际等于零,整个过程可看作无反冲的过程。这种效应称为穆斯堡尔效应。因此,穆斯堡尔效应也被称为无反冲共振吸收。

根据理论计算,无反冲的发射 γ 光子的分数

$$f = \exp\left\{ -\frac{3}{2} \frac{E_0^2}{2mc^2 k\theta} \left[1 + \frac{2}{3}\left(\frac{\pi T}{\theta}\right)^2 \right] \right\} \tag{6.6.6}$$

式中,k 是玻耳兹曼常量,T 是晶体的温度,θ 是晶体的德拜(Debye)温度。德拜温度是德拜改进爱因斯坦固定比热容公式时引进的参数,为晶体的固有本征值。上式只在温度 $T \ll \theta$ 的情况下适用。由式(6.6.6)可见,为了得到足够大的无反冲发射分数,必须选择德拜温度较大的晶体,同时跃迁能量不能很大,一般应小于 100 keV。另外,选用较重的原子核,以及降低晶体的温度,也都有利于效应的观察。

历史上首次用来观察无反冲共振吸收的是[191]Ir 的 129 keV 的能级。该能级是由放射源[191]Os 经 β⁻ 衰变后形成的,如图 6-9 所示。实验装置的示意图见图 6-10。放射源[191]Os 放在转盘上,通过准直孔的 γ 射线透过吸收片[191]Ir 后被闪烁计数器 D 记录。放射源和吸收体都放在低温恒温器中,冷却到 $T = 88$ K。当转盘的转速为零时,无反冲共振吸收最强,探测器的计数率降到最低。当放射源相对吸收体的运动速度为 v 时,由于多普勒效应 γ 射线能量改变 $\frac{v}{c}E_0$,共振吸收减小。在改变的范围超过能级宽度时,探测器的计数率迅速上升。图 6-11 是实验得到的共振吸收与相对运动速度 v 的关系。

人们研究得最多的是[57]Fe 的 14.4 keV 的 γ 射线。由于[57]Fe 具有较高的德拜温度,在室温的条件下效应就十分显著($f \approx 63\%$),所以它已成为重要的工作物质。

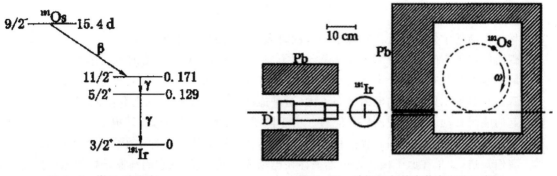

图 6-9 ^{191}Os 的衰变　　　　图 6-10 穆斯堡尔效应首次实验示意图

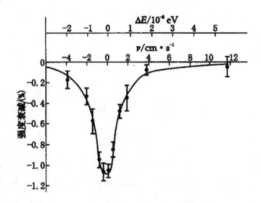

图 6-11 穆斯堡尔共振吸收谱线

穆斯堡尔效应有极高的能量分辨本领,例如对^{191}Ir,$\dfrac{\Gamma}{E_0}=4\times10^{-11}$;对^{57}Fe,$\dfrac{\Gamma}{E_0}=3\times10^{-13}$;而对^{67}Zn 的 93 keV γ 射线则有$\dfrac{\Gamma}{E_0}=5\times10^{-16}$。所以,利用它可以直接观测核能级的超精细结构以及用来验证广义相对论等。

广义相对论预言,在重力场作用下,光子的频率会发生改变,即所谓谱线红移。它是指在较弱的重力场处观测从较强的重力场处发射的谱线所得的频率比在重力场相同的两点间测得的低一些,即向长波方向移动,所以称为红移。因此,当光子离开星球表面时,其频率将逐渐降低。理论预言,在地球表面附近,高度相差 h 的两点观测的相对频率变化为

$$\frac{\Delta\nu}{\nu}=\frac{gh}{c^2}\approx1.1\times10^{-16}h$$

其中,h 的单位为 m。例如,在地面上高度相差 20 m 处所测得的 γ 射线相对频率变化将为

$$\frac{\Delta\nu}{\nu}\approx2.2\times10^{-15}$$

1960 年庞德(R. V. Pound)和里布卡(G. A. Rebka)利用穆斯堡尔效应在实验室内测量了光子在重力场中的频率变化。实验中需要十分小心地注意排除外界干扰频率变化的因素。例如,如果相距 20 m 放置的^{57}Co 放射源和^{57}Fe 吸收体的温差达到 1℃,则效应将被掩盖。庞德和里布卡第一次成功地获得了预期结果,实验值 $\Delta\nu_{\mathrm{exp}}$ 与理论值 $\Delta\nu_{\mathrm{th}}$ 很好一致:

$$\frac{\Delta\nu_{\exp}}{\Delta\nu_{\text{th}}} = 1.05 \pm 0.10$$

这可称是穆斯堡尔效应在近代物理学的基础研究方面最为突出的成就。

穆斯堡尔效应的大量应用工作是基于原子核与核外电子间的超精细相互作用。

原子核电荷分布与核外电子电荷分布之间的库仑相互作用,会引起核能级的微小移动。由于基态和激发态原子核的电荷分布不同,这种能级移动也不同。基态和激发态的因库仑作用引起的能级移动之差称为同质异能移。由于同质异能移的大小与核外电子分布有关,所以利用穆斯堡尔效应可测出同质异能移的相对大小,从而可以研究核外电子分布情况。

我们知道,如果在原子核所处位置上存在电场梯度或磁场,则它们与原子核的电四极矩或磁矩相互作用将引起核能级的分裂。这种能级分裂可以利用穆斯堡尔效应灵敏地测出。因为电场梯度、磁场与核外电子分布的电磁性质有关,所以穆斯堡尔效应可作为研究原子核周围环境的灵敏探针,而这种探针所提供的微观结构的信息在物理学、化学、生物学、地质学、冶金学等学科的基础研究方面得到日益广泛的应用。起源于核物理研究的穆斯堡尔效应,已冲破核物理领域的界限,发展成为一门重要的边缘学科——穆斯堡尔谱学。

习　　题

1. 原子核 ^{69}Zn 处于能量为 436 keV 的同质异能态时,试求放射 γ 光子后的反冲动能 $E_{R\gamma}$ 和放射内转换电子后的反冲动能 E_{Re}。若 ^{69}Zn 处于高激发态,可能发射中子,试求发射能量为 436 keV 中子后的反冲能 E_{Rn}(已知 K 层电子的结合能为 9.7 keV)。

2. 试计算 1 μg 重的 ^{137}Cs 每秒放出多少个 γ 光子(已知 ^{137}Cs 的半衰期为 30.07a,β 衰变至子核激发态的分支比为 93%,子核 γ 跃迁的内转换系数分别为 $\alpha_K = 0.097\,6$,$K/L = 5.66$,$M/L = 0.260$)。

3. 已知 ^{72}Se 的某一激发态(0^+,937keV)通过 γ 退激和发射内转换电子(半衰期 $T = 15.8$ns)到第一激发态(2^+,862 keV)和基态(0^+)。实验测到 γ 跃迁概率 λ_γ(75keV)与内转换电子概率 λ_e(937keV)之比近似为 2.70,75keV 跃迁的内转换系数为 2.4,试求部分衰变常数 λ_γ 和 λ_e。

4. 已知 ^{137m}Ba 的半衰期 $T = 2.6$min,通过 γ 跃迁和内转换到基态,γ 跃迁的衰变常数 $\lambda_\gamma = 3.96 \times 10^{-3}$/s,试求内转换系数。

5. 放射源 ^{46}Sc β^- 衰变至 ^{46}Ti 的激发态,然后接连通过两次 γ 跃迁至基态。由 β 磁谱仪在曲率半径为 20cm 处测得此放射源的内转换 K 电子的峰与场强 0.025 75 T,0.021 66 T 对应。已知 Ti 的 K 电子结合能为 5.0keV,试求 γ 跃迁的能量。

6. 设一核有大致等距分布的四条能级,其能级特性从下至上依次为 $(1/2)^+$,$(9/2)^+$,$(3/2)^-$,$(9/2)^-$。试画出能级图,标明最可能发生的跃迁类型。

7. 对于下列 γ 跃迁,已知跃迁类型和始态的能级特性,试求末态的能级特性:(1)$1^+ \xrightarrow{\text{E1}}$;(2)$2^- \xrightarrow{\text{M2+E3}}$;(3)$4^+ \xrightarrow{\text{E2}}$;(4)$1^+ \xrightarrow{\text{M1+E2}}$;(5)$0^+ \xrightarrow{\text{M3}}$。

第七章　原子核反应

前几章讨论的核衰变是不稳定的原子核自发发生的转变。一方面,转变的方向总是朝着稳定的原子核的方向发展,最后变成稳定的原子核。另一方面,稳定的原子核也可以转变为不稳定的原子核,只是不能自发产生,而是通过核反应形成的。

原子核与原子核,或者原子核与其他粒子(例如中子、γ光子等)之间的相互作用所引起的各种变化叫作核反应。各式各样的核反应是产生不稳定原子核的最根本的途径。

核反应过程对原子核内部结构的扰动以及所牵涉的能量变化一般要比核衰变过程大得多。例如,核衰变只涉及低激发能级,通常在$(3\sim4)$ MeV以下,这是衰变核谱学的一个局限性。核反应涉及的能级可以很高,通常在一个核子的分离能以上,甚至高达几百 MeV 以上。反应核谱学是研究高激发能级的重要手段。核反应产生的现象丰富多彩,光是轻粒子(不比 α 粒子更重的粒子)引起的核反应就有几千种。因而,核反应可在更广泛的范围内对原子核进行研究。此外,核反应是获得原子能和放射性核的重要途径,对它的研究具有很大的实际意义。

第一节　核反应概述

一、实现核反应的途径

要使核反应过程能够发生,原子核或其他粒子(如中子、γ光子等)必须足够接近另一原子核,一般须达到核力作用范围之内,即小于 10^{-12} cm 的数量级。实现这一条件可以通过以下三个途径。

1)用放射源产生的高速粒子去轰击原子核。例如,1919 年卢瑟福实现的历史上第一个人工核转变就是用放射源 $RaC'(^{210}Po)$ 的 α 粒子去轰击氮原子核,引起核反应:

$$^{14}_{7}N + ^{4}_{2}He \longrightarrow ^{17}_{8}O + ^{1}_{1}H \tag{7.1.1}$$

此式表示 α 粒子($^{4}_{2}He$)打在氮原子核$^{14}_{7}N$上,使$^{14}_{7}N$核转变成$^{17}_{8}O$核,同时放出一个质子 p ($^{1}_{1}H$核)。这里,α 粒子称为入射粒子,也叫轰击粒子;$^{14}_{7}N$核称为靶核;$^{17}_{8}O$ 和$^{1}_{1}H$统称为反应产物,其中较重者$^{17}_{8}O$称为剩余核,较轻者$^{1}_{1}H$称为出射粒子。通常把反应式(7.1.1)简写为

$$^{14}_{7}N(\alpha,p)^{17}_{8}O$$

用放射源提供入射粒子来研究核反应,入射粒子种类很少,强度不大,能量不高,而且不能连续可调,目前已很少用了。

2)利用宇宙射线来进行核反应。宇宙射线是指来自宇宙空间的高能粒子。宇宙射线的能量一般都很高,最高可达 10^{21} eV,用人工办法要产生这样高能量的粒子近期是难以实现的。用它作为入射粒子来研究高能核反应有可能发现一些新现象。缺点是强度很弱,能观测到核反应的机会极小。

3)利用带电粒子加速器或反应堆来进行核反应。这是实现人工核反应的最主要的手段。随着粒子加速器技术的不断发展和性能改进,人们已能将几乎所有的稳定核素加速到单核子能量数百 MeV,甚至更高的能量。近期有望将^{197}Au 加速至 200 GeV/A。在束流强度和品质方面也有极大提高。

二、核反应的分类

核反应一般可表示为

$$A+a \longrightarrow B+b \tag{7.1.2}$$

式中 A 和 a 分别表示靶核和入射粒子,B 和 b 表示剩余核和出射粒子,简写为

$$A(a,b)B$$

当入射粒子能量较高时,出射粒子可以不止一个,而有两个或两个以上。例如 30 MeV 的 α 粒子轰击^{60}Ni,可以产生反应:

$$^{60}Ni+\alpha \longrightarrow ^{62}Cu+p+n \tag{7.1.3}$$

简写为$^{60}Ni(\alpha,pn)^{62}Cu$;40 MeV 的质子轰击^{209}Bi,可以产生反应:

$$^{209}Bi+p \longrightarrow ^{206}Po+4n$$

简写为$^{209}Bi(p,4n)^{206}Po$。

核反应按出射粒子的不同,可以分为两大类,即核散射和核转变。

1. 核散射

核散射是指出射粒子和入射粒子相同的核反应。核散射又分弹性散射和非弹性散射两种。

(1)弹性散射是指散射前后系统的总动能相等,原子核的内部能量不发生变化。弹性散射的一般表示式为

$$A+a \longrightarrow A+a \quad 或 \quad A(a,a)A \tag{7.1.4}$$

例如,质子被碳核散射,散射后的碳核仍处于基态时,这一反应就是弹性散射。它表示为

$$^{12}C+p \longrightarrow ^{12}C+p \quad 或 \quad ^{12}C(p,p)^{12}C$$

(2)非弹性散射是指散射前后系统的总动能不相等,原子核的内部能量要发生变化。最常见的非弹性散射是剩余核处于激发态的情形,它的一般表示式是

$$A+a \longrightarrow A^*+a' \quad 或 \quad A(a,a')A^* \tag{7.1.5}$$

例如,质子被碳核散射,散射后的碳核处于激发态时,这一反应就是非弹性散射。它表示为

$$^{12}C+p \longrightarrow ^{12}C+p' \quad 或 \quad ^{12}C(p,p')^{12}C$$

2. 核转变

核转变是指出射粒子和入射粒子不同的反应,前面所举的式(7.1.1)和式(7.1.3)反应即是。

(1)核反应按入射粒子种类不同可分为三类。

1)中子核反应。如中子弹性散射(n,n),中子非弹性散射(n,n'),中子辐射俘获(n,γ)等。

2)带电粒子核反应。它又可分为:质子引起的核反应,如(p,p),(p,n),(p,α)等;氘核引

起的核反应,如(d,p),(d,α)等;α粒子引起的核反应,如(α,n),(α,p)等,重离子(指比 α 粒子更重的离子)引起的核反应,如(^{12}C,4n),(^{16}O,α3n)等。

3)光核反应。即 γ 光子引起的核反应,如(γ,n),(γ,p)等。

此外,电子也可以引起核反应,其特点和光核反应类似。

(2)核反应按入射粒子能量不同,还可不很严格地分为三类。

1)低能核反应。指入射粒子的单核子能量 $E<30$ MeV 的核反应。此时产生的出射粒子的数目一般最多是 3～4 个。

2)中能核反应。指单核子能量为 30 MeV$<E/A<1\,000$ MeV 的核反应。此时可以使靶核散裂成许多碎片。当 $E/A>100$ MeV 时,还可以产生介子。

3)高能核反应。指 $E/A>1\,000$ MeV 的核反应。此时除可以产生介子外,还可以产生其他一些基本粒子和形成奇特核。

本章介绍的核反应主要是低能核反应。

三、反应道

对一定的入射粒子和靶核,能发生的核反应过程往往不止一种。例如,能量为 2.5 MeV 的氘核轰击 ^{6}Li 时,可以产生下面一些反应:

$$^6\text{Li}+d \longrightarrow \begin{cases} ^4\text{He}+\alpha \\ ^7\text{Li}+p_0 \\ ^7\text{Li}^*+p_1 \\ ^7\text{Li}^{**}+p_2 \\ ^6\text{Li}+d \\ \cdots \end{cases} \tag{7.1.6}$$

式中 p_0,p_1 和 p_2 分别表示相应反应中放出的质子。

对应于每一种核反应过程,称为一个反应道。反应前的道称为入射道,反应后的道称为出射道,对于同一个入射道,可以有若干个出射道,如式(7.1.6)所示的反应。对于同一个出射道,也可以有若干个入射道,例如

$$\left.\begin{array}{r} ^6\text{Li}+d \\ ^7\text{Li}+p \\ ^7\text{Be}+n \end{array}\right\} \longrightarrow {}^4\text{He}+\alpha$$

产生各个反应道的概率是不等的,而且这种概率随入射粒子能量的变化而不同。能量增大时,一般要增加出射道。对于一定的入射粒子和靶核,到底能产生哪些反应道,这与核反应机制和核结构等问题都有关,同时它要被一些守恒定律所约束。

四、核反应中的守恒定律

大量实验表明,核反应过程主要遵守以下几个守恒定律:

1)电荷守恒。即反应前后的总电荷数不变。

2)质量数守恒。即反应前后的总质量数不变。

3)能量守恒。即反应前后体系的总能量(静止能量和动能之和)不变。

4)动量守恒。即反应前后体系的总动量不变。

5)角动量守恒。即在反应过程中,总角动量不变。例如$^{14}_7\text{N}(\alpha,\text{p})^{17}_8\text{O}$反应,反应前体系的总角动量为$^{14}_7\text{N}$核、$\alpha$粒子的角动量以及两者相对运动的轨道角动量的矢量和。已知$^{14}_7\text{N}$核和α粒子的角动量分别为 1 和 0,若两者对心碰撞,则其轨道角动量为 0,于是反应前体系的总角动量为 1。同时,已知$^{17}_8\text{O}$核和质子的角动量分别为 5/2 和 1/2,则两者的矢量和是 2 或 3。为了保持反应后体系的总角动量也是 1,则$^{17}_8\text{O}$核与质子间的轨道角动量 l 只能取以下可能值:1,2,3 或 2,3,4。

6)宇称守恒。即对每一类型的核反应,体系总的宇称不变。例如,$^{14}_7\text{N}(\alpha,\text{p})^{17}_8\text{O}$反应,反应前体系的宇称等于$^{14}_7\text{N}$核、$\alpha$粒子的宇称以及两者相对运动的轨道宇称之积。已知$^{14}_7\text{N}$核和$\alpha$粒子的宇称都是$+1$。如果两者对心碰撞,则其轨道宇称也是$+1$。于是反应前体系的宇称$\pi_i=(+1)(+1)(+1)=+1$。同时,已知$^{17}_8\text{O}$和质子的宇称都是$+1$,为了保持反应后体系的宇称$\pi_f=+1$,则后两者相对运动的轨道宇称必为$+1$。因此,它们的轨道角动量 l 只能取偶数,即 $l=0,2,4$ 等。如果入射波取 $l=1$ 的分波,则质子和$^{17}_8\text{O}$相对运动的角动量量子数 l 只能取奇数,即 $l=1,3,5$ 等。

第二节　反应能及 Q 方程

本节讨论能量守恒定律和动量守恒定律应用在核反应中所获得的某些重要结果。

一、反应能(Q 值及实验 Q 值)

核反应过程中释放出的能量,称为反应能,通常用符号 Q 表示。因此,反应能就是反应后的动能减去反应前的动能。$Q>0$ 的反应叫作放能反应,$Q<0$ 的反应叫作吸能反应。

考虑反应能后,核反应的表示式为

$$\text{A}+\text{a}\longrightarrow\text{B}+\text{b}+Q \tag{7.2.1}$$

例如反应

$$^6\text{Li}+\text{d}\longrightarrow{}^4\text{He}+\alpha+22.4\text{ MeV}$$

其 Q 为正值,所以它是放能反应。

一方面,令 E_A,E_a,E_B,E_b 分别表示靶核、入射粒子、剩余核、出射粒子的动能;m_A,m_a,m_B,m_b 分别表示它们的静止质量,并假设反应前后的粒子都是处于基态,根据反应能的定义有

$$Q=E_B+E_b-E_A-E_a \tag{7.2.2}$$

另一方面,利用广义质量亏损 Δm,我们有

$$Q=\Delta mc^2=(m_A+m_a-m_B-m_b)c^2=(M_A+M_a-M_B-M_b)c^2 \tag{7.2.3}$$

式中,M_A,M_a,M_B,M_b 代表反应前后相应粒子的原子质量。注意,在式(7.2.3)的推导中,采用原子质量来代替核的质量。这是因为核的总电荷在反应前后不变,则原子中的电子总数也不变,于是在原子质量相减的过程中,电子质量相消了。当然,反应前后电子在原子中的结合能是有变化的,但它甚小,可以忽略不计。

式(7.2.2)和式(7.2.3)表明:Q 值既可以通过实验测量反应前后各粒子的动能求得,也可以由已知的各粒子的原子质量算出。式(7.2.3)还可以通过反应前后有关粒子的结合能之差表示出来。令 m_{aA} 表示粒子 a 与靶核 A 结合而成的中间核的质量,m_{bB} 表示粒子 b 与剩余核 B 结合时生成核的质量,显然有 $m_{aA}=m_{bB}$。则当式(7.2.3)右边括号内同时加减 m_{aA} 时,有

$$Q=[(m_A+m_a-m_{aA})-(m_B+m_b-m_{bB})]c=B_{aA}-B_{bB} \tag{7.2.4}$$

式中,B_{aA} 为粒子 a 与靶核 A 的结合能,B_{bB} 为粒子 b 与剩余核 B 的结合能。由此式可见,当 $B_{aA}>B_{bB}$ 时,为放能反应,反之为吸能反应。

以上讨论 Q 值时,是假设反应前后的粒子都是处于基态的。实际情形中,反应产物(特别是剩余核)可以处于激发态。剩余核处于激发态时的 Q 值,通常称为实验 Q 值,用 Q' 表示。

设剩余核的激发能为 E^*,则激发态剩余核的静止质量为

$$m_B^*=m_B+\frac{E^*}{c^2} \tag{7.2.5}$$

于是

$$Q'=\Delta mc^2=(m_A+m_a-m_B^*-m_b)c^2=(m_A+m_a-m_B-m_b)c^2-E^*=Q-E^* \tag{7.2.6}$$

此处 Q 是剩余核处于基态时的反应能,由前所述,它可以通过各粒子的质量计算出来。

式(7.2.6)的物理意义是明显的,由于剩余核处于激发态,则其能量比基态时多了一部分激发能 E^*,这部分能量在核反应中没有转化为出射粒子和剩余核的动能。因此,反应过程中释放出的能量 Q' 就要比剩余核处于基态时的 Q 少了一个 E^*。

式(7.2.6)可改写为

$$E^*=Q-Q' \tag{7.2.7}$$

此式表明,由实验测得 Q' 后,即可求得剩余核的激发能。这是通过核反应获得原子核激发能数据的重要方法。

二、Q 方程

下面我们来讨论通过实验测量反应中有关粒子的动能来求 Q 值。

由于靶核在实验中往往是固定的,即 $E_A=0$,则按式(7.2.2),有

$$Q=E_a+E_b-E_a \tag{7.2.8}$$

剩余核的动能 E_B 一般较小,很难准确测定,有时它还不能穿出靶物质,根本无法直接测量。这样,实验测定 Q 值似乎成了问题。然而,我们可以利用动量守恒定律把 E_B 消掉。

用 $\boldsymbol{p}_a$,$\boldsymbol{p}_B$,$\boldsymbol{p}_b$ 分别表示粒子 a,B,b 的动量,按动量守恒定律有

$$\boldsymbol{p}_a=\boldsymbol{p}_B+\boldsymbol{p}_b$$

令 θ 表示出射粒子 b 的出射角,即出射粒子与入射粒子方向间的夹角,如图 7-1 所示,

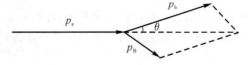

图 7-1　核反应中动量守恒示意图

由余弦定律得

$$p_B^2 = p_a^2 + p_b^2 - 2 p_a p_b \cos \theta$$

因 $p^2 = 2mE$，则有

$$m_B E_B = m_a E_a + m_b E_b - 2 (m_a m_b E_a E_b)^{1/2} \cos \theta \qquad (7.2.9)$$

将此式与式(7.2.5)合并消去 E_B，得到

$$Q = \left(\frac{m_a}{m_B} - 1 \right) E_a + \left(\frac{m_b}{m_B} + 1 \right) E_b - \frac{2 (m_a m_b E_a E_b)^{1/2} \cos \theta}{m_B} \qquad (7.2.10)$$

把式中的质量 m 之比改写为质量数 A 之比，一般不会影响精确度，于是可改写为

$$Q = \left(\frac{A_a}{A_B} - 1 \right) E_a + \left(\frac{A_b}{A_B} + 1 \right) E_b - \frac{2 (A_a A_b E_a E_b)^{1/2} \cos \theta}{A_B} \qquad (7.2.11)$$

由式(7.2.10)或式(7.2.11)可见，只要测量 θ 角方向的出射粒子的动能 E_b（因实验中 E_a 一般已知），即可求得 Q 值。当 $\theta = 90°$ 时，上述两式最后一项为零。所以，在 θ 等于 $90°$ 方向进行测量，计算更为简单。

式(7.2.10)或式(7.2.11)通常称为 Q 方程。

在实际问题中，常常需要知道出射粒子的能量 E_b 随出射角 θ 的变化关系，通常称为能量-角度关系或能量角分布，用 $E_b(\theta)$ 来表示。当然，$E_b(\theta)$ 可以通过实验来测量，但在实际应用中，往往是通过求解 Q 方程得到的。

Q 方程的解为

$$E_b = \left\{ \frac{(A_a A_b E_a)^{1/2}}{A_B + A_b} \cos \theta \pm \left[\left(\frac{A_B - A_a}{A_B + A_b} + \frac{A_a A_b}{(A_B + A_b)^2} \cos^2 \theta \right) E_a + \frac{A_B}{A_B + A_b} Q \right]^{1/2} \right\}^2$$

$$(7.2.12)$$

上式有时也称为 Q 方程。对应于某一入射粒子能量 E_a，应用式(7.2.12)即可求得能量-角度关系 $E_b(\theta)$。这种关系对于在实验中辨认粒子，以及在不同的出射角处选择一定能量的出射粒子是很有用的。

Q' 与 Q 都是反应后的动能减去反应前的动能，因此，对于 Q'，式(7.2.10)～(7.2.12)同样适用。只是这些式中的 m_B 应该用激发态的剩余核质量 m_B^* 来代替。但通常 $E^* \ll m_B c^2$，所以有 $m_B^* \approx m_B$。

三、Q 方程的应用 —— 弹性散射的运动学因子

在离子束分析中，有两种常用的分析手段：背散射分析（即卢瑟福散射分析）和弹性反冲分析。它们都属于弹性散射，可用来分析材料表面的元素成分及深度分布。设入射粒子质量为 m，靶核质量为 M，在背散射分析中只考虑 $m < M$ 情况[见图 7-2(a)]。由于重靶核的卢瑟福散射截面大，因此背散射法对轻元素样品中的重元素杂质成分的分析是比较合适的。相反，用背散射对重元素样品中轻元素杂质的分析就不灵敏了。一般采用弹性反冲法，用较重的带电粒子作为入射粒子，探测被反冲出来的较轻的杂质粒子，此时 $m > M$[见图 7-2(b)]。下面从运动学角度来讨论两种不同方法中，相应出射粒子和反冲粒子的能量，这是离子束分析中重要的测量量。

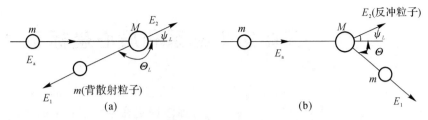

图 7-2　入射粒子与靶核的弹性散射示意图

先讨论背散射分析法。对于弹性散射$(Q=0)$，设 $m_a=m_b=m$，$M_A=M_B=M$，入射粒子能量为 E_a，利用 Q 方程可得散射出来的粒子能量为

$$E_1 = KE_a \tag{7.2.13}$$

其中 K 为散射前后粒子能量之比，称为运动学因子，又称弹散比。这里 K 的大小与 E_a 无关。显然，对背散射$(m < M)$情况，上式只能取"+"号，即

$$K = \left[\frac{m\cos\theta_L + \sqrt{M^2 - m^2\sin^2\theta_L}}{M + m} \right]^2 \tag{7.2.14}$$

图 7-3 给出了入射粒子为 α 时，K 值与不同靶核和出射角 θ_L 的关系曲线。由图可见，靶核质量 M 越大 K 值越大，即散射能量损失越小，且 M 越大相应曲线越平坦。另外，随 θ_L 的增加，不同靶核质量的 K 值的差也越大，因此在大角度处测得 K 值后，即可由图查出相应靶核质量。

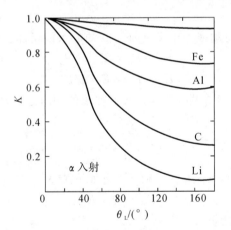

图 7-3　^{4}He 入射到不同靶时，K 因子与 M 及 θ_L 的关系曲线

接下来讨论弹性反冲分析法。设反冲角为 ψ_L，那么反冲粒子能量为

$$E_2 = K_R E_a \tag{7.2.15}$$

其中反冲因子 K_R 为

$$K_R = \frac{4mM}{(m+M)^2}\cos^2\psi_L \tag{7.2.16}$$

类似背散射，一定 ψ_L 下，不同 K_R 对应不同的靶质量，因此达到分析材料元素的目的。

第三节　　实验室坐标系和质心坐标系

实验室坐标系,简称 L 系,是指坐标原点固定在实验室中某一点(例如在核反应实验中的靶核)的坐标系。质心坐标系,简称 C 系,是指坐标原点固定在系统诸粒子的质心(例如在核反应问题中的入射粒子和靶核的质心)上的坐标系。显然,直接从实验中所取得的数据都是相对于 L 系而言的,下面要讲到的角分布和激发函数等数据就是这样。但是,在讨论理论问题时,如果采用 L 系往往比较麻烦,采用 C 系就比较简单。因此,讨论理论问题时均习惯用 C 系。为了使实验数据能与理论作比较,就需要将有关物理量从 L 系转换成 C 系,或从 C 系转换成 L 系,本节主要讨论这种转换。

一、质心系中运动学的特点

我们知道,质心系中运动学具有以下特点:

1) 反应前后总动量均为零,即

$$\sum_i P_i = 0$$

2) 质心永远保持匀速直线运动,即

$$v_C = \mathrm{const}$$

3) 反应前(后)L 系的总动能等于反应前(后) 质心系能量加上质心的动能,即

$$E_a + E_A = E'_i + E_C$$
$$E_b + E_B = E'_f + E_C$$

上式中的 E'_i 为反应前质心系能量,常称为入射粒子的相对运动动能。它与入射粒子动能的关系为

$$E_i = \frac{m_A}{m_a + m_A} E_a \tag{7.3.1}$$

4) 反应前后 C 系中质心系能量 E'_i 和 E'_f 有如下关系

$$E'_i + Q = E'_f \tag{7.3.2}$$

5) 在 C 系中出射粒子能量 E'_b 为

$$E'_b = \frac{m_B}{m_b + m_B} \left(\frac{m_A}{m_a + m_A} E_a + Q \right) \tag{7.3.3}$$

与 θ_L 无关,即站在质心上看,出射粒子能量是各向同性的。特别是对于弹性散射,$Q = 0$,$m_a = m_b = m$,$M_A = M_B M$,此时 $E'_b = E'_a$,即弹性散射时,在 C 系中入射粒子与出射粒子的动能相等。

二、阈能

对于吸能反应,$Q < 0$,只有当入射粒子的动能大于一定数值时反应才能发生。例如,反应 $^{14}N(\alpha, p)^{17}O$ 的 Q 为 1.193 MeV,能使该反应发生的 α 粒子的最低能量是多少呢? 初看起

来,只要 α 粒子具有 1.193 MeV 的动能,以上反应就能发生。但实际上这是不够的。这是因为在 L 系中,入射粒子所具有的动能,除了要供给被体系吸收的 $|Q|$ 值以外,为了保持动量守恒,还要供给反应产物以必要的动能。所以,E_a 必须大于 $|Q|$ 值,才能使反应发生。在 L 系中,能够引起核反应的入射粒子最低能量,称为该反应的阈能,以 E_{th} 表示。E_{th} 究竟应该多大呢? 我们可以通过分析 Q 方程的解式(7.2.12)得到(读者自行分析),也可以借助 C 系来考虑。

在 C 系中,反应前后体系的动量均等于零,所以 C 系中反应产物不一定要有动能。因此,反应前体系在 C 系中的动能可以至少等于 $|Q|$,即

$$E'_i \geqslant |Q| \tag{7.3.4}$$

其中,E'_i 是反应前质心系能量,即入射粒子相对运动动能。将式(7.3.1)代入式(7.3.4)有

$$E_a \geqslant \frac{m_a + m_A}{m_A} |Q| \tag{7.3.5}$$

得阈能为

$$E_{th} = \frac{m_a + m_A}{m_A} |Q| \tag{7.3.6}$$

需要指出的是,对于放能反应,由于不需要提供能量,阈能原则上等于零。实际上,对于入射粒子为带电粒子的核反应,由于存在库仑势垒,反应仍有阈能,且阈能大小由库仑势垒决定。

三、出射角在 L 系与 C 系的转换关系

出射粒子 b 在 L 系中的速度 v_b 应该等于 b 在 C 系中的速度 v'_b 加上质心在 L 系中的速度 v_C,即

$$v_b = v'_b + v_C \tag{7.3.7}$$

其向量之间的关系如图 7-4 所示。图中 θ_L 是 L 系中的出射角,θ_C 是 C 系中的出射角。根据正弦定理,有

$$\frac{v'_b}{\sin \theta_L} = \frac{v_C}{\sin (\theta_C - \theta_L)} \tag{7.3.8}$$

定义 $\dfrac{v_C}{v'_b} \equiv \gamma$,式(7.3.8)可改写为

$$\sin (\theta_C - \theta_L) = \gamma \sin \theta_L \tag{7.3.9}$$

所以

$$\theta_C = \theta_L + \arcsin(\gamma \sin \theta_L) \tag{7.3.10}$$

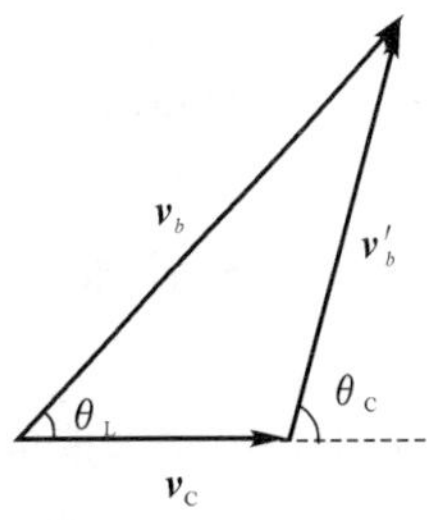

图 7-4 θ_L 与 θ_C 的关系

可见,若已知 γ,则由 θ_L 角可换算出 θ_C 角。

另外,由图 7-4,根据余弦定理有

$$v_b = [v_C^2 + v'^2_b - 2v_C v'_b \cos (\pi - \theta_C)]^{1/2} = [v_C^2 + v'^2_b + 2v_C v'_b \cos \theta_C]^{1/2} \tag{7.3.11}$$

所以

$$\cos \theta_L = \frac{\gamma + \cos \theta_C}{(1 + \gamma^2 + 2\gamma \cos \theta_C)^{1/2}} \tag{7.3.12}$$

由此式可见,如果已知 γ,则可由 θ_C 角换算出 θ_L 角。

现在,我们来求 γ 的表达式,根据反应能 Q 的定义,它是等于反应后各粒子的动能减去反应前各粒子的动能,在质心系中表示为

$$Q = \frac{1}{2} m_b v_b'^2 + \frac{1}{2} m_B v_B'^2 - E_i' \tag{7.3.13}$$

其中,v_b' 和 v_B' 分别是出射粒子和剩余核在质心系中的速度,E_i' 是入射粒子的相对运动动能。

按动量守恒有

$$m_b v_b' = m_B v_B' \tag{7.3.14}$$

由式(7.3.13)和式(7.3.14),消去 v_B' 后可得

$$v_b'^2 = \frac{2m_B}{m_b(m_b + m_B)} (E' + Q) \tag{7.3.15}$$

对于 v_C 有

$$v_C^2 = \left(\frac{m_a}{m_a + m_A} v_a \right)^2 = \frac{2m_a}{(m_a + m_A)^2} E_a = \frac{2m_a}{m_A(m_a + m_A)} E_i' \tag{7.3.16}$$

利用 γ 的定义以及式(7.3.15)和式(7.3.16),有

$$\gamma^2 = \frac{m_a m_b}{m_A m_B} \left(\frac{m_b + m_B}{m_a + m_A} \right) \frac{E'}{E' + Q} \tag{7.3.16}$$

用质量数 A 来表示时,注意到反应前后质量数相等:$A_b + A_B = A_a + A_A$,最后得 γ 的表达式为

$$\gamma = \left(\frac{A_a A_b}{A_A A_B} \cdot \frac{E'}{E' + Q} \right)^{1/2} \tag{7.3.17}$$

由式(7.3.17)可知,γ 一般是入射粒子能量的函数。入射粒子能量固定时,对确定的核反应,γ 是一常量。对于弹性散射,γ 与能量无关,因为此时 $Q = 0$,$\gamma = A_a / A_A$。就此讨论下面两种极端情形:

1)$A_A \gg A_a$ 时,$\gamma \approx 0$。则由式(7.3.10)得

$$\theta_C = \theta_L$$

2)$A_A = A_a$ 时,$\gamma = l$。则由式(7.3.10)得

$$\theta_C = 2\theta_L$$

下面来分两种情况讨论 L 系和 C 系的相互转换与 γ 的关系。

(1)$\gamma < 1$。

此时 $v_C < v_B'$,速度矢量关系如图7-5所示。由图可见,$\theta_L = 0°$ 时,$\theta_C = 0°$,v_B 最大,即出射粒子在 $0°$ 方向能量最高。$\theta_L = 180°$ 时,$\theta_C = 180°$,v_B 最小,即出射粒子在 $180°$ 方向能量最低。v_B 是出射角 θ_L 或 θ_C 的单调下降的函数。平常我们遇到的大部分核反应,一般都是 $\gamma < 1$,所以,大部分核反应的能量角分布是出射角的单调下降函数,而且在立体角的全部范围内都可能发现出射粒子。γ 越小,能量角分布越平坦.即出射粒子能量随出射角 θ_L 的变化越小。当 $\gamma \to 0$ 时,出射粒子能量几乎不随 θ_L 变化,例如轻粒子在重靶核上的弹性散射就是这样,因为这时的 $\gamma \approx 0$。反之,$\gamma \to 1$ 时,出射粒子的能量随 θ_L 增大而下降最多,θ_L 等于大角度处,出射粒子的能量趋于零。

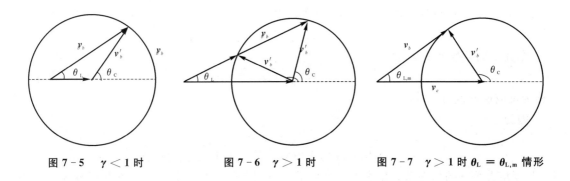

图 7-5　$\gamma < 1$ 时　　　　图 7-6　$\gamma > 1$ 时　　　　图 7-7　$\gamma > 1$ 时 $\boldsymbol{\theta}_{\mathrm{L}} = \boldsymbol{\theta}_{\mathrm{L,m}}$ 情形

(2) $\gamma > 1$。

此时 $v_{\mathrm{C}} > v'_{\mathrm{B}}$，速度矢量关系如图 7-6 所示。由图可见，对某一确定的 θ_{L}，对应有两个 θ_{C}，从而对应有两个 θ_b 值。所以，对于一个 θ_{L} 值，存在高低能两组出射粒子，高能组对应于小的 θ_{C} 值，低能组对应于大的 θ_{C} 值，其能量利用式(7.2.12)计算即得。式(7.2.12)中方括号前的正号对应高能组，负号对应低能组。这就是能量双值问题。另外，在 $\gamma > 1$ 的情形，θ_{L} 不能在 $0° \sim 180°$ 之间变化，只能小于或等于某一最大值 $\theta_{\mathrm{L,m}}$，如图 7-7 所示。由图可见，当 $\theta_{\mathrm{L}} = \theta_{\mathrm{L,m}}$ 时，能量双值变成了单值，此时只对应一个 θ_{C} 值。显然，对于 $\theta_{\mathrm{L,m}}$，有

$$\sin \theta_{\mathrm{L,m}} = \frac{v'_b}{v_{\mathrm{C}}} = \frac{1}{\gamma} \tag{7.3.18}$$

所以

$$\theta_{\mathrm{L,m}} = \arcsin \frac{1}{\gamma} \tag{7.3.19}$$

当 $\theta_{\mathrm{L}} > \theta_{\mathrm{L,m}}$ 时，不可能出现出射粒子，这种出射粒子只限于半张角为 $\theta_{\mathrm{L,m}}$ 的圆锥内的现象，称为圆锥效应。利用圆锥效应，我们可以获得定向粒子束。圆锥效应出现的条件是 $\gamma > 1$。由式(7.3.17)可见，对于通常的放能反应，一般不会出现 $\gamma > 1$，只有入射粒子比靶核重的情况下才会出现 $\gamma > 1$。对于吸能反应，入射粒子能量在接近阈能时，原则上可以出现圆锥效应，只是发生核反应的概率一般较小。

第四节　核反应截面与产额

当一定能量的入射粒子轰击靶核时，可能发生各种类型的反应。每种反应都有一定的概率，为了便于对核反应过程进行理论分析以及实际应用的需要，我们希望找到一个实验上可以测量的，理论上能够计算的，便于实验与理论比较的物理量来描述反应概率的大小，因此引入反应截面的概念。

一、核反应截面

设有一薄靶，其厚度 x 甚小，入射粒子垂直通过靶子时能量可以认为不变。令靶中单位体积的靶核数为 N_v，则单位面积靶上的靶核数为 $N_s = N_v x$。如果入射粒子的强度，即单位时间

的入射粒子数为 I,则单位时间内入射粒子与靶核发生的反应数 N' 应与 I 和 N_s 成正比,即

$$N' \propto IN_s \qquad (7.4.1)$$

令其比例系数为 σ,则

$$N' = \sigma IN_s \qquad (7.4.2)$$

σ 称为反应截面或有效截面。

因为

$$\sigma = \frac{N'}{IN_s} = \frac{单位时间发生的反应数}{单位时间的入射粒子数 \times 单位面积的靶核数}$$

所以,反应截面 σ 的物理意义是表示一个粒子入射到单位面积内只含一个靶核的靶子上所发生的反应概率,或者说,表示一个入射粒子同单位面积靶上一个靶核发生反应的概率。

因为 N' 和 I 的量纲相同,所以 σ 的量纲与 N_s 的量纲的倒数相同,即具有面积的量纲。因此,我们可以打个比喻,对于单位面积($1\ cm^2$)内只含一个靶核的靶子上,相当于存在一个有效截面积 $\sigma\ cm^2$,入射粒子碰到这个面积上就会发生反应。σ 是一个很小的量,大多数情形它要小于或等于原子核的横截面 πR^2,即约 $10^{-24}\ cm^2$ 的数量级。因此,反应截面 σ 的单位通常采用 $10^{-24}\ cm^2$,称为"靶恩",简称"靶",记作 barn 或 b。需说明的是,b 是非法定计量单位,但在国际上被广泛使用。

$$1\ 靶(b) = 10^{-24}\ cm^2$$
$$1\ 毫靶(mb) = 10^{-27}\ cm^2$$
$$1\ 微靶(\mu b) = 10^{-30}\ cm^2$$

对于一定的入射粒子和靶核,往往有若干个反应道。如果 N' 是通过各个反应道的总反应率,则相应的 σ 称为核反应的总截面。如果 N' 只是通过某一反应道的反应率,则相应的 σ 称为分截面。所谓反应率指的是单位时间的反应数。显然,总截面应该等于所有分截面之和。

核反应中的各种截面均与入射粒子的能量有关。截面随入射粒子能量的变化关系称为激发函数。用此函数画成的曲线称为激发曲线。例如,反应 $^2H(d,n)^3He$ 和 $^3H(d,n)^4He$ 的激发曲线如图 7-8 所示。激发曲线的实验测量是核反应工作的一项主要任务,它在原子核物理基础研究和实际应用方面都是十分重要的。

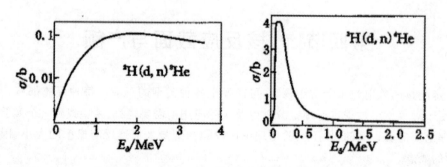

图 7-8　$^2H(d,n)^3He$ 和 $^3H(d,n)^4He$ 的激发曲线

二、微分截面和角分布

在核反应中,还常常使用微分截面。它比总截面或分截面能更细致地反映核反应的特征,而且在实验测量中通常它是一个直接可测得的量,现讨论如下。

核反应的出射粒子往往可以向各方向发射。实验发现各方向的出射粒子数不一定相同,这表明出射粒子飞向不同方向的核反应概率不一定相等。

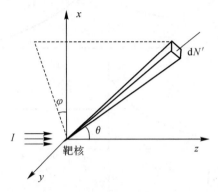

图 7-9 出射粒子角分布示意图

设单位时间出射至 $\theta \longrightarrow \theta + \mathrm{d}\theta$ 和 $\varphi \longrightarrow \varphi + \mathrm{d}\varphi$ 间的立体角 $\mathrm{d}\Omega$ 内的粒子数为 $\mathrm{d}N'$(见图 7-9),则

$$\mathrm{d}N' \propto IN_s\mathrm{d}\Omega$$
$$\mathrm{d}N' = \sigma(\theta,\varphi)IN_s\mathrm{d}\Omega \tag{7.4.3}$$

式中 $\sigma(\theta,\varphi)$ 称为微分截面,通常也用符号 $\dfrac{\mathrm{d}\sigma}{\mathrm{d}\Omega}$ 来标记。于是微分截面的表达式为

$$\sigma(\theta,\varphi) = \frac{\mathrm{d}N'}{IN_s\mathrm{d}\Omega} = \frac{单位时间出射至(\theta,\varphi)方向单位立体角内的粒子数}{单位时间的入射粒子数 \times 单位面积的靶核数} \tag{7.4.4}$$

$\mathrm{d}\Omega$ 的单位是球面度,记作 sr,所以微分截面的单位是靶恩/球面度($\mathrm{b \cdot sr^{-1}}$)或毫靶/球面度($\mathrm{mb \cdot sr^{-1}}$)等。

微分截面是核反应中的一个重要的物理量。其原因是:它既可以由实验直接测定,也可以由理论推导得出,便于实验和理论进行比较。另外,要想从实验求得某种反应道的分截面,往往需要通过微分截面的测量,将测量结果对立体角积分而得该反应道的分截面。通常这种分截面也叫积分截面。

事实上,将式(7.4.3)两边对立体角积分,得

$$N' = IN_s\int_\Omega \sigma(\theta,\varphi)\mathrm{d}\Omega = IN_s\int_0^{2\pi}\int_0^\pi \sigma(\theta,\varphi)\sin\theta\mathrm{d}\theta\mathrm{d}\varphi \tag{7.4.5}$$

对于一般的入射粒子和靶,微分截面对 φ 角是各向同性的,因而 $\sigma(\theta,\varphi)$ 实际上只是 θ 的函数。于是,由式(7.4.5)可得积分截面如下

$$\sigma = \frac{N'}{IN_s} = \int_0^{2\pi}\int_0^\pi \sigma(\theta)\sin\theta\mathrm{d}\theta\mathrm{d}\varphi = 2\pi\int_0^\pi \sigma(\theta)\sin\theta\mathrm{d}\theta$$

微分截面 $\sigma(\theta)$ 随 θ 的变化曲线称为角分布。对一确定的反应道,角分布的形状一般随入

射粒子能量的变化而变化,同时它随坐标系的选择而有所不同。通常遇到的角分布形状有以下几类变化趋势:①90° 对称的(见图 7-10(a)),② 前倾的(见图 7-10(b)),③ 后倾的(见图 7-10(c)),④ 各向同性的(见图 7-10(d)),⑤ 上下起伏的(见图 7-10(e))。图中 θ_C 是质心系中的出射角。

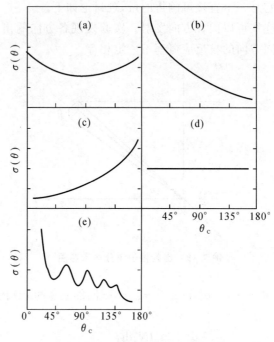

图 7-10 几类常见的角分布形状

注意微分截面表达式(7.4.4)中的 dN', I, N_s 和 $d\Omega$ 在实验中均可直接测量,所以微分截面 $\sigma(\theta)$ 可由实验直接测定。

三、L 系和 C 系微分截面的关系

实验中直接测定的微分截面是 L 系的微分截面 $\sigma_L(\theta_L)$,这里 θ_L 表示 L 系的出射角。理论中计算的则是 C 系微分截面 $\sigma_C(\theta_C)$,这里 θ_C 表示 C 系中的出射角。为了实验与理论能够进行比较,必须找出 $\sigma_L(\theta_L)$ 与 $\sigma_C(\theta_C)$ 的关系。

由式(7.4.3)知,单位时间内出射至 θ_L 到 $\theta_L + d\theta_L$ 间的立体角 $d\Omega_L$ 内的粒子数 dN'_L 为

$$dN'_L = IN_s\sigma_L(\theta_L)d\Omega_L$$

在 C 系中,相应的出射粒子数 dN'_C 为

$$dN'_C = IN_s\sigma_C(\theta_C)d\Omega_C$$

显然,出射粒子数 dN' 不随所选取的坐标系改变,即 $dN'_L = dN'_C$,所以

$$\sigma_L(\theta_L)d\Omega_L = \sigma_C(\theta_C)d\Omega_C \tag{7.4.6}$$

因 $d\Omega = 2\pi\sin\theta d\theta$,则

$$\sigma_L(\theta_L)\sin\theta_L d\theta_L = \sigma_C(\theta_C)\sin\theta_C d\theta_C \tag{7.4.7}$$

对式(7.3.12)两边取微分得

$$\sin \theta_L d\theta_L = \frac{1 + \gamma \cos \theta_C}{(1 + \gamma^2 + 2\gamma \cos \theta_C)^{3/2}} \sin \theta_C d\theta_C \tag{7.4.8}$$

用式(7.4.8)除式(7.4.7),最后得

$$\sigma_L(\theta_L) = \frac{(1 + \gamma^2 + 2\gamma \cos \theta_C)^{3/2}}{1 + \gamma \cos \theta_C} \sigma_C(\theta_C) \tag{7.4.9}$$

这就是 L 系和 C 系的微分截面的关系式,它在核反应的实际工作中经常用到。

四、核反应产额

入射粒子在靶中引起的反应数与入射粒子数之比,称为核反应的产额。它是一个入射粒子在靶中引起反应的概率。

显然,反应产额与反应截面有关。对确定的入射粒子与靶物质,截面越大产额也越多。但是,产额不像截面那样仅仅取决于反应过程的特点,而且和靶的厚度、纯度以及靶材料的物理状态等有关。所以,在很多实验场合,例如在放射性核素的制造和射线剂量的计算等工作中,都需要用到反应产额的概念。

1. 中子反应的产额

设一强度为 I_0 的中子束垂直射入靶子,靶子的厚度为 D,如图 7-11 所示。当中子束在靶内通过时,由于与靶核发生反应,中子的强度愈来愈弱。

今考虑靶深为 x 处的 dx 薄层内,由核反应引起的中子强度的减小,根据式(7.4.2)应为

$$-dI = IN_v \sigma dx \tag{7.4.10}$$

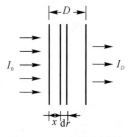

图 7-11 中子束通过靶子的情形

式中 I 为靶深为 x 处的中子强度,N_v 为靶子单位体积的原子核数,σ 为中子与靶核作用的反应截面。由于中子在靶内通过时,不会与核外电子发生作用,因而只要中子不与原子核作用,它的能量就不改变。所以,中子在靶内各处的反应截面 σ 均相同,即为常量。对式(7.4.10)积分得

$$I = I_0 e^{-N_v \sigma x} \tag{7.4.11}$$

即中子束的强度随靶厚的增加而指数地减小。

设通过靶厚 D 时的中子强度为 I_D,则

$$I_D = I_0 e^{-N_v \sigma D} \tag{7.4.12}$$

中子在靶内单位时间产生的反应数为

$$N' = I_0 - I_D = I_0(1 - e^{-N_v \sigma D}) \tag{7.4.13}$$

于是反应产额为

$$Y = \frac{N'}{I_0} = 1 - e^{-N_v \sigma D} \tag{7.4.14}$$

当 $D \ll \dfrac{1}{N_v \sigma}$ 时,这种靶称为薄靶。对于薄靶,由式(7.4.14)可得

$$Y = N_v \sigma D = N_s \sigma \tag{7.4.15}$$

即薄靶的产额与靶厚、截面成正比。

当 $D \gg \dfrac{1}{N_V\sigma}$ 时，这种的靶称为厚靶。按式(7.4.14)，厚靶的 $Y = 1$。

通过靶子的中子数与入射的中子数之比称为透射率 T。根据式(7.4.12)，有

$$T = \frac{I_D}{I_0} = e^{-N_V\sigma D} \tag{7.4.16}$$

透射率在实验中可直接测量，从而按式(7.4.16)即可求得反应截面 σ。用这种透射法测得的截面是中子总截面，它是各种反应道(包括弹性散射在内)的分截面之和。由于在实验中不需要测量中子的绝对强度，只需测量中子强度之比。这样，系统误差可以抵消，因而所测截面的精度一般较高。

2. 带电粒子反应的产额

带电粒子与中子不同，当它通过靶子时，会与核外电子发生作用，则其能量受到损失。一定初始能量的入射粒子通过不同厚度的靶子时，其能量损失也不同，即在不同靶深处的能量就不等。由于反应截面 $\sigma(E)$ 是能量的函数，因而不同靶深处的截面是不同的。

令 I_0 和 I 分别表示射到靶上的和在靶深为 x 处的带电粒子强度，N_V 为靶子单位体积的原子核数，则在靶深为 x 处的 $\mathrm{d}x$ 薄层内，单位时间的核反应数为

$$\mathrm{d}N' = IN_V\sigma(E)\mathrm{d}x \tag{7.4.17}$$

于是在厚度为 D 的靶中单位时间的总反应数为

$$N' = \int_0^D \mathrm{d}N' = \int_0^D IN_V\sigma(E)\mathrm{d}x \tag{7.4.18}$$

所以反应产额为

$$Y = \frac{N'}{I_0} = \frac{1}{I_0}\int_0^D IN_V\sigma(E)\mathrm{d}x \tag{7.4.19}$$

现分薄靶和厚靶情形进行讨论。

(1) 薄靶。

如果靶厚 D 很小，入射粒子在靶中的能量损失相对于初始动能 E_0 可以忽略不计时，这种靶称为薄靶。在此情形，$\sigma(E)$ 可视为常量，即 $\sigma(E) = \sigma(E_0)$。反应截面是一个很小的量，通常产生反应的粒子与未反应的粒子相比可以忽略不计。所以有 $I \approx I_0$。

于是式(7.4.19)成为

$$Y = N_V\sigma(E_0)\int_0^D \mathrm{d}x = N_V\sigma(E_0)D = N_s\sigma(E_0) \tag{7.4.20}$$

可见，与中子情形相同，带电粒子在薄靶中的产额也与靶厚、截面成正比。

(2) 厚靶。

如果靶厚 D 大于粒子在靶中的射程 $R(E_0)$，这种靶称为厚靶，在此情形的反应产额，根据式(7.4.19)有

$$Y = N_V\int_0^D \sigma(E)\mathrm{d}x = N_V\int_0^{R(E_0)} \sigma(E)\mathrm{d}x = N_V\int_{E_0}^0 \sigma(E)\frac{\mathrm{d}E}{\mathrm{d}E/\mathrm{d}x} \tag{7.4.21}$$

所以

$$Y(E_0) = N_V\int_0^{E_0} \frac{\sigma(E)}{-\left(\dfrac{\mathrm{d}E}{\mathrm{d}x}\right)}\mathrm{d}E \tag{7.4.22}$$

式中 $-\left(\dfrac{\mathrm{d}E}{\mathrm{d}x}\right)$ 为靶物质对入射带电粒子的阻止本领。

由式(7.4.22)可见,如果知道激发函数 $\sigma(E)$,就可以计算出带电粒子在厚靶中的反应产额。这在实际工作中经常用到。

有时还用平均截面来表示反应产额。平均截面定义为

$$\overline{\sigma(E)} \equiv \frac{\int_0^R \sigma(E)\mathrm{d}x}{R} \tag{7.4.23}$$

则由式(7.4.21),反应产额可表示为

$$Y = N_V R \frac{\int_0^R \sigma(E)\mathrm{d}x}{R} = N_V R \overline{\sigma(E)} \tag{7.4.24}$$

即带电粒子在厚靶中的产额与射程和平均截面成正比。

由式(7.4.24)可得厚靶中单位时间的核反应数

$$N' = YI_0 = I_0 N_V R \overline{\sigma(E)} \tag{7.4.25}$$

式中 I_0 为入射粒子的强度。

3. 核反应中放射性核素的生成

现在我们来讨论利用反应产额计算核反应中放射性核素的生成。

(1) 照射时间 t 后生成核的衰变率。

对于照射时间 t 后的生成核数,有以下微分方程

$$\frac{\mathrm{d}N(t)}{\mathrm{d}t} = N_s \bar{\sigma} I(t) - \lambda N(t) \tag{7.4.26}$$

用 $\mathrm{e}^{\lambda t}$ 乘上式两边,即可解得

$$N(t) = N_s \bar{\sigma} \mathrm{e}^{-\lambda t} \int_0^t I(t) \mathrm{e}^{\lambda t} \mathrm{d}t \tag{7.4.27}$$

所以照射时间 t 后的生成核的衰变率

$$A = \lambda N = N_s \bar{\sigma} \lambda \mathrm{e}^{-\lambda t} \int_0^t I(t) \mathrm{e}^{\lambda t} \mathrm{d}t \tag{7.4.28}$$

(2) 照射一段时间和冷却一段时间后生成核的衰变数。

设 $0 \rightarrow t_1$ 为照射时间,$t_1 \rightarrow t_2$ 为冷却时间,$t_2 \rightarrow t_3$ 为测量时间,λ 为生成核的衰变常量。我们来计算时间 $t_2 \rightarrow t_3$ 内的总衰变数。

利用式(7.4.27)可得 t_1, t_2, t_3 时刻的生成核数分别为

$$N_1 = N_s \bar{\sigma} \mathrm{e}^{-\lambda t_1} \int_0^{t_1} I(t) \mathrm{e}^{\lambda t} \mathrm{d}t$$

$$N_2 = N_s \bar{\sigma} \mathrm{e}^{-\lambda t_1} \mathrm{e}^{-\lambda(t_2-t_1)} \int_0^{t_1} I(t) \mathrm{e}^{\lambda t} \mathrm{d}t$$

$$N_3 = N_s \bar{\sigma} \mathrm{e}^{-\lambda t_1} \mathrm{e}^{-\lambda(t_2-t_1)} \mathrm{e}^{-\lambda(t_3-t_2)} \int_0^{t_1} I(t) \mathrm{e}^{\lambda t} \mathrm{d}t$$

所以 $t_2 \rightarrow t_3$ 时间内的总衰变数

$$N_{23} = N_s \bar{\sigma} \mathrm{e}^{-\lambda t_1} \mathrm{e}^{-\lambda(t_2-t_1)} \left[1 - \mathrm{e}^{-\lambda(t_3-t_2)}\right] \int_0^{t_1} I(t) \mathrm{e}^{\lambda t} \mathrm{d}t \tag{7.4.29}$$

需要指出,当实验测得 $t_2 \rightarrow t_3$ 时间内的总衰变数 N_{23} 后,利用式(7.4.29)可以求得平均截面

$\overline{\sigma(E)}$。用薄靶做实验时,此平均截面就是入射粒子能量为 E 时的反应截面 $\sigma(E)$。这是利用生成核的放射性求反应截面的一种有效方法。

第五节　　细致平衡原理

本节讨论核反应正逆过程的截面间的关系,但不涉及相互作用细节。

利用量子力学微扰论可以导出质心系中正、逆反应的截面之间有下面的重要关系式

$$\frac{\sigma_{\alpha\beta}}{\sigma_{\beta\alpha}} = \frac{p_b^2(2I_b+1)(2I_B+1)}{p_a^2(2I_a+1)(2I_A+1)} \tag{7.5.1}$$

此式称为细致平衡原理,其中 $\sigma_{\alpha\beta}$ 表示入射道为 α,出射道为 β 时的反应截面,若称它为正过程,则 $\sigma_{\beta\alpha}$ 为逆过程反应截面。p_α 和 p_β 分别为 α 和 β 道质心系相对运动动量。I_a,I_A,I_b 和 I_B 分别为入射粒子、靶核、出射粒子和剩余核的自旋。细致平衡原理有广泛应用,例如,它可用来确定粒子或核的自旋。

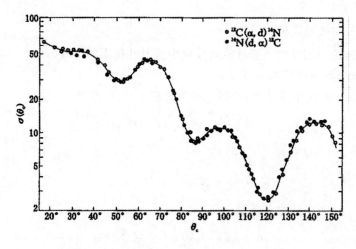

图 7-12　正逆反应 $^{12}C+\alpha f \Longrightarrow {}^{14}N+d$ 的角分布

式(7.5.1)对于正逆过程微分截面之间的关系也成立。正逆反应 $^{12}C+\alpha f \Longrightarrow {}^{14}N+d$ 的角分布实验是证明细致平衡原理的一个极好例子(见图 7-12)。

第六节　核反应的三阶段描述和核反应机制

一、核反应过程的描述

在核反应机制理论发展的基础上,韦斯柯夫(V. F. Weisskopf)于 1957 年对核反应过程提出了三阶段描述,如图 7-13 所示,它描绘了核反应过程的粗糙图像。

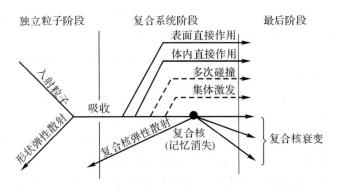

图 7－13　核反应过程的三阶段描述

第一阶段。入射粒子接近到靶核核场作用范围内,犹如光波射到一个半透明的玻璃球一样,可能发生两种情况:一是粒子进入靶核,被靶核吸收,好像玻璃球吸收了光波,这就引起核反应;二是粒子被靶核弹出来,好像光波遭到了玻璃球的反射和折射,这就是弹性散射。这两种过程广义上都叫作核反应。描述这一阶段的核反应模型称为光学模型。在这一阶段中,入射粒子在靶核核场中运动,保持相对独立性,所以通常叫作"独立粒子阶段"。

第二阶段。粒子被靶核吸收后,反应进入了第二阶段。在这一阶段中,粒子与靶核发生了能量交换,因而不再能看作是粒子在整个靶核作用下独立运动,而认为入射粒子和靶核形成了一个复合体系,所以叫作复合系统阶段。能量交换方式可以有如下几种:①入射粒子把能量交给靶核表面或体内的一个或几个核子使反应直接推向第三阶段,这种过程分别叫作表面直接作用和体内直接作用。②入射粒子也可能在核内碰撞多次再发射出来,这叫作多次碰撞。③入射粒子把部分能量交给靶核后飞出,这时靶核产生集体激发,引起核的集体转动、振动等,这叫作集体激发。以上几种统称为直接作用。直接作用过程中入射粒子在不同程度上保留了原有特性。④入射粒子与靶核经过很多次碰撞,不断损失能量,最后停留在核内,和靶核融为一体,形成一个中间过程的原子核,叫作复合核。因此,可以认为复合核已"忘记"了原来的入射粒子,即"忘记"了复合核是怎样形成的。应该注意,复合系统是比复合核更为广泛的一个概念,前者中各种自由度不像后者中那样都必须达到平衡状态。除了直接过程和复合核过程外,还存在介于两者之间的过程,例如预平衡发射就是这种过程。

第三阶段是核反应的最后阶段。在这阶段中,复合系统分解成出射粒子和剩余核。显然,分解出的粒子也有可能与入射粒子相同,同时剩余核处于基态,这就是弹性散射。这种经过复合核的弹性散射称为复合核弹性散射,也叫共振散射。独立粒子阶段所形成的弹性散射称为形状弹性散射,也叫势散射。

二、核反应机制

由上面的讨论可以看到,入射粒子与靶核相互作用机制主要有三种类型:直接反应、预平衡发射和复合核反应。

对于一个具体的反应,三种反应机制往往同时并存,但对于不同的入射粒子和靶核,不同的入射粒子能量,三种反应截面和直接作用截面的相对大小是不同的。在某些情形,一种机制占压倒优势,以致在实验中观察不到三种反应机制的并存。这三种机制各有特点。

1)就作用时间而言,复合核过程通常比直接过程要长,预平衡发射的作用时间介于两者之间。复合核过程的时间可以长达 10^{-15} s,而直接过程的时间一般只有 $10^{-20} \sim 10^{-22}$ s,与入射粒子直接穿过靶核的时间相当,预平衡发射的时间约 10^{-20} s。

2)三种机制的出射粒子能谱和角分布,也是不同的。经过复合核发射的粒子能谱接近于麦克斯韦分布,角分布为各向同性或具有 90° 对称性。通过直接过程发射的粒子具有一系列单值的能量,角分布既不具有各向同性,也不具有 90° 的对称性,往往是前倾或后倾的。预平衡发射的粒子能谱较为平坦,角分布往往具有前倾的特征,但没有直接作用那么显著。

以上这些特点是很重要的,在实验中可用来判断不同反应机制的类型,以及估计各种反应机制所占的比例。

三、各种截面之间的关系

根据上述的核反应图像,可以得出下面几种有效截面之间的关系。总的有效截面 σ_t 等于势散射截面 σ_{pot} 与进入复合系统的吸收截面 σ_a 之和:

$$\sigma_t = \sigma_{pot} + \sigma_a \tag{7.6.1}$$

吸收截面等于复合核的形成截面 σ_{CN}、直接反应截面 σ_D 与预平衡发射截面 σ_{pre} 之和:

$$\sigma_a = \sigma_{CN} + \sigma_D + \sigma_{pre} \tag{7.6.2}$$

由于弹性散射截面 σ_{sc} 等于势散射截面 σ_{pot} 与共振散射截面 σ_{res} 之和:

$$\sigma_{sc} = \sigma_{pot} + \sigma_{res} \tag{7.6.3}$$

总的有效截面可写为

$$\sigma_t = \sigma_{sc} + \sigma_r = \sigma_{pot} + \sigma_{res} + \sigma_r \tag{7.6.4}$$

式中 σ_r 为反应截面或叫去弹性散射截面。由式(7.6.1)和式(7.6.4)可得

$$\sigma_a = \sigma_{res} + \sigma_r \tag{7.6.5}$$

比较式(7.6.2)和式(7.6.5)可见,σ_{CN} 一般不等于 σ_r,只有当 σ_D,σ_{pre} 和 σ_{res} 可忽略时,两者才相等。

各种截面之间的关系总结于图 7-14 中。

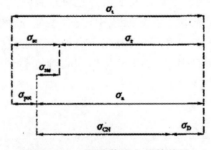

图 7-14　各种截面之间的关系

第七节　核反应的模型理论

我们知道,在核结构描述中由于遇到了核力不完全清楚以及求解多体问题的困难,为此人们提出了液滴模型和壳模型,并取得了很大的成功,显示了模型理论的重要性。在核反应理论研究中,遇到了类似的困难,至今较为成熟、较成功的也是核反应模型理论。

光学模型用来描述核反应的第一阶段,是核反应模型理论中最基本的模型,利用它可计算势弹性散射截面和吸收截面。对入射粒子进入靶核后迅速发生的直接反应的量子力学描述,是采用扭曲波玻恩近似和耦合道理论。关于预平衡发射的模型,目前采用较多、较为成功的是激子模型。对复合核反应的描述经历了几个阶段。最早是 1936 年尼·玻尔提出的复合核模型,时间上要比光学模型早得多。玻尔的复合核概念,为以后核反应的描述做出了开创性的贡献。接着是 1937 年,韦斯科夫(Weisskopf)提出了描述复合核的蒸发模型。在光学模型提出后,复合核反应的描述又进入了一个新的阶段,这就是 50 年代初豪泽 - 费许巴哈(Hauser - Feshbach)提出的复合核统计理论(简称 H - F 理论),使对复合核反应的描述逐步趋向完善。

本节将重点介绍光学模型和复合核模型。

一、光学模型的提出和基本思想

1. 历史回顾

早在 20 世纪 30 年代,尼·玻尔就提出了复合核模型来描述当时大量的慢中子($E_n < 100$ keV)和重核相互作用。当时大量实验发现,慢中子反应的激发曲线有密而窄的共振峰。密集的共振峰无法用势阱模型来描述,取代它的是复合核模型。但是到了 50 年代初,随着大量快中子(E_n:100 keV~10 MeV)实验数据的积累,发现反应截面随能量变化不再出现尖锐的共振峰,而是出现峰宽很大的巨共振现象,而且这种巨共振也出现在截面随靶质量的变化上。当时在核反应理论中占据非常重要地位的复合核模型却无法解释这种巨共振现象。于是,一种新的模型理论随之产生。

2. 光学模型提出的理论依据和实验依据

20 世纪 40 年代末,核结构的壳模型取得了很大的成功,使人们认识到核子在核内可在其他核子的平均场中作独立运动,这个平均场可用一个实势场来描写。核子在核的平均场中运动的图像也适用于入射粒子。这使人们对入射粒子与靶核相碰立即形成复合核的概念发生怀疑。

快中子实验数据的大量积累,发现快中子截面随中子能量和靶核质量变化有起伏,出现巨共振,完全不同于慢中子与中重核反应所观测到的狭共振。巴雪尔(Barshall)与他的合作者把大量观测到的慢中子截面对入射中子能量 E_n 和靶核质量数 A 画在一张三维图(见图 7 - 15 (a))上,出现峰宽达几个 MeV 的巨共振。

有趣的是,中子总截面的实验结果中,截面极大值对应的 E_n 和 A 的位置、峰的宽度又与以前的一些简单势阱所推得的结果相接近。这对当时只相信强吸收模型的人来说是完全出乎意料的。为了解释快中子实验数据,势阱理论又活跃起来。但由于老的单粒子势阱理论中利用实势阱,不能反映靶核对入射粒子的吸收,这就促使人们在新的模型中要对实势阱做出发展。

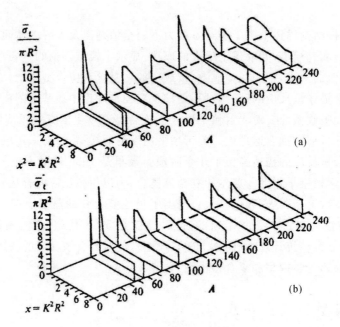

图 7 – 15　中子总截面图

(a)中子总截面随 x^2 和 A 变化的实验结果;　(b) 中子总截面随 x^2 和 A 变化的光学模型计算结果

3. 光学模型的基本思想

光学模型的基本思想是把原子核看作一个半透明的玻璃球。入射粒子与靶核的作用如同光波射在玻璃球上,一部分透射或反射,一部分被吸收。透射或反射的光波相当于粒子被散射。被吸收的光波相当于粒子进入靶核,引起核反应。因此,光学模型认为靶核对于入射粒子是半透明的,既不像早期研究核反应机制时提出的势阱模型那样,认为靶核几乎是完全透明的,也不像复合核模型那样,认为靶核是完全不透明的。因此,光学模型的理论处理是:对于入射粒子与靶核的作用引入一个复势阱,把它代入薛定谔方程中求解,然后可以计算出散射截面和吸收截面。光学模型中采用的复势阱(又称光学势)有如下形式:

$$U = -V - iW$$

由于光学模型用复势阱代替整个靶核对入射粒子的多体作用,因此包含了"平均"的意义。图 7 – 15(b)所示为中子截面的光学模型计算结果,与实验结果符合较好。

二、复合核模型

1. 复合核模型的提出

复合核概念是尼·玻尔在 1936 年为解释当时大量的慢中子实验中所发现的密集而尖锐的共振峰而提出的。在 30 年代初,中子发现后,费米等一些科学家做了大量的慢中子

（<10 keV）实验,发现慢中子与重核反应的激发曲线有密集而尖锐的共振峰。图 7－16 给出了 n＋^{232}Th 反应的总截面。由图可见,峰宽度约为 eV 数量级,相邻共振峰间距约为 10 eV 数量级,这比典型的单粒子能级小 10^5 倍之多。

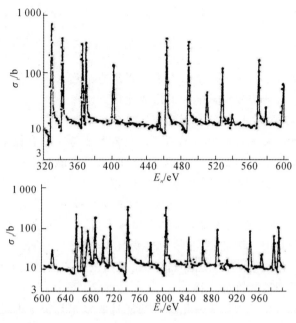

图 7－16　慢中子与^{232}Th 核反应总截面

2. 复合核模型的基本假设和基本思想

尼·玻尔引入复合核的概念是基于原子核作为强相互作用体系来考虑的。复合核模型的基本假设是：一般的低能核反应分两个阶段进行。第一阶段是复合核的形成,即入射粒子进入靶核后,与核内核子发生多次碰撞,由于强相互作用,入射粒子所带进的激发能很快被靶中核子所分享,最后达到统计平衡,形成一种非常复杂的多体运动状态,即复合核。第二阶段是复合核的衰变,即处于激发态的复合核分解成出射粒子和剩余核,且复合核衰变与形成无关。1950 年,果歇尔（Ghoshal）成功地进行一系列实验,检验了这一著名的无关性假设。

根据复合核模型的基本假设,核反应过程可表示为

$$\text{A}+\text{a}\longrightarrow\text{C}\longrightarrow\text{B}+\text{b} \tag{7.7.1}$$

式中 C 表示复合核。

设复合核的形成截面为 $\sigma_{CN}(E_a)$,复合核通过发射粒子 b 的衰变概率为 $W_b(E^*)$。由于复合核的形成与衰变是两个相互独立的过程,则反应式(7.7.1)的截面 σ_{ab} 为

$$\sigma_{ab}=\sigma_{CN}(E_a)W_b(E^*) \tag{7.7.2}$$

式中 E_a 为入射粒子的能量,E^* 为复合核的激发能。

复合核模型的基本思想与描述核结构的液滴模型相同,也是把原子核比作液滴。入射粒子射入靶核后,它与周围核子发生了强烈作用,从而把能量传给附近核子。这些核子又可以把能量传给自己周围的核子。这样,经过无数次碰撞,最后核子间的能量传递达到了动态平衡,其他各种自由度也相继达成统计平衡,至此完成了复合核的形成阶段。这一阶段可以比作液

滴的加热过程。一般所形成的复合核总是处于激发态,复合核的激发能相当于液滴增加的热量。

根据能量守恒定律,复合核的激发能 E' 应该由两部分组成。一部分是入射粒子的相对运动动能,$E' = \dfrac{m_A}{m_a + m_A} E_a$(见式(7.3.1));另一部分是入射粒子与靶核的结合能 B_{aA}。于是

$$E^* = \frac{m_A}{m_a + m_A} E_a + B_{aA} \tag{7.7.3}$$

此式表示实验测得入射粒子的动能和查表获得反应前后各粒子的质量后,即可算得复合核的激发能。这是由实验研究复合核能级的重要途径。

复合核形成后,并不立刻进行衰变,因为要从复合核中发射核子,一般需要大约 8 MeV 的分离能。虽然复合核的激发能可以比 8 MeV 高,但激发能是在所有核子中分配的,每个核子得到的能量并不多。例如,质量数 $A = 100$ 的复合核,当激发能为 20 MeV 时,每个核子的平均能量只有 0.2 MeV。因此,要从核中发射出核子,必须在某一核子上集中足够大的能量,即需大于该核子的分离能。这就要求核子有足够频繁的能量交换。当某一核子上聚集到的能量大于分离能时,该核子就可能摆脱核力的束缚飞出原子核,完成复合核的衰变。这与从液滴中蒸发出液体分子的情形相似。因此,复合核通过发射粒子而退激的过程也叫作粒子蒸发。蒸发后的余核还可以处于激发态,但它的激发能要比原始复合核的激发能低了。这正如液滴蒸发出液体分子后液滴的温度要降低一样。

由于复合核中在某一核子上聚集有足够大的能量的概率是很小的,因而需要足够多次的能量交换,于是复合核的寿命一般都比较长,可以长达 10^{-15} s。这比粒子直接穿过原子核的时间($10^{-20} \sim 10^{-22}$ s)要大好几个数量级。

复合核的衰变方式一般不只一种,通常可以蒸发中子、质子、α 粒子或发射 γ 光子等。各种衰变方式各具有一定的概率,这种概率与复合核的形成方式无关,仅仅取决于复合核本身的性质。例如,能量为 2 MeV 的氘与 ^{39}K 作用可以引起下列反应:

$$^{39}\text{K} + \text{d} \rightarrow {}^{41}\text{Ca}^* \longrightarrow \begin{cases} ^{39}\text{K} + \text{d} \\ ^{41}\text{Ca} + g \\ ^{40}\text{K} + \text{p} \\ ^{41}\text{Ca} + \text{n} \\ ^{37}\text{Ar} + a \\ ^{38}\text{Ar} + {}^3\text{He} \end{cases} \tag{7.7.4}$$

此式表明,复合核 $^{41}\text{Ca}^*$ 可以通过六种方式衰变。各种衰变道的相对概率完全由 $^{41}\text{Ca}^*$ 本身的性质决定,与 $^{41}\text{Ca}^*$ 的形成方式无关。在适当的条件下,原则上任何一个衰变道(如 $^{40}\text{Ca} +$ n,$^{38}\text{Ar} + {}^3$He)都可用来作为入射道,形成相同的复合核 $^{41}\text{Ca}^*$,该复合核具有与式(7.7.4)同样的衰变方式。

三、核反应的共振

1. 核反应的共振能级

第五章讨论的穆斯堡尔效应即 γ 射线共振吸收和共振散射,就是原子核中的一种共振现

象。实验表明,在核反应中,也存在共振现象。实验测得的激发曲线 $\sigma(E)$,当入射粒子能量 E 为某些数值时,曲线呈现出一些尖锐的峰。这种现象称为核反应的共振。

例如,能量小于 400 keV 的中子轰击^{27}Al 时引起的^{27}Al（n,n）^{27}Al 反应的激发函数如图 7 - 17 所示。当入射粒子能量 E 为 40 keV,95 keV,145 keV,155 keV,210 keV,290 keV,315 keV 和 370 keV 时,曲线出现了极大值,这些能量称为共振能量。

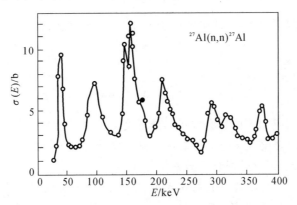

图 7 - 17　^{27}Al(n,n)^{27}Al 的激发曲线

利用复合核模型不难解释共振现象的出现。复合核具有一定的能级结构,当入射粒子的相对运动动能 $\dfrac{m_A}{m_a + m_A} E$ 加上入射粒子和靶核的结合能 B_{aA} 正好等于复合核的一个能级的能量时,入射粒子就会被强烈吸收,于是形成复合核的截面特别大,从而整个反应截面也就特别大。由此可见,通过实验测得激发曲线,找到入射粒子的共振能量后,利用式(7.7.3)即可求得复合核能级的激发能。

在上面的例子中,所形成的复合核是^{28}Al*,其反应式为

$$^{27}\text{Al} + \text{n} \longrightarrow {}^{28}\text{Al}^* \rightarrow {}^{27}\text{Al} + \text{n} \tag{7.7.5}$$

入射中子与靶核^{27}Al 的结合能 B_{aA}（核素和中子的质量以 u 为单位时）为

$$B_{aA} = [M(^{27}\text{Al}) + m_n - M(^{28}\text{Al})] \times 931.5 \text{ MeV} =$$

$$[26.981\,539 + 1.008\,665 - 27.981\,905] \times 931.5 \text{ MeV} = 7.731 \text{ MeV}$$

于是相应于入射粒子的共振能量 E 为 40 keV 的^{28}Al 能级的能量是

$$E_{40}^* = \frac{m_A}{m_a + m_A} E + B_{aA} = 7.77 \text{ MeV}$$

同理可得^{28}Al 的更高能级的能量

$$E_{95}^* = 7.823 \text{ MeV} \quad E_{145}^* = 7.871 \text{ MeV} \quad E_{155}^* = 7.880 \text{ MeV} \quad E_{210}^* = 7.934 \text{ MeV}$$

$$E_{290}^* = 8.011 \text{ MeV} \quad E_{315}^* = 8.035 \text{ MeV} \quad E_{370}^* = 8.088 \text{ MeV}$$

2. 非束缚能级的寿命和宽度

从上面的例子可以看到,通过核反应形成的复合核的能级都较高,通常超过核子的分离能,这种能级称为非束缚能级,也有人称为虚能级。低于核子分离能的能级称为束缚能级。

对于非束缚能级,它不仅可以通过发射 γ 光子或内转换电子进行退激发,而且还可以通过发射核子进行退激发,有时也可以发射 α 粒子或其他复合粒子进行退激发。

复合核可以通过各种方式进行衰变,或说非束缚能级可以通过各种方式进行退激发。每

种方式都有一定的概率。设 $W_1, W_2, W_3, \cdots$ 分别表示单位时间内各种衰变方式的概率,则单位时间的复合核衰变的总概率 W 为

$$W = W_1 + W_2 + W_3 + \cdots \tag{7.7.6}$$

于是相应能级的平均寿命

$$\tau = \frac{1}{W} \tag{7.7.7}$$

根据量子力学的测不准关系,能级宽度 Γ 与平均寿命 τ 之间有以下关系:

$$\Gamma\tau = \hbar \tag{7.7.8}$$

于是

$$\Gamma = \frac{\hbar}{\tau} = \hbar W = \hbar(W_1 + W_2 + W_3 + \cdots) = \Gamma_1 + \Gamma_2 + \Gamma_3 + \cdots \tag{7.7.9}$$

式中 $\Gamma_1, \Gamma_2, \Gamma_3, \cdots$ 为相应于各种衰变方式的分宽度。

此式表示能级的总宽度等于分宽度之和。总宽度越大,表示总的衰变概率越大,能级寿命越短。分宽度越大,表示相应过程衰变概率就越大。

由于非束缚能级一般可以通过放射 γ 光子、中子、质子和 α 粒子等方式进行退激。因此非束缚能级的总宽度 Γ 一般可以表示为

$$\Gamma = \Gamma_\gamma + \Gamma_n + \Gamma_p + \Gamma_\alpha + \cdots \tag{7.7.10}$$

式中,$\Gamma_\gamma, \Gamma_n, \Gamma_p$ 和 Γ_α 分别表示 γ 辐射宽度、中子宽度、质子宽度和 α 粒子宽度。

利用能级宽度,可以把 $A + a \longrightarrow C \longrightarrow B + b$ 反应的截面式(7.7.2)表示为

$$\sigma_{ab} = \sigma_{CN} \frac{\Gamma_b}{\Gamma} \tag{7.7.11}$$

四、复合核反应统计理论

当入射粒子能量不太高时,激发曲线往往出现一些共振峰。共振出现的能量范围通常叫作共振区。当入射粒子能量增大时,复合核处于较高的激发态,能级宽度加大,间距缩小,以致相互重叠,连成一片,这一能量范围通常叫作连续区。连续区一般是指入射粒子能量大约从 1～30 MeV 的能区。在连续区内,激发曲线不具有尖锐的共振峰,而呈现出比较平滑的变化。由于能级相互重叠,实验测量结果将是许多能级的平均效应。因此,进入连续区的复合核反应呈现出大量的统计特征,其能级宽度、间距、出射粒子能谱等都服从一定的统计分布。对于连续区的复合核反应,通常采用统计方法处理,这就是核反应的统计理论。

1952 年,豪泽(W. Hauser)和费许巴哈(H. Feshbach)在总结当时核反应成就基础上,提出了考虑能量、角动量和宇称守恒的复合核统计理论,简称 H–F 理论。H–F 理论成功地描述了复合核向各道衰变的概率。

习　题

1. 已知核反应 $a + A \longrightarrow B + b$ 的 γ 值为 1,出射粒子在 C 系中的角分布是各向同性(设为常数 σ_0),试给出在 L 系中的角分布 $\sigma_L(\theta_L)$ 的表达式。并给出 $\theta_L = 30°, 60°, 90°, 120°, 150°$ 五个

角度下的 $\sigma_L(\theta_L)$ 值。

2. 一束通量为 10^8 中子/$(cm^2 \cdot s)$ 的中子垂直入射到面积为 $1\ cm^2$,密度为 10^{22} 原子/cm^3,厚度为 $10^{-2}\ cm$ 的靶上。靶核中子俘获截面为 1b,俘获中子后靶核形成 β^- 放射性核,寿命为 $10^4\ s$。问中子照射 100 s 后,此薄靶的放射性活度多大?

3. 用能量 22 MeV 的质子束照射铁靶(设为薄靶),通过 (p,n) 反应可得到放射性同位素 ^{56}Co。若核反应产额为 $Y=1.2\times10^{-3}$,生成的 ^{60}Co 的半衰期是 77.2d,质子电流是 21 mA,则照射 $t=2.5\ h$ 后,靶的放射性活度为多大?

4. 厚为 0.01 cm 的金箔被通量为 $10^{12}/cm^2 \cdot s$ 的热中子照射 5 min,通过 $^{197}Au(n,\gamma)^{198}Au$ 反应生成放射性核素 ^{198}Au,测得每平方厘米所产生的 ^{198}Au 放射性活度 $A=5.2\times10^7\ Bq$,求反应截面 σ(已知金的密度为 19.3 g/cm^3,^{198}Au 半衰期 $T=2.696\ d$)。

5. 试求氚核俘获动能为 1MeV 的质子所形成的 ^3He 核的激发能。

6. 由反应 $d+^9Be \longrightarrow {}^{11}B^* \longrightarrow {}^{10}B+n$,测出射中子截面随入射氘核能量变化的激发曲线,发现在 $E_d=0.52\ MeV$ 和 0.92 MeV 时出现共振峰,求相应的 $^{11}B^*$ 的两个激发态能级。

7. 试确定能量是 250 keV 的中子被 ^6Li 核俘获时产生的激发核 $^7Li^*$ 的平均寿命。已知 $^7Li^*$ 核相对于发射中子和 α 粒子的平均寿命为 $\tau_n=1.1\times10^{-20}\ s$ 和 $\tau_\alpha=2.2\times10^{-20}\ s$,且假定没其他过程发生。

8. 质子轰击 ^7Li 靶,当质子能量为 $0.44,1.05,2.22,3.0\ MeV$ 时,观察到共振。已知质子和 ^7Li 核的结合能为 17.21 MeV,试求所形成的复合核能级的激发能。

9. 对于反应 $^{10}B+d \longrightarrow {}^8Be+\alpha+17.8\ MeV$,当氘束能量为 0.6 MeV 时,在 $\theta=90°$ 方向上观察到四种能量的 α 粒子:$12.2\ MeV,10.2\ MeV,9.0\ MeV,7.5\ MeV$,试求 ^8Be 的激发能。

第八章 中子物理

中子物理是核物理的一个分支,它主要研究中子、中子和物质相互作用的性质。中子物理的发展,对原子核理论的研究,对原子核基本性质的了解,是很重要的。在历史上,中子相关的研究工作对于裂变的发现与研究、核反应理论的建立与发展,起过重要的作用。

原子能的开发及应用,更加促进了中子物理的研究。自从 1938 年发现中子能引起重核裂变,释放出核能以后,人们就以很大的精力研究中子及它和物质相互作用的性质,为建立反应堆和制造原子弹提供了许多有用的数据。

中子物理和其他学科相结合,在工、农、医各部门的应用,都取得了一些明显的效果,产生了一些有生命力的边缘学科。例如,利用慢中子的非弹性散射和衍射,研究原子和固体物质的性质;中子活化分析可使微量分析做到快速准确;中子测水、中子测井、中子辐照育种和中子成像等技术已较广泛地应用;另外,也开展了中子治癌的临床试验。

第一节 中子的基本性质及中子源

一、中子的基本性质

中子存在于除氢以外的所有原子核中,是构成原子核的重要组分。中子会以高度凝聚态形式构成中子星物质。自 1932 年查德威克(Chadwich)等人发现中子以来,人们对中子的基本性质进行了大量研究,目前已有相当清楚的了解。

自由中子是不稳定的。一个自由中子会自发地转变成一个质子、一个电子(β^- 粒子)和一个反中微子,并释放出 0.782 MeV 的能量。通过"瓶装"超冷中子方法,测量得到自由中子的半衰期为(10.69 ± 0.13) min,自由中子的不稳定性反映出中子静止质量稍大于氢原子质量这个事实。两者的静止质量分别为 $m_n = 1.008\ 664\ 9\ u = 939.565\ 3\ MeV/c^2$ 和 $m_H = 1.007\ 825\ u = 938.783\ 0\ MeV/c^2$。

中子总体是电中性的。但是,实验结果显示:中子具有内部的电荷分布。可以想象,如果中子内正负电荷分布的中心稍有不重合,中子就应该具有电偶极矩。中子的电偶极矩是否为零的问题带有基本的重要性,因为它能检验时间反演对称性。目前已经发现,如果在中子内部分开的正负电荷都为电子电荷 e 时,其中心的距离必须少于 10^{-24} cm。目前,这个上限值还在不断下降,在现有实验精度范围内,可认为中子电偶极矩为零。

中子自旋为 1/2,是费米子,所以它遵守费米统计,服从泡利不相容原理。

中子具有磁矩,$\mu_n = -1.913\ 042\ \mu_N$,负号表示磁矩矢量与自旋角动量矢量方向相反。由于中子有磁矩,可以产生极化中子束。

中子具有强的穿透能力。它与物质中原子的电子相互作用很小,基本上不会因使原子电离和激发而损失其能量,因而比相同能量的带电粒子具有强得多的穿透能力。中子在物质中损失能量的主要机制是与原子核发生碰撞。由此产生两个问题:中子的探测和对中子的防护。探测中子必须特别考虑中子经过与原子核作用产生次级的带电粒子,通过对这些带电粒子的探测来获得入射中子的信息。因此,一般来说,对中子的探测效率更低,能量分辨也较差。对中子的屏蔽和防护是任何产生中子设备都必须认真解决的问题。

二、常用中子源

为了研究中子与物质相互作用以及它们在实际问题中的应用,首先必须要有能够满足不同要求的中子源以产生所需的中子。当今,人们使用的中子源大致分成四类,即同位素中子源、裂变中子源、加速器中子源和反应堆中子源。

1. 同位素中子源

放射性中子源是利用放射性核素衰变时放出的射线,去轰击某些轻靶核发生(α,n)和(γ,n)反应,而放出中子的装置。

常用的(α,n)中子源,是将锕系重核^{210}Po,^{226}Ra,^{239}Pu,^{241}Am 等 α 发射体粉末均匀、紧密地与 Be 粉相混合并压紧后密封在金属容器内制成的,通过放热核反应

$$^9\text{Be}+\alpha \longrightarrow {}^{12}\text{C}+n+5.70 \text{ MeV} \tag{8.1.1}$$

产生中子。表 8-1 给出了常用几种(α,n)中子源的性质。

表 8-1　几种(α,n)中子源

α 源	$T_{1/2}$	中子能谱	γ 本底	每个 α 粒子产生的中子数目
^{210}Po	138 d	连续	低	6.75×10^{-3}
^{226}Ra	1690 a	连续	高	$(2.7\sim4.05)\times10^{-2}$
^{239}Pu	2.41×10^4 a	连续	低	5.95×10^{-3}
^{241}Am	433 a	连续	低	5.95×10^{-3}

同位素中子源最大的特点是体积小,使用方便。但其中子产额不高,中子谱为连续谱,谱形较为复杂。

(γ,n)源又称为光中子源。(γ,n)反应都是吸热的。用这种光中子源产生中子的主要特点是可以提供从 20 keV 到 1 MeV 间某些能量点的单能中子。利用中子结合能很低的^{9}Be 和 D 作靶核与 γ 发生作用:

$$\gamma+{}^9\text{Be} \longrightarrow {}^8\text{Be}+n-1.665 \text{ MeV} \tag{8.1.2}$$

$$\gamma+\text{D} \longrightarrow p+n-2.224 \text{ MeV} \tag{8.1.3}$$

目前用得较多的例如^{124}Sb$-^9$Be$(T_{1/2}=60.20 \text{ d})$,^{24}Na$-$D,^{24}Na$-^9Be(T_{1/2}=15.02 \text{ h})$光中子源分别提供 24 keV,0.264 MeV 和 0.97 MeV 的单能中子。

2. 裂变中子源

人们也可直接利用超钚原子核自发裂变中放出的中子作为裂变中子源。常用的自发裂变中子源是^{252}Cf,其半衰期为 2.64 a,自发裂变概率为 3%,每次自发裂变平均放出 3.8 个中子,平均中子能量为 2.2 MeV,中子产额为 $2.31\times10^{12}\text{s}^{-1}\cdot\text{g}^{-1}$,具有麦克斯韦能谱分布

$$N(E) = C\sqrt{E}\,e^{-E/E_T}$$

其中 C 是归一化常量，E_T 为分布参数，其测量值为 $E_T = (1.453 \pm 0.017)$ MeV。

裂变中子源适合于野外作业，可制成轻便的中子照相装置。但它必须由高通量的反应堆产生，价格较贵。

3. 加速器中子源

加速器中子源是利用各种带电粒子加速器去加速某些粒子，如质子和氘等，用它们去轰击靶原子核产生中子。这种中子源的特点是强度高，能量覆盖面大，中子单色性能好，且能连续调节，还能产生脉冲中子，不运行时无放射性。

在低能加速器上用来产生 $0\sim20$ MeV 单能中子的几种反应见表 8-2。下面对这几种反应的特性进行简略的讨论。

表 8-2   用在加速器上产生单能中子的核反应

核反应	Q 值/MeV	单能中子能区/MeV	入射粒子能量 E_a/MeV	竞争反应	竞争反应阈能/MeV
$D(d,n)^3He$	3.270	2.4~8.0	0.1~4.5	$D(d,np)D$	4.45
$T(d,n)^4He$	17.590	12~20	0.1~3.8	$T(d,np)T$	3.71
$^7Li(p,n)^7Be$	−1.644	0.12~0.6	1.92~2.4	$^7Li(p,n)^7Be^*$	2.38
$T(p,n)^3He$	−0.763	0.3~7.5	1.15~8.4	$T(p,np)D$	8.34

表 8-2 中单能中子能区一般指出射角从 $0°\sim180°$ 所得到的中子能量，表中的入射粒子能量 E_a 的上下限该如何确定呢？

(1) E_a 下限的确定。

对于放能反应，考虑到带电粒子贯穿库仑势垒的概率，一般讲 E_a 应大于 0.1 MeV。对于吸能反应，E_a 必须大于阈能 E_{th} 才有中子产生，且由式(6.2.12)知，E_a 必须大于某个值才能使出射中子为单能，容易得到此值为

$$E_{cri} = -\frac{A_B Q}{A_B - A_a} \tag{8.1.4}$$

E_{cri} 称为临界能量，即为 E_a 下限。

(2) E_a 上限的确定。

这要根据具体的竞争反应的阈能来确定。例如，$D(d,n)^3He$ 反应的竞争反应的阈能

$$E_{th} = \frac{(2+2)}{2}|Q| = 2 \times 2.224 = 4.45 \text{ MeV}$$

所以 $D(d,n)^3He$ 反应产生单能中子的 E_a 上限就是 4.45 MeV。

4. 反应堆中子源

反应堆中子源是利用重核裂变，在反应堆内形成链式反应，不断地产生大量的中子。这种中子源的特点是中子注量率大，能谱形状比较复杂。为了从反应堆中得到单能中子，一般利用晶体单色器、过滤器和机械转子等。

反应堆中子源是一个体中子源，它的强度不宜用总的中子数来描述，而是用每秒进入某一截面的单位面积的中子数来表示，称为中子注量率(fluence rate)。一般反应堆中子注量率在活性区内达到 $\phi_0 = (10^{12}\sim10^{14})$ s$^{-1}\cdot$cm^{-2}，少数高通量堆，ϕ_0 可达 10^{15} s$^{-1}\cdot$cm^{-2} 以上。

第二节　中子和物质的相互作用

为了后续讨论的需要,本节介绍中子和宏观物质作用的特征,以及有关的几个基本概念。

一、中子和宏观物质的相互作用

中子在介质中与介质原子的电子发生相互作用可以忽略不计。

中子与原子核的作用,根据中子能量,可以产生各种作用过程,包括弹性散射、非弹性散射和辐射俘获等。我们用 σ_s,σ'_s,σ_γ 和 σ_f 分别表示弹性散射、非弹性散射、辐射俘获和裂变的截面,而总截面 σ_t 应是所有可能各种反应截面之和,即

$$\sigma_t = \sigma_s + \sigma_s + \sigma_\gamma + \sigma_f + \cdots \tag{8.2.1}$$

其中辐射俘获和裂变等反应使中子被吸收,这些反应截面之和 σ_a 定义为中子被吸收截面,即

$$\sigma_a = \sigma_\gamma + \sigma_f + \cdots \tag{8.2.2}$$

实验指出,当中子能量不高时,在一些轻核上弹性散射起主要作用,而且在低能部分截面近似为常量。例如,^{12}C 的 σ_s,σ_t 与能量的关系如图 8-1 所示。只有中子的能量超过一定的阈值时,才能在核上产生非弹性散射。

在吸收截面中最重要的是辐射俘获的贡献,这一过程比较多的发生在重核上,在轻核发生的概率较小,它可以在中子的所有能区上发生。在一般情况下,中子引起带电粒子飞出的反应截面比较小,除了 ^{10}B,^3He 和 ^6Li 等少数核外,在吸收截面中常不加以考虑。

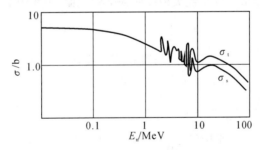

图 8-1　中子在 ^{12}C 上弹性散射截面与总截面

二、宏观截面

中子和原子核的反应截面 σ,在中子物理中常称为微观截面。微观截面 σ 和靶物质单位体积内原子核数 N 的乘积,称为宏观截面,用符号 Σ 表示

$$\Sigma = N\sigma \tag{8.2.3}$$

$\Sigma_t = N\sigma_t$ 称为宏观总截面,$\Sigma_a = N\sigma_a$ 是宏观吸收截面,宏观散射截面是 $\Sigma_s = N\sigma_s$。

为了明确宏观截面的意义,让我们讨论以下的过程:

考虑有一靶,它的厚度为 D,初始入射中子束的强度为 I_0,穿过 x 距离后,中子束的强度变

成 $I(x)$。再穿过距离 dx 后,中子束的强度将进一步的减弱,强度的变化为

$$- dI(x) = N\sigma_t I(x)dx = \Sigma_t I(x)dx$$

用 $I(x)$ 除上式得

$$- \frac{dI(x)}{I(x)} = \Sigma_t dx \tag{8.2.4}$$

式中 $-dI(x)/I(x)$ 是在 dx 内发生反应的中子数和入射到 dx 面上中子数之比,表示中子在 x 到 $x+dx$ 内和靶核发生相互作用的概率。式 $(8.2.4)$ 表明,$\Sigma_t dx$ 是中子在 dx 距离内和靶核发生作用的概率,因此 Σ_t 就是中子在靶内单位程长中发生相互作用的概率。相类似地 $\Sigma_a = N\sigma_a$ 和 $\Sigma_s = N\sigma_s$ 分别表示中子穿过物质单位厚度被吸收或散射的概率,宏观截面的常用单位是 cm^{-1}。

对于只含一种核素的单一物质,有

$$N = \frac{\rho}{A}N_A \tag{8.2.5}$$

其中 ρ 是物质的密度,A 是质量数,N_A 是阿伏加德罗常量。

考虑两种核素的均匀混合物,单位体积内每种核素的原子数分别是 N_1 和 N_2,令 σ_1 和 σ_2 分别是这两种核素和中子作用的截面,则中子在这物质中相应的宏观截面

$$\Sigma = \Sigma_1 + \Sigma_2 = N_1\sigma_1 + N_2\sigma_2$$

对于多原子分子,设分子量为 A,每个分子中第 i 种原子的数目为 l_i,则单位体积内第 i 种原子的总数

$$N_i = \frac{l_i\rho}{A}N_A$$

设 σ_i 是中子和第 i 种原子核发生某种反应的微观截面,则相应的宏观截面是

$$\Sigma = \frac{\rho N_A}{A}(l_1\sigma_1 + l_2\sigma_2 + \cdots) \tag{8.2.6}$$

例如,动能为 1 eV 的中子,在氢核上的微观散射截面是 20 b,在氧核上的微观散射截面是 3.8 b,水的密度 $\rho = 1$ g·cm^{-3},分子量是 18,这时中子在水中的宏观散射截面

$$\Sigma_s = \frac{6.02 \times 10^{23}}{18}(2 \times 20 + 3.8) \times 10^{-24} cm^{-1} = 1.5\ cm^{-1}$$

即表明能量为 1 eV 的中子,在水中经过 1 cm 距离时平均受到 1.5 次散射。

三、平均自由程

由式 $(8.2.4)$,容易理解 $e^{-\Sigma_t x}$ 表示中子在介质中穿过距离 x 而不受碰撞的概率。因此,中子在 x 至 $x+dx$ 距离内发生碰撞的概率应为

$$P(x)dx = e^{-\Sigma_t x} \cdot \Sigma_t dx = \Sigma_t e^{-\Sigma_t x}dx \tag{8.2.7}$$

在介质中,中子在连续两次碰撞之间穿行的距离称为自由程。由于原子核的空间分布和中子运动的无规性,自由程有长有短,但对一定能量的中子,它的平均值是一定的,称为平均自由程,用 λ_t 表示。显然,这个量应等于中子行进距离 x 对概率分布函数 $P(x)$ 的平均值

$$\lambda_t = \int_0^\infty xP(x)dx = \Sigma_t \int_0^\infty xe^{-\Sigma_t x}dx = \frac{1}{\Sigma_t} \tag{8.2.8}$$

同理可以引入散射平均自由程 λ_s 和吸收平均自由程 λ_a，分别为

$$\left.\begin{aligned}\lambda_s &= \frac{1}{\Sigma_s} = \frac{1}{N\sigma_s} \\ \lambda_a &= \frac{1}{\Sigma_a} = \frac{1}{N\sigma_a}\end{aligned}\right\} \tag{8.2.9}$$

σ_a 和 σ_s 是中子能量的函数，所以 λ_a 和 λ_s 也是中子能量的函数。

第三节　中子的慢化

不管是核裂变还是其他核反应产生的中子，其能量大都是几 MeV 的快中子。但在有些实际应用中，如热中子反应堆生产放射性同位素等工作中，常需要能量为 eV 数量级的慢中子。将能量高的快中子变成能量低的慢中子过程，称为中子的慢化或中子的减速。

为对中子进行有效的慢化，通常选用散射截面大而吸收截面小的轻元素作慢化剂，如氢、重氢和石墨等。氢和重氢没有激发态，中子和它们作用，损失能量的主要机制是弹性散射。对石墨(^{12}C)来说，最低激发态的激发能是 4.44 MeV，因此当中子的能量低于反应阈能 $E_{th} = 4.8$ MeV 时，在石墨上也只发生弹性散射。

一、中子在弹性散射中的能量损失

作为弹性散射最重要的特点，是中子和核整个系统的动量和动能在碰撞前后不变。但是中子会把一部分动能传给原子核，使自己逐渐慢化。

设在实验室系中，原子核质量为 m，处于静止，中子速度为 v_1，发生弹性散射后，中子在散射角 θ 方向以速度为 v_2 飞出。散射前后的动能分别为 $E_1 = \frac{1}{2}m_n v_1^2$ 和 $E_2 = \frac{1}{2}m_n v_2^2$。

容易证明：在质心系中，弹性散射前后，中子和靶核的速度数值不发生变化，而只是改变速度方向。因此，弹性散射前后，中子在质心系的速度为

$$v' = v_1 - v_C = v_1 - \frac{m_n}{m + m_n}v_1 = \frac{m}{m + m_n}v_1 \tag{8.3.1}$$

根据 $v_2 = v_c + v'$ 的平行四边形法则，可得在实验室系中，弹性散射后中子速度的平方为

$$v_2^2 = v_c^2 + v'^2 + 2v_c v' \cos\theta_C = \frac{v_1}{(m + m_n)^2}(m_n^2 + m^2 + 2m_n m\cos\theta_c)$$

式中 θ_c 是质心系中中子散射角。因此弹性散射后与散射前中子动能之比为

$$\frac{E_2}{E_1} = \frac{\frac{1}{2}m_n v_2^2}{\frac{1}{2}m_n v_1^2} = \frac{1}{(m + m_n)^2}(m_n^2 + m^2 + 2m_n m\cos\theta_c) \tag{8.3.2}$$

令

$$\alpha = \left(\frac{m - m_n}{m + m_n}\right)^2 \approx \left(\frac{A - 1}{A + 1}\right)^2 \tag{8.3.3}$$

其中 A 是靶核质量数，参量 α 表征靶核使中子慢化的能力。于是

$$\frac{E_2}{E_1} = \frac{1}{2}[(1+\alpha) + (1-\alpha)\cos\theta_c] \tag{8.3.4}$$

可以看出,弹性散射后中子能量 E_2 随质心系散射角 θ_C 而变化。当 $\theta_c = 0$ 时 $E_2 = E_1$;当 $\theta_C = 180°$ 时,中子有最大能量损失,这时 $E_{2min} = \alpha E_1$。在一般情况下,经过一次弹性散射后,中子的动能应处于 αE_1 和 E_1 之间,即

$$\alpha E_1 \leqslant E_2 \leqslant E_1 \tag{8.3.5}$$

对于中子与氢发生弹性散射,$\alpha = 0$,即中子可损失全部动能。对于石墨 $A = 12$,$\alpha = 0.716$,一次碰撞中子能量损失,不会超过初始能量的 28.4%。

二、平均对数能量损失和平均碰撞次数

理论和实验表明,对于动能为几 eV 至几 MeV 的中子与原子核的弹性散射,在质心系中是各向同性的,即中子被散射到不同方向上单位立体角内具有相同概率。于是,中子散射到角度范围 $\theta_c \longrightarrow \theta_c + d\theta_c$ 的概率为

$$f(\theta_c)d\theta_c = \frac{2\pi\sin\theta_c d\theta_c}{4\pi} = \frac{1}{2}\sin\theta_c d\theta_c \tag{8.3.6}$$

中子一次碰撞的平均能量损失为

$$\overline{\Delta E} = \int_0^\pi \Delta E f(\theta_c)d\theta_c = \frac{1}{2}E_1(1-\alpha)\int_0^\pi(1-\cos\theta_c)\frac{1}{2}\sin\theta_c d\theta_c = \frac{1}{2}E_1(1-\alpha) \tag{8.3.7}$$

可以看出,在连续的多次碰撞过程中,每次碰撞的平均能量损失 $\overline{\Delta E}$ 是不同的。但是,人们发现每次碰撞的平均对数能量损失与碰撞前的能量 E_l 无关,而只是靶核质量数的函数。容易计算

$$\varepsilon \equiv \langle \ln E_1 - \ln E_2 \rangle = -\int_0^\pi \ln\left\{\frac{1}{2}[(1+\alpha) + (1-\alpha)\cos\theta_c]\right\}\frac{1}{2}\sin\theta_c d\theta_c =$$

$$1 + \frac{\alpha}{1-\alpha}\ln\alpha = 1 + \frac{(A-1)^2}{2A}\ln\frac{A-1}{A+1} \tag{8.3.8}$$

这样,我们可以利用 ε 来计算中子能量从 E_i 减少到 E_f 需要经过的平均碰撞次数为

$$\overline{N} = \frac{1}{\varepsilon}(\ln E_i - \ln E_f) = \frac{1}{\varepsilon}\ln(E_i/E_f) \tag{8.3.9}$$

例如用氢作减速剂,$A = 1$,$\alpha = 0$,$\varepsilon = 1$,取 $E_i = 2$ MeV,$E_f = 0.025$ eV,得 $\overline{N} = 18.2$ 次。而对于用石墨和铀-238 作减速剂,分别得 $\varepsilon = 0.157$ 和 $0.008\ 38$,$\overline{N} = 115$ 和 2172 次。可见选用轻靶核作减速剂更为有效。

三、慢化本领和减速比

一种物质的慢化能力单用 ε 来表示是不全面的,因为 ε 只表示在每次碰撞中平均对数能量损失的大小。中子在慢化介质中通过单位长度路程发生碰撞的次数,即宏观散射截面 $\Sigma_s = N\sigma_s$ 的大小也直接影响到介质对中子慢化的能力。因此,我们引入慢化本领或减速能力,它等于宏观散射截面 Σ_s 与 ε 的乘积,即

$$\varepsilon\Sigma_s = \varepsilon N\sigma_s$$

这乘积值越大,中子在相同能量损失下在介质中经过的路程就越短,表明该介质有大的慢化

本领。

在实际的慢化介质中,一方面中子被慢化,另一方面,它还可能被介质原子核所吸收。一种好的慢化介质不仅要有大的减速能力,而且对中子的吸收要尽可能小。为此,人们引入减速比的概念 η,它被定义为

$$\eta = \varepsilon \, \Sigma_s / \Sigma_a \tag{8.3.10}$$

式中 Σ_a 为介质对中子的宏观吸收截面。可见 η 表示物质在一平均吸收自由程中的慢化本领,它能更完整地描述慢化介质的品质。例如,对于热中子,水的 $\eta = 71$,而重水的 $\eta = 5\,670$,表明重水是比水更好的慢化剂。这是因为水的慢化本领虽然比重水大,但它对中子的吸收截面还更大。

四、费米年龄和慢化长度

在许多实际问题中,例如反应堆的设计,还希望知道中子从能量 E_i 慢化到 E_f 时,在介质中穿行的平均距离。对于一个无限大介质中的单能点中子源,从理论上算出中子从初始能量 E_i 慢化到 E_f 过程中所穿行的距离的均方值 $\overline{R^2}$ 为

$$\overline{R^2} = 6\tau \tag{8.3.11}$$

$$\tau = \int_{E_f}^{E_i} \frac{\lambda_s^2}{3\varepsilon(1 - \overline{\cos\theta_L})} \frac{\mathrm{d}E}{E} \tag{8.3.12}$$

τ 称为费米年龄,但 τ 不具有时间的量纲,而具有面积的量纲。τ 是一个随中子慢化时间单调增加的函数。式中 $\overline{\cos\theta_L}$ 为实验室系中散射角的余弦对方向的平均值,利用在质心系与实验室系中散射角余弦的关系以及式(8.3.6)可得

$$\overline{\cos\theta_L} = \int_0^\pi \cos\theta_L f(\theta_L)\mathrm{d}\theta_C = \frac{1}{2}\int_0^\pi \frac{1 + A\cos\theta_c}{1 + A^2 + 2A\cos\theta_c}\sin\theta_c\mathrm{d}\theta_C = \frac{2}{3A} \tag{8.3.13}$$

τ 的平方根值称为慢化长度,用符号 L_m 表示,有

$$L_m = \sqrt{\tau} = \sqrt{\frac{\overline{R^2}}{6}} \tag{8.3.14}$$

第四节 中子的扩散

从中子源发出的中子一般都是快中子,由于慢化而成热中子。当 $\Sigma_s \gg \Sigma_a$,即 $\lambda_s \ll \lambda_a$ 时,热中子并不马上消失,还会在介质中不断地运动,并与介质中的原子核不断地碰撞。这时中子和介质的能量交换达到平衡,其效果就是中子从密度大的地方不断向密度小的地方迁移,这种过程称为中子的扩散。

有关中子在介质中扩散的行为在反应堆设计中是很重要的,它在中子的其他应用问题上也是经常要考虑的。有关中子扩散理论的一般内容可参考中子物理和有关反应堆的专著。本节只用一个特别简化的例子,介绍中子扩散的基本物理图像。

我们讨论在无限均匀介质中一个点中子源发出中子在空间的稳定分布情况。设点源每秒钟发出 Q 个中子,中子在介质中不断地扩散并被介质吸收,经过一段时间达到一种稳定的分

布。这时 $\partial n/\partial t = 0$，其中 n 表示中子数密度。另外假定除点源外，空间的其他地方不产生中子。在这种情况下，可以将中子源作为一个边界条件来处理，仅考虑其周围空间中子密度的分布。对源外任一点 $P(r,\theta,\varphi)$，相应的扩散方程为

$$D \nabla^2 n - \Sigma_a nv = 0 \qquad (8.4.1)$$

式中 D 称为扩散系数，它与中子的平均速度 v，中子的散射自由程 λ_s 有如下关系：

$$D = \frac{v\lambda_s}{3(1 - 2/3A)} \qquad (8.4.2)$$

于是式（8.4.1）可改写为

$$\nabla^2 n - \frac{1}{L_D^2} n = 0 \qquad (8.4.3)$$

其中

$$L_D^2 = \frac{D}{\Sigma_a v} = \frac{\lambda_s \lambda_a}{3 - 2/A} \qquad (8.4.4)$$

L_D 称为扩散长度，它的物理意义后面再讨论。现在讨论边界条件，在源 O 附近取一半径为 r_0 的球面，如图 8-2 中虚线所示。中子源每秒发出 Q 个中子，在 r_0 球面上的扩散流密度为 J_0，有

$$Q = 4\pi r_0^2 J_0 = -4\pi r_0^2 D \frac{\partial n}{\partial r}\Big|_{r=r_0}$$

得到

$$\frac{\partial n}{\partial r}\Big|_{r=r_0} = -\frac{Q}{4\pi r_0^2 D} = \frac{-Q}{4\pi r_0^2 \Sigma_a v L_D^2} \qquad (8.4.5)$$

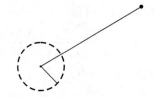

图 8-2 点中子源的边界条件

另一边界条件是

$$n\big|_{r\to\infty} = 0 \qquad (8.4.6)$$

为解方程，取球坐标，取中子源所在 O 点为坐标原点，相应 P 点坐标为 r,θ,φ，如图 8-2 所示。由于分布是球对称的，中子密度 n 与 θ,φ 无关，只是 r 的函数。方程（8.4.3）可简化为

$$\frac{1}{r^2}\frac{d}{dr}\Big(r^2\frac{dn}{dr}\Big) - \frac{1}{L_D^2} n = 0 \qquad (8.4.7)$$

引入新变量

$$F = nr$$

方程（8.4.7）可改写为

$$\frac{d^2 F}{dr^2} - \frac{1}{L_D^2} F = 0$$

此方程的一般解为

$$F = Ae^{-r/L_D} + Ce^{r/L_D}$$

因此

$$n = A\frac{e^{-r/L_D}}{r} + C\frac{e^{r/L_D}}{r} \tag{8.4.8}$$

其中 A 与 C 是积分常量,由边界条件来确定。从边界条件式(8.4.6)得到 $C=0$,再利用边界条件式(8.4.5)

$$\frac{\partial n}{\partial r}\Big|_{r=r_0} = \left(-\frac{A}{r^2}e^{-r/L_D} - \frac{A}{L_D r}e^{-r/L_D}\right)\Big|_{r=r_0} = -\frac{Q}{4\pi r_0^2 D}$$

考虑到 r_0 是一个很小的量,$e^{-r_0/L_D} = 1, \frac{1}{r_0^2} \gg \frac{1}{L_D}$,则有

$$A = \frac{Q}{4\pi D}$$

将 A, C 值代入式(8.4.8),得到方程的解为

$$n(r) = \frac{Q}{4\pi Dr}e^{-r/L_D} \tag{8.4.9}$$

由此看出,中子的密度正比于源强 Q,这是由于扩散方程是线性方程的缘故。另外中子的密度随 r 增加指数减少,快慢与 L_D 有关,在这里扩散长度 L_D 表现为衰减长度,这是在特殊情况下,L_D 的一种特殊的意义。下面讨论一下 L_D 更普遍的意义。

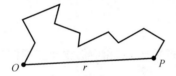

图 8-3　中子行径示意图

设想一个中子从源 O 发出以后,在介质中由于与原子核的碰撞走折线,如图8-3所示。当走到 P 点时,中子被介质所吸收,P 点离源的距离为 r。利用中子的密度分布式(8.4.9),得到在 r 和 $r+dr$ 之间体元内介质单位时间吸收的中子数

$$dN = \Sigma_a vn\,dV = \frac{\Sigma_a vQ}{4\pi Dr}e^{-r/L_D} \times 4\pi r^2\,dr = \frac{\Sigma_a vQ}{D}re^{-r/L_D}\,dr = \frac{Q}{L_D^2}re^{-r/L_D}\,dr$$

于是一个中子从 O 点产生,在 r 至 $r+dr$ 的球壳内被吸收的概率为

$$p_a(r)dr = \frac{dN}{Q} = \frac{1}{L_D^2}re^{-r/L_D}\,dr$$

$p_a(r)$ 称为吸收概率分布函数,它满足规一化条件

$$\int_0^\infty p_a(r)dr = \int_0^\infty \frac{1}{L_D^2}re^{-r/L_D}\,dr = 1$$

利用 $p_a(r)$ 很容易求出中子在吸收前所走的距离平方的平均值

$$\overline{r^2} = \int_0^\infty r^2 p_a(r)dr = \int_0^\infty \frac{r^3}{L_D^2}e^{-r/L_D}\,dr = 6L_D^2$$

因此可以得到

$$L_D^2 = \frac{1}{6}\overline{r^2} \tag{8.4.11}$$

此式表明,扩散长度的平方值,等于中子直线飞行距离的平方平均值的六分之一。所谓直线飞行距离是中子从发出点到被吸收点之间的直线距离。关于扩散长度的这一定义,在中子扩散

理论中具有普遍的意义,不管前面给出的线性扩散方程是否能用,L_D^2 均定义为 $\overline{r^2}/6$。L_D^2 又称为扩散面积。

$$L^2 = L_m^2 + L_D^2 \tag{8.4.12}$$

在反应堆物理中 L^2 称为徙动面积。它等于快中子经慢化成热中子且热中子扩散而被物质吸收所走直线距离平方平均值的 $1/6$,此量在计算反应堆临界体积时有用。

最后说明一点,就是所谓无限大的介质,其实只要介质线度大于 $5L$ 就行,因这时中子从表面泄漏已可以忽略不计。例如用水或石蜡对放射性中子源进行屏蔽,中子在其中的 L 等于 $6\sim7$ cm,因此只要屏蔽箱的直径和深度各为 1 m,将源放在中心,装置就可以看成无限大的介质。

第五节　中子衍射及应用

中子和其他微观粒子一样,具有波粒二象性。前面讨论中子的慢化与扩散中,都将中子看成一个粒子,没有涉及它波动的特性,这节我们专门讨论中子的波性。

一、中子的波长

从量子力学知道,一定动量的粒子,它相应的德布罗意波长,在非相对论近似下为

$$\lambda = \frac{h}{m_n v} \tag{8.5.1}$$

其中 h 是普朗克常量,$m_n v$ 是中子的动量。它可以用中子的能量来表示,即

$$\lambda = \frac{h}{\sqrt{2m_n E}} = \frac{2.860 \times 10^{-9}}{\sqrt{E}} \text{ cm} \tag{8.5.2}$$

式中能量 E 的单位用 eV。如果 λ 用 nm 为单位,则有

$$\lambda = \frac{0.028\ 6}{\sqrt{E}} \text{ nm} \tag{8.5.3}$$

由此可见,在一般情况下,中子的波长是比较短的。例如,当 $E = 1$ MeV 时,$\lambda = 2.86 \times 10^{-12}$ cm,它与核的线度同数量级。根据波与物质相互作用的特点,只有当中子的波长和物质结构的线度差不多时,其波性才比较明显。要使中子在原子或晶体上产生衍射,只有能量较低的中子才有可能,对热中子,$E = 0.025$ eV,相应 $\lambda = 0.182$ nm,这正好与原子的线度和晶格间距同数量级。

衍射是波动性最突出的特征。早在 1936 年,人们就发现中子从晶体表面散射时出现衍射现象。将中子衍射现象用来研究固体物质的结构,是在 1945 年建立了核反应堆以后,因为堆可以给出较大注量率的热中子流,同时建立起观测中子衍射现象的衍射谱仪。图 8 - 4 所示为一台简易的中子衍射谱仪结构的示意图。仪器包括准直孔、单色器、转动样品台和中子记录系统。中子从反应堆准直孔引出,通过晶体单色器,得到单能中子束,打在样品上发生散射。利用 BF_3 计数管记录散射中子,测出衍射图形。通过衍射图形分析可得到有关样品的结构知识。

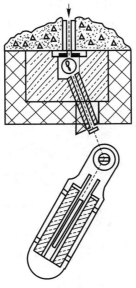

图 8 - 4　中子衍射谱仪

二、热中子衍射原理

为了讨论中子的衍射，必须先介绍一下有关晶体结构方面的一些知识。晶体一个很重要的特点是它的原子在空间规则排列。一种最简单的结构是立方晶体结构。

在立方晶体中取任一原子 O 为原点，取三根相互垂直的晶轴为坐标轴 x,y,z，如图 8-5 所示。在坐标轴上每隔距离 a 有一原子，a 称为晶格常量。在晶体中通过不同原子可作成许多平面，称为晶面，如 $OABC$ 就决定一个晶面，ACD 决定另一个晶面，由于坐标原点选取的任意性，晶面的坐标位置是没有意义的，有意义的是各晶面的取向。在固体物理中通常是用密勒（Miller）指数来表示晶面的取向，如平行于 xy 平面的晶面密勒指数为 $(0,0,1)$，晶面 ACD 和与它平行的晶面，如 EGH 的密勒指数是 $(1,1,1)$。不同晶面上原子的密度不同，例如 $(0,0,1)$ 就比 $(1,1,1)$ 晶面的原子密度大，不同晶面的间距也不同，如 $(0,0,1)$ 晶面的间距 $d=a$，而 $(1,1,1)$ 晶面的间距 $d=a/\sqrt{3}$。

下面我们推导中子衍射的布喇格（Bragg）公式。先画一晶面，为方便起见，取 $(0,0,1)$ 晶面，如图 8-6 所示。实际上对其他晶面也一样。不同的晶面只是晶面间距 d 不同。当中子波以掠射角 θ 射向晶面时，在相邻两晶面上反射的中子波，程差为 $2d\sin\theta$。与 X 射线一样，当 $2d\sin\theta$ 等于中子波长的整数倍时，这两支反射波相干而加强，由许多层的相干作用，出现明显的衍射峰。中子衍射的布喇格公式为

$$2d\sin\theta=n\lambda \quad (n=1,2,3,\cdots) \tag{8.5.4}$$

其中 λ 是散射中子的波长，n 为衍射级次。在反射中子束中，对应 $n=1$，称为一级衍射，其他称为次级衍射。通常一级衍射最强，强度随 n 的增加，迅速下降。实际应用中，只前面很少几级起作用。

在原子磁矩为零或磁矩方向混乱分布的情况下，中子被晶体的散射主要是核散射。对于

磁性晶体,特别是铁磁材料,它与中子的磁相互作用已可以和核作用相比拟,磁散射效应必须考虑。对于非极化中子束,它在磁性晶体上的散射,中子衍射峰的强度是核衍射强度和磁衍射强度之和。对于极化中子束,必须考虑到核散射振幅和磁散射振幅之间的相干现象,使衍射峰强度带来加强或减弱的效果。

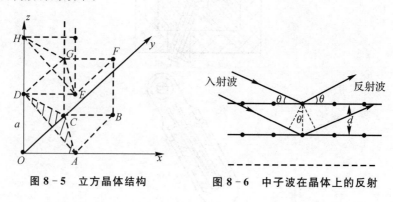

图 8-5 立方晶体结构　　　　图 8-6 中子波在晶体上的反射

三、中子衍射应用实例

1. 晶体单色器

从反应堆引出的热中子是连续谱。如果在引出孔道外面安置一单晶片,中子束以掠射角射向单晶片。根据布喇格条件

$$\lambda = 2d\sin\theta$$

在与入射方向成 2θ 角的方向上可接收到波长为 λ 的单能中子,d 是反射晶面的间距。装置如图 8-7 所示。改变不同的 θ,就可以得到不同波长 λ 的单能中子。

2. 极化中子束

选取适当的铁磁晶体,通过相干衍射可以有效地得到极化中子束,下面说明其原理。

对任一非极化中子束,都可以看成两个相反方向极化中子束之和,如图8-8所示。入射中子束中一部分中子自旋向上为 s_1,另一部分中子自旋向下为 s_2。将中子束射到铁磁晶体表面,在某一晶面上发生布喇格反射。如果平行这反射面加一强磁场 **B**,方向朝上,且场足够强,使铁磁晶体完全磁化。在这种情况下,自旋朝上的中子,磁散射振幅与核散射振幅同号,自旋朝下的中子的磁散射振幅与核散射振幅异号。若取中子的核散射振幅为 b,磁散射振幅为 p,则中子总的散射振幅

$$f = b \pm p \qquad (8.5.5)$$

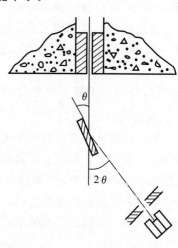

图 8-7　晶体单色器

式中正号对应自旋朝上的中子,负号对应自旋朝下的中子。对于自旋朝上与朝下的中子,它们衍射峰的强度分别正比于$(b+p)^2$和$(b-p)^2$。适当选择反射物质,使$b=p$,这时自旋朝下的中子散射振幅为零。反射束中只有自旋朝上的中子存在,达到产生极化中子束的目的。定义极化效率P为散射后中子束的极化度,则

$$P = \frac{I_1 - I_2}{I_1 + I_2} \qquad (8.5.6)$$

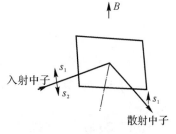

图 8 - 8 中子极化原理图

其中I_1和I_2分别是散射后朝上朝下两种自旋态的中子数。

由于磁散射振幅的大小与反射面和掠射角有关,因此,对于某种晶体,只有选定特殊的反射面和掠射角,才能产生完全极化的中子束。

3. 晶体空间结构的测定

根据布喇格衍射公式,要测定晶面间距d和其他有关参量,要求中子波长λ和d同数量级。一般晶体晶面间距在$0.1 \sim 1$ nm之间,从反应堆出来的热中子能量在$0.1 \sim 0.000\,1$ eV之间,相应的波长为$0.03 \sim 3$ nm,正好满足要求。

从图8-9可以看出,X射线在物质上的散射振幅随A的增加迅速增加。因此,在用X射线来分析元素时,对于A值小的元素就不灵敏,对A值相近的元素分辨率差。从图中还可看到,中子在核上散射振幅不是随A变化的单调函数,相邻核素的散射振幅可以相差很大,因此,可以利用中子来研究近邻元素的结构差别。由于在轻元素和重元素上,中子有相近的散射振幅。例如,在^{2}H上$b=0.667\times10^{-12}$ cm,在^{238}U上$b=0.85\times10^{-12}$ cm,因此,利用中子衍射方法来测定含轻元素物质的结构是十分有利的,特别是有机分子和生物分子,它们大都是碳氢化合物。因此,中子衍射技术和X射线衍射技术,在研究物质结构方面是相互补充的。

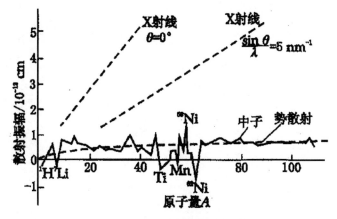

图 8 - 9 中子核散射振幅随原子量的变化

利用中子在磁性物质上的磁散射,还可以确定物质中原子磁矩的大小、取向和分布。螺旋性磁结构的发现就是中子衍射测量的结果。有关晶体空间结构测定的具体方法,已超出本书的范围,不在此介绍。

习　题

1. 从以下反应计算中子的质量

$$^{14}N + n \longrightarrow {}^{14}C + {}^{1}H + 0.623 \text{ MeV}$$

2. 利用 ^{210}Po 的 α 粒子进行以下反应

$$^{11}B + \alpha \longrightarrow {}^{14}N + n + Q$$

实验测出 ^{14}N 的反冲能量为 0.8 MeV，中子动能为 4.31 MeV，试计算中子的质量。

3. 试求钋铍（^{9}Be）中子源中，出射中子的最大和最小能量。已知 α 粒子能量为 5.30MeV。

4. 试求 $^{124}Sb - {}^{9}Be$ 中子源中，1.691MeV 的 γ 光子轰击铍靶产生的单能中子能量。

5. 能量为 6 MeV 的中子束通过 1cm 厚的水层后，它的强度减弱到原来的 1/1.145。已知氧对 6MeV 中子的微观总截面为 1b，试求氢对中子的微观总截面。

6. 当能量为 E 的中子与处于静止的靶发生弹性散射时，如果靶核分别为 $^{2}H，^{12}C$ 和 ^{238}U，试求中子的最大能量损失。

7. 在氢、石墨和铁慢化剂中，将 1 MeV 中子慢化到 1 eV 时需要的平均碰撞次数分别是多少？

8. 已知石墨的密度是 $1.6 \text{ g} \cdot \text{cm}^{-3}$，相应中子的 $\sigma_s = 4.8 \text{ b}，\sigma_a = 3.4 \text{ mb}$，试求它的散射自由程 λ_s 和吸收自由程 λ_a。

9. 中子束射到某晶体的晶格上时，能量从 0 变到数 eV，该晶体的晶面间距 $d = 3.03$。要使晶格上反射的中子具有 0.1eV 的能量，问与晶面以多大的角度入射？

第九章 原子核的裂变和聚变

1932年查德威克发现中子后,人们了解到原子核由质子、中子组成。用中子束辐照重元素以找寻元素周期表中更重的新元素工作激发了科学家很大的热情。在自然界存在的元素中,当时知道原子序数最大的是铀,$Z=92$。有人设想,用中子轰击铀,铀吸收中子经(n,γ)反应生成丰中子的新核素,再经β^-衰变就能产生第93号元素。如果再经多次接连β^-的衰变,还可以产生原子序数更高的新元素。对于$Z>92$的元素统称超铀元素。看起来,用中子轰击重元素似乎是产生新超铀元素的一个途径。的确,用中子束辐照天然铀产生了很多种放射性核素。这些放射性核素到底是什么呢?

1938年,哈恩(O. Hahn)和斯特拉斯曼(F. Strassmann)用放射化学的方法发现,在中子束辐照铀产生的放射性产物中具有钡($Z=56$)和镧($Z=57$)的放射性同位素,认识到中子轰击铀、钍等一些重原子核可以分裂成质量差不多大小的两个原子核。重核分裂成几个中等质量原子核的现象称为原子核裂变。原子核的转换方式除了以前讨论过的核衰变和核反应外,还有核裂变。通常,将重核分裂为两个碎片的情形称为二分裂变;重核分裂成三块或四块碎片的情形分别称为三分裂变和四分裂变。1947年,钱三强、何泽慧等人首先观察到中子轰击铀核时的三分裂变。三分裂变常是两个大些的碎片和一个α粒子。此种α粒子有较大的能量。α粒子飞行方向倾向于与另两个碎片飞行方向垂直。三分裂变比二分裂变罕见,两者出现的概率之比大约是$3:1\,000$。四分裂变就更少了。本章只讨论二分裂变,简单地称作裂变。

裂变过程是原子核的一种重要的运动形态。对裂变现象及运动机制的研究是原子核物理学的一个重要方面。裂变所释放的大量能量为人类提供了一个重要的新能源,由此而发展了一个新的工程技术部门——核工程。本章将简要地介绍对裂变现象的实验观测及理论探讨的情况。同时,对轻原子核的聚变反应和受控核聚变也作简要的介绍。

第一节 自发裂变和诱发裂变

一、自发裂变

类似于放射性衰变,自发裂变是原子核在没有外来粒子轰击的情形下自行发生的核裂变。在第一章曾讨论过,中等质量核的比结合能比重核的大,因此裂变会有能量放出。仔细研究比结合能曲线发现,对于不很重的核,例如$A>90$,核裂变从能量方面考虑就可能发生。就是说,如果$A>90$的原子核能发生裂变,也会放出能量。但是,实验发现很重的核才能自发裂变。由此可见,有能量放出只是原子核自发裂变的必要条件,具有一定大小的裂变概率,才能在实验上观测到裂变事件。

很重的原子核大多具有α放射性。自发裂变和α衰变是重核衰变的两种不同方式,两者有竞争。对于 $Z \approx 92$ 的核素,自发裂变比起 α 衰变可以忽略。^{252}Cf 能自发裂变也可以 α 衰变,自发裂变分支比约占 3%。^{252}Cf 是重要的自发裂变源和中子源。^{254}Cf 的自发裂变分支比是 99.7%,裂变是主要的衰变方式。一般地说,较轻的锕系核素自发裂变半衰期都比较长。例如,^{238}U 的自发裂变半衰期 $T_{1/2} = 1.01 \times 10^{16}$ a。其他核素的自发裂变半衰期,如 ^{235}U, $T_{1/2} = 3.5 \times 10^{17}$ a;^{240}Pu, $T_{1/2} = 1.45 \times 10^{11}$ a;^{242}Am, $T_{1/2} = 9.5 \times 10^{11}$ a;^{252}Cf, $T_{1/2} = 85.5$ a 和 ^{254}Cf,$T_{1/2} = 60.5$ d 等等。一些锕系核素的自发裂变半衰期见图 9-1。对于偶偶核,半衰期有随 Z^2/A 下降的趋势。同一种元素的各种同位素半衰期差别很大,图中由实线相联。奇 A 核的自发裂变半衰期都比相邻偶偶核的大。

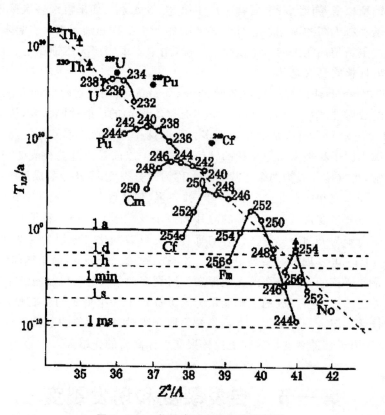

图 9-1 一些核素的自发裂变半衰期

与 α 衰变的势垒穿透类似,原子核自发裂变也要穿透势垒。这种裂变穿透的势垒称为裂变势垒。势垒穿透概率的大小与自发裂变半衰期密切相关,势垒穿透概率大,自发裂变容易发生,半衰期就短;势垒穿透概率小,自发裂变不容易发生,半衰期就长。自发裂变半衰期对于裂变势垒高度非常敏感,例如,势垒高度相差 1 MeV,半衰期可以差到 10^5 倍。

二、诱发裂变

除了自发裂变,在外来粒子轰击下,重原子核也会发生裂变,这种裂变称为诱发裂变。它可以当作核反应的一个反应道,并记作 A(a,f)。其中,a 表示入射粒子,A 表示靶核,f 表示裂变。诱发裂变现象也说明裂变势垒的存在。发生裂变的核素称为裂变核。对于诱发裂变,入射粒子与靶核组成的复合核才是裂变核。当裂变核的激发能超过裂变势垒的高度时,裂变概率就显著地增大。

在诱发裂变中,中子诱发的裂变最重要,也研究得最多。由于中子和靶核的作用没有库仑势垒,能量很低的中子就可以进入核内使核激发而发生裂变。裂变过程又有中子发射,因而可能形成链式反应,这也是中子诱发裂变更受到重视的原因。以 $^{235}U(n,f)$ 反应为例,这一过程可以表达为

$$^{235}U + n \longrightarrow ^{236}U^* \longrightarrow X + Y$$

这里 X 和 Y 表示两个裂变碎片(如 ^{139}Br 和 ^{97}Kr),按这两个碎片的质量不同,分别称为重碎片和轻碎片,处于激发态的复合核 $^{236}U^*$ 是裂变核。

诱发裂变概率的大小由裂变截面 σ_f 表示。裂变截面代表单位面积有一个靶核时入射一个粒子发生核裂变的概率。如同其他核反应截面一样,裂变截面 σ_f 也能由实验测定。

$$\sigma_f = I_f / (I_a N_S) \tag{9.1.1}$$

其中 I_a 是单位时间入射粒子数,I_f 是单位时间发生裂变数,N_S 是单位面积的靶核数。探测技术中,要注意碎片与 α 粒子和其他轻带电粒子的鉴别;每次裂变有两个碎片,如果用测量到的碎片数来确定裂变数,只要对 2π 立体角求和即可。

表 9-1 列出了几种核素的热中子截面,包括裂变截面 σ_f、辐射俘获截面 σ_γ、吸收截面 σ_a 和总截面 σ_t。

表 9-1 几种核素的热中子截面 (单位:b)

	^{233}U	^{235}U	^{238}U	^{240}Pu
σ_f	533.1	582.2	—	742.5
σ_γ	47.7	98.6	2.7	268.8
σ_a	578.8	680.8	2.7	1011.3
σ_t	587.0	694.6	11.6	1019

热中子可引起裂变的核素称为易裂变核,又称核燃料。^{235}U,^{239}Pu 和 ^{233}U 等都是核燃料。这些核素都有很大的热中子裂变截面。这些核燃料中只有 ^{235}U 天然存在,但是丰度较小,占 0.7%。天然铀中主要是 ^{238}U,其丰度为 99.3%。^{239}Pu 和 ^{233}U 非天然存在,要由核反应产生。

有些锕系区的偶偶核不能由热中子诱发裂变。当入射中子能量增高到一定数值时,这些核才发生裂变,这样的裂变称为有阈裂变。这些核素称为可裂变核。几种可裂变核的中子裂变激发曲线见图 9-2,从图中可以看出,入射中子能量提高到一定数值后裂变截面 σ_f 随中子入射能量 E_n 迅速上升。对于快中子引起的核裂变,随着中子能量的增高裂变截面的变化呈阶梯形。图 9-3 所示是 ^{238}U 快中子裂变截面的实验数据。第一个突变处是裂变阈,中子能量在裂变阈以下,裂变截面很小,在裂变阈附近裂变截面迅速地增大。入射中子能量增高到 6MeV 左右出现第二个跃变。这表示除了(n,f)反应外,又打开了(n,n'f)反应道,复合核 $^{239}U^*$ 发射一个中子后,$^{238}U^*$ 还有足够的激发能发生裂变。入射中子能量再增高至 14 MeV 左右,$^{239}U^*$ 发射两个中子后,剩余核 $^{237}U^*$ 还有足够的激发能发生裂变,即又开放了(n,2nf)反应道,等等。(n,f)称为一次机会裂变,(n,n'f)和(n,2nf)分别称为二次机会裂变和三次机会裂

变。入射中子能量逐渐升高达到各次裂变阈,分别打开一个个新的反应道,裂变截面随中子能量的变化就呈现阶梯形。图中插入的小图是理想情形,还标上了总的反应截面 σ_t 以便与裂变截面 σ_f 比较。

除了中子可以诱发核裂变以外,具有一定能量的带电粒子如 p,d,α 和 γ 射线也能诱发核裂变。带电粒子要进入靶核内必须克服库仑势垒。氘核引起核裂变常是(d,pf)。氘核中的核子结合得比较松,当氘核接近靶核时受到极化,常是中子进入靶核内引起核裂变,而质子未进到靶核内就受靶核的库仑排斥作用而离去。这种核裂变实际上是中子诱发的裂变。能量很高的带电粒子甚至可以引起质量较小的元素(如 Cu)发生裂变。γ 射线引起的核裂变记作(γ,f),称为光致裂变,光致裂变截面都比较小。重离子轰击重核时,融合在一起的复合核有很高的激发能,核裂变是复合核衰变的主要方式。

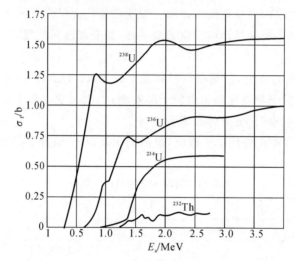

图 9 - 2 ^{232}Th,^{234}U,^{236}U 和 ^{238}U 快中子裂变截面

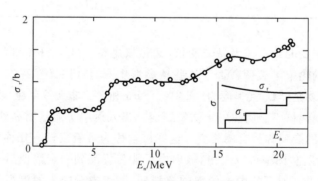

图 9 - 3 ^{238}U 快中子裂变截面

高能粒子和重核作用还可能将靶核打散,出现很多自由核子或很轻的原子核,这种过程不再是核裂变而称为散裂反应。

本书只讨论激发能较低的核裂变。

三、裂变势垒高度

中等质量的原子核不出现自发裂变,诱发裂变也很困难,其原因是这些核素的裂变势垒很高。重核的裂变势垒就比较低。在容易发生核裂变铜系核素中,裂变势垒高度约 6 MeV。

现在讨论一下为什么热中子能引起^{235}U 裂变而不能使^{238}U 裂变。

^{235}U(n,f)反应中,中子与^{235}U 形成复合核^{236}U*,裂变核是^{236}U*。复合核的激发能由式(7.7.3)给出。对于热中子打^{235}U 的情形,$E_a = E_n \approx 0$,B_{aA} 就是^{236}U 的最后一个中子的结合能 $S_n(^{236}U)$,由式(2.2.15)容易算得

$$E^* = S_n(^{236}U) = \Delta(^{235}U) + \Delta(n) - \Delta(^{236}U) =$$
$$(40.93 + 8.07 - 42.46)\text{MeV} = 6.54 \text{ MeV} \tag{9.1.2}$$

^{236}U 的裂变势垒高度 $E_b = 5.9$ MeV,有 $E^* > E_b$,热中子能引起^{235}U 裂变。

^{238}U(n,f) 反应中,裂变核是^{239}U。对此,也可以计算中子和^{238}U 的结合能,亦即^{239}U 的最后一个中子结合能

$$B_{aA} = S_n(^{239}U) = \Delta(^{238}U) + \Delta(n) - \Delta(^{239}U) =$$
$$(47.33 + 8.07 - 50.60)\text{MeV} = 4.80\text{MeV} \tag{9.1.3}$$

^{239}U 的裂变势垒高度 $E_b = 6.2$ MeV,热中子形成复合核^{239}U 的激发能比裂变势垒低,不容易发生核裂变。当入射中子的能量提高到 $E_n \approx 1.4$ MeV 时,才有 $E^* \approx E_b$。我们称 $E_n = 1.4$ MeV 是^{238}U(n,f) 反应的阈能。

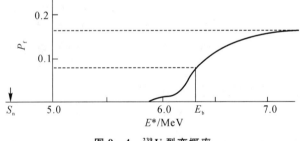

图 9-4　^{239}U 裂变概率

测定有阈裂变的激发曲线是确定核素裂变势垒高度的一种方法。图9-4所示是^{239}U 裂变概率 P_f 随激发能 E^* 的变化曲线。裂变概率是裂变截面 σ_f 与反应截面 σ_r 之比,即

$$P_f \equiv \sigma_f/\sigma_r \tag{9.1.4}$$

通常取裂变概率曲线坪顶高度一半处所对应的激发能为裂变核的裂变势垒高度 E_b。

第二节　裂变的实验特征

重核吸收中子发生裂变的大致图像是:

1)裂变核分成两个初级碎片,碎片具有较高的激发能,存在的时间很短,约 10^{-15} s。

2)因为稳定核的中质比(中子数和质子数之比)随质量数 A 增大而增大,所以这种初级碎

片的中质比是与裂变核相近的,它们是丰中子核,且具有较高的激发能,因而会放出 1~3 个中子变成次级碎片(或称裂变初级产物)。放出中子后,次级碎片的激发能降到 8MeV 以下,不再发射粒子,但还能以发射 γ 射线形式退激。中子是在裂变后 10^{-15} s 内发射的,γ 射线是在 10^{-11} s 内发射的,它们分别称为瞬发中子和瞬发 γ 射线。

3)次级碎片还是中子过剩的,经过一次或多次 β 衰变后,最后成为稳定的核素。裂变产物是发射中子后裂变碎片的统称,包括 β 衰变前的次级碎片和 β 衰变体。β 衰变子核的激发能超过中子结合能的核素,又可能发射中子,这是一个慢过程(半衰期大于 10^{-2} s),称为缓发中子。

这里提出著名的 $A=140$ 重碎片的 β 衰变链:

$$^{140}\mathrm{Xe} \xrightarrow[16\,\mathrm{s}]{\beta^-} {}^{140}\mathrm{Cs} \xrightarrow[66\,\mathrm{s}]{\beta^-} {}^{140}\mathrm{Ba} \xrightarrow[12.8\mathrm{d}]{\beta^-} {}^{140}\mathrm{La} \xrightarrow[40\,\mathrm{h}]{\beta^-} {}^{140}\mathrm{Ce}(稳定)$$

哈恩正是通过对这个 β 衰变链的研究,发现了原子核的裂变。

轻碎片中 $A=99$ 的 β 衰变链:

$$^{99}\mathrm{Nb} \xrightarrow[2.4\,\mathrm{min}]{\beta^-} {}^{99}\mathrm{Mo} \xrightarrow[67\,\mathrm{h}]{\beta^-} {}^{99}\mathrm{Tc} \xrightarrow[2.12\times10^5\mathrm{a}]{\beta^-} {}^{99}\mathrm{Ru}(稳定)$$

这是人造元素锝($\mathrm{Tc},Z=43$)的重要来源。

一般,裂变产物是很复杂的。例如,对于 $^{236}\mathrm{U}$ 的裂变,初级碎片就有 30~40 对,初级碎片又要变成次级碎片,最后到稳定核。在这一过程中共有 300 多种放射性产物。下面给出裂变的几个主要实验特征。

一、裂变碎片的质量分布

裂变碎片质量分布 $Y(A)$,又称裂变碎片按质量分布的产额,其中的 A 是碎片的质量,以 u 为单位,近似地是质量数。裂变碎片质量分布是核裂变问题中极重要的物理量,虽有不少实验数据,但是还没有很满意的理论。

每次核裂变产生两个碎片,所以总的产额不是 1 而是 2:

$$\sum_A Y(A) = 2 \tag{9.2.1}$$

实验测定裂变碎片的质量分布分为放中子前的裂变产额 $Y(A^*)$ 和放中子后的裂变产额 $Y(A)$ 两种。

如果裂变核的质量数记作 A_f,那么,质量数为 A_1 与质量数为 $A_2 = A_\mathrm{f} - A_1$ 的两个碎片称为一对互补的裂变碎片。裂变碎片质量分布 $Y(A)$ 与裂变核是什么核素有关,还与裂变核的激发能有关。$Z \leq 84$ 的核素,裂变碎片呈对称分布,即质量为 A_f 的裂变核分成两个相同的碎片 $A_1 = A_2 = A_\mathrm{f}/2$ 的分法是最概然的。这样的核裂变称为对称裂变。$Z \geq 100$ 的核素发生裂变也主要是对称裂变。但是,对于 $90 \leq Z \leq 98$ 核素的自发裂变或低激发能的诱发裂变,碎片质量分布是非对称的,称为非对称裂变。随着裂变核激发能增高,非对称裂变逐渐向对称裂变的模式过渡,对于镭等某些核素的裂变,会出现对称裂变与非对称裂变两种同等重要的模式,因而为三个峰的碎片质量分布。以上各种情形见图 9-5。

现在,对非对称裂变再进行一些讨论。$^{235}\mathrm{U}$ 的热中子诱发裂变,碎片质量分布的非对称性极为突出,见图9-6(a)。重碎片峰位在 $A_\mathrm{H} \approx 140$ 处,轻碎片峰在 $A_\mathrm{L} \approx 96$ 处,产额约 6%。而在对称分裂的 $A=236/2=118$ 处,产额曲线有很深的谷,$Y(118)=0.010\%$,峰谷比约

600。^{233}U 和^{239}Pu 的热中子诱发裂变以及^{252}Cf 的自发裂变都是非对称裂变,其碎片质量分布见图 9-7。图中纵坐标是对数坐标,各曲线以裂变核核素符号标明。

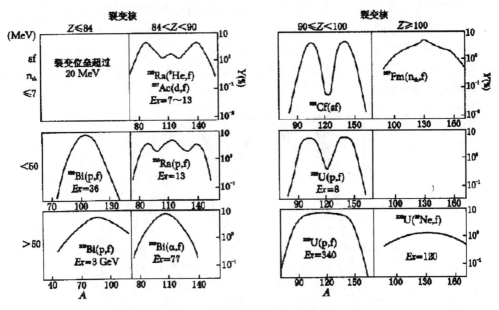

图 9-5 一些核裂变的质量分布

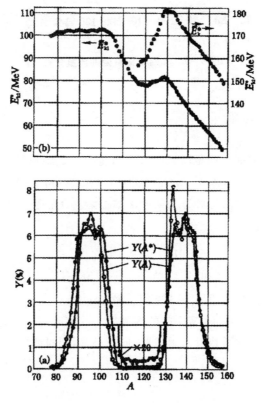

图 9-6 ^{235}U 的热中子诱发裂变

从以上四条非对称裂变的质量分布曲线可以看出,重碎片的峰位几乎不变,$A_H \approx 140$,而轻碎片的峰位 A_L 与 A_H 互补。^{233}U 的热中子裂变,$A_L \approx 94$。^{239}Pu 的热中子裂变,$A_L \approx 100$。^{252}Cf 的自发裂变,$A_L \approx 112$。这表明,$A_H \approx 140$ 的碎片特别容易形成,可能是一种壳效应。

随着入射中子能量增大,裂变核的激发能也增加,对称裂变的产额也随着提高。例如。14MeV 中子引起^{235}U 的裂变,碎片质量分布曲线的峰谷比降为 5。能量更高的中子引起^{235}U 的裂变有可能成为对称裂变。

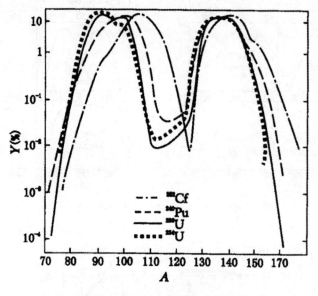

图 9-7　非对称核裂变的质量分布

二、裂变碎片的动能

实验表明,裂变能的大部分都是以裂变碎片动能的形式释放的。裂变碎片动能按碎片质量的分布$\overline{E_{K1}^*}(A)$ 的实验结果见图 9-6(b)。从图中发现轻碎片具有较大的动能。由于动量守恒,轻、重碎片的动量数值相等,轻碎片的速度大因而有较大的动能。如果考虑碎片总动能按重碎片质量的分布,并以$\overline{E_K^*}(A)$ 表示,

$$\overline{E_K^*} = \overline{E_{K1}^*} + \overline{E_{K2}^*} \tag{9.2.2}$$

总动能是一对互补碎片的动能之和,实验结果是平均值,右上角星号(＊)表示放中子前的初碎片。从图中发现,当重碎片质量 $A \approx 132$ 时。总动能$\overline{E_K^*}(A)$ 最大。对于很多裂变核都有类似的结果。$A = 132$ 可以是 $Z = 50, N = 82$ 的满壳层。这表明发生断裂时壳结构可能起着重要的作用。当 $A = 132$ 时碎片的形状近似于球形,形变小,断裂时两碎片中心较近,因此由库仑能转变成的动能就比较大。

三、裂变中子

核裂变放出的中子称为裂变中子。瞬发裂变中子能谱 $N(E)$ 和每次裂变放出的平均中子数 $\bar{\nu}$ 在核裂变基础研究和应用中都是很重要的物理量。在此将介绍 $N(E)$ 和 $\bar{\nu}$ 的实验结果,还要介绍裂变中子数按碎片的分布和缓发裂变中子的一些实验结果。

1. 瞬发裂变中子能谱

核裂变瞬发中子的能量分布 $N(E)$ 称为瞬发裂变中子能谱,简称裂变中子能谱。能量 E 是裂变中子在实验室系的动能。裂变中子能谱是连续谱,裂变中子的平均能量约 2 MeV。

裂变中子能谱的实验结果可由一个参量的麦克斯韦(Maxwell)分布曲线表示,即

$$N(E) \propto \sqrt{E} \exp\left(-E/T_M\right) \tag{9.2.3}$$

其中,参量 T_M 称为麦克斯韦温度。可以算出裂变中子的平均能量

$$\bar{E} = \frac{\displaystyle\int_0^\infty E N(E)\,\mathrm{d}E}{\displaystyle\int_0^\infty N(E)\,\mathrm{d}E} = \frac{3}{2} T_M \tag{9.2.4}$$

^{252}Cf 自发裂变的裂变中子能谱和 ^{235}U 热中子诱发裂变的裂变中子能谱常用作标准的裂变中子能谱,其谱参量 T_M 以及平均能量 $\bar{E}$ 为

$$\left.\begin{array}{l}
^{252}\mathrm{Cf(sf)}: T_M = (1.453 \pm 0.017)\,\mathrm{MeV}, \quad \bar{E} = (2.179 \pm 0.025)\,\mathrm{MeV} \\
^{235}\mathrm{U} + \mathrm{n_{th}}: T_M = (1.319 \pm 0.019)\,\mathrm{MeV}, \quad \bar{E} = (1.979 \pm 0.029)\,\mathrm{MeV}
\end{array}\right\} \tag{9.2.5}$$

裂变中子能谱的麦克斯韦分布谱形见图 9-8,实验点是 ^{235}U 热中子诱发裂变的结果。随着入射中子能量的增加,诱发裂变中子能谱的平均能量略有提高。

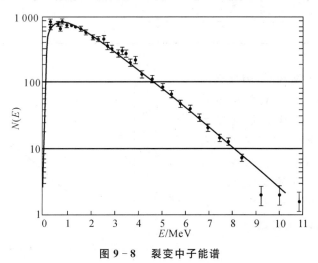

图 9-8　裂变中子能谱

裂变中子平均能量 $\bar{E}$ 与每次裂变放出的平均中子数 $\bar{\nu}$ 之间有一定的关系,泰瑞尔(J. Terrell)由蒸发模型得到半经验公式

$$\bar{E} = A + B\sqrt{\bar{\nu}+1} \tag{9.2.6}$$

其中参量 A 和 B 由实验比较得出

$$A = 0.75, \quad B = 0.65 \qquad\qquad (9.2.7)$$

$\bar{E}, A$ 和 B 的单位为 MeV。

准确的标准裂变中子能谱对于其他中子能谱的测定、中子探测器的各种能量的效率刻度、裂变截面的测定和测定 $\bar{\nu}$ 值等方面都有很大的用处。

裂变中子的角分布在实验室系中强烈地倾向碎片飞行的方向。在碎片质心系中,角分布近似地为各向同性。这表明裂变中子主要是由碎片蒸发出来的,而且是在碎片由于库仑作用加速之后蒸发出来的。

2. 每次裂变平均中子数

每次裂变放出的平均中子数记作 $\bar{\nu}$。裂变瞬发中子和缓发中子都对 $\bar{\nu}$ 值有贡献。有

$$\bar{\nu} = \bar{\nu}_p + \bar{\nu}_d \approx \bar{\nu}_p \qquad\qquad (9.2.8)$$

其中的 $\bar{\nu}_p$ 和 $\bar{\nu}_d$ 分别是每次裂变的平均瞬发中子数和平均缓发中子数。一般 $\bar{\nu}_d$ 只占 $\bar{\nu}$ 的很小一部分(约占 1%)。例如,热中子引起 ^{235}U 的诱发裂变,$\bar{\nu} = 2.4$,$\bar{\nu}_d$ 只占 0.66%。$\bar{\nu}_d$ 对利用链式反应的裂变反应堆设计很重要。一些核裂变的 $\bar{\nu}$ 值列于表 9-2,表中的数据以 ^{252}Cf 自发裂变的值作为归一的标准。

表 9-2　每次裂变平均中子数 $\bar{\nu}$

热中子诱发裂变		自 发 裂 变	
裂变核	$\bar{\nu}$	裂变核	$\bar{\nu}$
^{234}U	2.478 ± 0.007	^{238}U	2.00 ± 0.08
^{236}U	2.405 ± 0.005	^{240}Pu	2.16 ± 0.02
^{240}Pu	2.884 ± 0.007	^{242}Pu	2.15 ± 0.02
^{242}Am	3.22 ± 0.04	^{246}Cm	3.00 ± 0.20
^{244}Cm	3.43 ± 0.05	^{252}Cf	3.764
^{246}Cm	3.83 ± 0.03	^{254}Cf	3.88 ± 0.14

当入射中子能量增高时,裂变核的激发能也随之增高。前面曾讨论过碎片的动能几乎与裂变核的激发能无关。裂变核激发能增高,使碎片的激发能增高,在这种情形下,会发射更多的裂变中子。例如,^{235}U 中子诱发裂变,$\bar{\nu}_p$ 值随入射中子能量 E_n 的变化见图 9-9。$\bar{\nu}_p$ 随 E_n 近似线性上升,稍有波动。

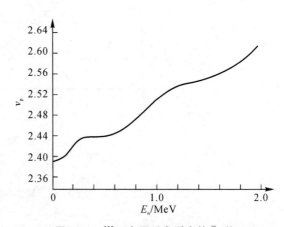

图 9-9　^{235}U 中子诱发裂变的 $\bar{\nu}_p$ 值

3. 缓发中子

缓发中子产生于裂变产物的某些 β 衰变链中。缓发中子的半衰期就是中子发射体的 β 衰变母核(或称缓发中子先驱核)的 β 衰变半衰期。表 9-3 中列出了几种裂变物质的缓发中子实验数据。尽管缓发中子很少,但由于半衰期较长,反应堆就是靠它来进行控制的。

表 9 - 3　几种裂变物质的缓发中子

先驱核	$T_{1/2}/s$	E/keV	100 次裂变的缓发中子数		
			^{235}U	^{238}U	^{239}Pu
^{87}Br	54.5	250	0.052	0.054	0.021
^{137}I	24.4	560	0.346	0.564	0.182
^{88}Br	16.3				
^{138}I	6.3	405	0.310	0.667	0.129
^{89}Br	4.4				
$^{93,94}Rb$	≈ 6				
^{139}I	2.0	450	0.624	1.6	0.199
Cs, Sb, Te	1.6~2.4				
$^{90,92}Br$	1.6				
^{93}Kr	1.5				
$^{140}I+Kr$	0.5		0.182	0.93	0.052
Be, Rb, As	0.2		0.066	0.31	0.027
合计			1.58	4.12	0.61

第三节　裂变的液滴模型理论

原子核裂变的过程比较复杂,理论还不很成熟。这里主要介绍原子核裂变的液滴模型理论。

在核裂变发现后不久,玻尔(N. Bohr)和惠勒(J. A. Wheeler)用液滴模型成功地对裂变过程作了理论解释。关于原子核的液滴模型,在第二章已讨论过,就是把原子核当作荷电的液滴,原子核的结合能包括体积能、表面能、库仑能、对称能和对能等项。球形液滴发生形变时它的势能有变化,势能和结合能有相反的符号。形变时库仑能和表面能有相反的变化趋势。根据液滴模型,一般的原子核在球形时处于势能最低点。小形变时表面能的增加超过了库仑能的减小,即形变使势能增大,因而球形核是稳定的。当形变较大时,对于裂变核则有可能向更大的形变发展直至断裂。一个大液滴断裂成两个较小的液滴后,由于库仑斥力,使分成的两个荷电液滴分离飞开。这就是液滴模型中原子核裂变的机制。

一、液滴形变

在液滴模型中,认为原子核像液滴一样是不可压缩的。在形变过程中和裂变前后原子核的体积保持不变。

如果把核的形变看作轴对称的,并取对称轴为 z 轴,形变核的表面一般地可以表示为

$$R(\theta) = R_0\lambda \left[1 + \sum_{n=2}^{N} \alpha_n P_n(\cos \theta) \right] \tag{9.3.1}$$

其中 R_0 是未形变的球半径,引人参量 λ 为了使形变时保持体积不变。α_n 是形变参量。如 $\alpha_n \neq 0$ 就称为有 2^n 极形变。n 为偶数的形变对于 $O\text{-}xy$ 坐标平面对称,称为对称形变。n 为奇数的形变是非对称形变。在质心系中形变时质心位置不变,因此 $\alpha_1 = 0$。最简单的对称形变 $n = 2$,是四极形变。

二、库仑能和表面能

荷电液滴的电荷分布以 $\rho(r)$ 表示,它的库仑能就是

$$E_c = \frac{1}{2}\int d\tau \int d\tau' \frac{\rho(r)\rho(r')}{4\pi\varepsilon_0 \mid r - r' \mid} \tag{9.3.2}$$

库仑能与电荷分布及液滴的形状有关。

液滴的表面积以 S 表示,它的表面能就是

$$E_s = \sigma S \tag{9.3.3}$$

其中 σ 是液滴的表面张力系数,表面能与液滴的形状有关。

如果原子核只有最简单的小形变,我们来看看核的势能如何变化。对称的四极小形变记作 $\alpha_2 = \varepsilon$,是个小量。这时的原子核形状是略有伸长的旋转椭球。此椭球的长半轴 c 和短半轴 a 可以分别写成

$$\begin{aligned} c &= R(1 + \varepsilon) \\ a &= R / \sqrt{1 + \varepsilon} \end{aligned} \tag{9.3.4}$$

其中 R 是未形变的球半径。为保证伸长的椭球与原来的球有相同的体积

$$V = \frac{4}{3}\pi c a^2 = \frac{4}{3}\pi R^3 \tag{9.3.5}$$

椭球的表面积是

$$S = 2\pi\left[a^2 + \frac{ca\ \text{arcsine}}{e}\right] \tag{9.3.6}$$

其中

$$e = \sqrt{1 - \left(\frac{a}{c}\right)^2} \tag{9.3.7}$$

是长、短半轴为 c, a 的椭圆的偏心率。略去 ε 的高次项,可以得到小形变椭球的表面积

$$S = 4\pi R^2\left(1 + \frac{2}{5}\varepsilon^2\right) \tag{9.3.8}$$

球形原子核的表面能记作 E_{so},有

$$E_{so} = \sigma \times 4\pi R^2 \tag{9.3.9}$$

小形变椭球形原子核的表面能就是

$$E_s = E_{so}\left(1 + \frac{2}{5}\varepsilon^2\right) \tag{9.3.10}$$

均匀体电荷分布球形原子核的库仑能记作 E_∞,有

$$E_\infty = \frac{3}{5} \frac{Z^2 e^2}{4\pi\varepsilon_0 R} \tag{9.3.11}$$

小形变椭球形原子核的库仑能,经计算可得

$$E_{c} = E_{\infty}\left(1 - \frac{1}{5}\varepsilon^{2}\right) \tag{9.3.12}$$

原子核变形不改变它的体积。形变前后重核的对能变化很小,可以忽略。那么,重核形变中势能的变化主要是库仑能和表面能的变化。

$$\Delta E = E_{c} + E_{s} - (E_{\infty} + E_{so}) = \frac{2}{5}\varepsilon^{2}E_{so}\left(1 - \frac{E_{\infty}}{2E_{so}}\right) = \frac{2}{5}\varepsilon^{2}E_{so}(1 - x) \tag{9.3.13}$$

其中引入新的参量 x,称为裂变参量,有

$$x = \frac{E_{\infty}}{2E_{so}} \tag{9.3.14}$$

如果 $\Delta E > 0$,表示形变使势能升高,那么球形核是稳定的。由式(9.3.13)可知,对于稳定的球形核,裂变参量 $x < 1$。$x > 1$ 的原子核,有 $\Delta E < 0$。形变使原子核的势能降低,这样,原子核稍有形变就不能恢复,形变将不断发展直至裂变。因此,$x \geqslant 1$ 的原子核是不稳定的。

由液滴模型的结合能半经验公式式(2.7.11)和式(2.7.12)的参量可得(取 3 位有效数字)

$$x = 0.020\,0Z^{2}/A \tag{9.3.15}$$

对于 $x = 1$,有 $Z^{2}/A = 50.0$,称为 Z^{2}/A 的临界值,并记作

$$(Z^{2}/A)_{c} = 50.0 \tag{9.3.16}$$

一些核素的 Z^{2}/A 值是:^{238}U,$Z^{2}/A = 35.6$;^{238}Pu,$Z^{2}/A = 36.8$;^{238}Cf,$Z^{2}/A = 38.1$;等等。

以上讨论的是在小形变情形下球形原子核的稳定程度。实际上,原子核裂变时形变很大,也很复杂。但是,裂变参量 x 与形变无关。它是核素本身的属性,是有关裂变核稳定程度的一个重要物理量。

如果利用考虑了原子核具有弥散边界且可能发生形变得到的改进的液滴模型结合能半经验公式及其相应的拟合参量的数值,表面能与对称能有关,即包含对称能的表面修正,可得

$$x = \frac{k_{c}Z^{2}A^{-1/3}}{2c_{s}A^{2/3}} = \frac{Z^{2}/A}{50.88[1 - 1.7826(N - Z^{2})/A^{2}]} \tag{9.3.17}$$

这种情形下,裂变参量 x 并不与 Z^{2}/A 成正比。按式(9.3.17),有 ^{210}Po $x = 0.711$,^{235}U $x = 0.773$,^{254}Fm $x = 0.842$。

裂变核的 x 值上限不超过 1,下限又怎样呢? 如果考虑原子核 (Z, A) 分裂成两个同样的碎片,碎片的 $Z_{1} = Z_{2} = Z/2$,$A_{1} = A_{2} = A/2$,即对称裂变的情形下,可以计算对称裂变释放的能量。此能量与裂变前后的质量亏损相联系

$$\Delta E = [M(Z, A) - 2M(Z/2, A/2)]c^{2} = 2B(Z/2, A/2) - B(Z, A) \tag{9.3.18}$$

只要考虑表面能和库仑能的变化。对于裂变前一个球形裂变核,有

$$\left.\begin{array}{l} B_{so} = -c_{s}A^{2/3} \\ B_{\infty} = -k_{c}Z^{2}A^{-1/3} \end{array}\right\} \tag{9.3.19}$$

对于裂变后两个球形碎片核,有

$$\left.\begin{array}{l} B'_{so} = -2c_{s}(A/2)^{2/3} = 2^{1/3}B_{so} \\ B'_{\infty} = -2k_{c}\left(\frac{Z}{2}\right)^{2}\left(\frac{A}{2}\right) - 1/3 = 2^{-2/3}B_{\infty} \end{array}\right\} \tag{9.3.20}$$

所以

$$\Delta E = (B'_{\infty} + B'_{so}) - (B_{\infty} + B_{so}) = B_{so}(2^{1/3} - 1) + B_{\infty}(2^{-2/3} - 1) =$$
$$B_{so}[(2^{1/3} - 1) + 2x(2^{-2/3} - 1)] \approx B_{so}[0.26 - 0.74x] \tag{9.3.21}$$

若有裂变能释放需要 $\Delta E > 0$,注意结合能和势能有相反的符号,$B_{so} < 0$,则要求

$$x > \frac{0.26}{0.74} \approx 0.35 \qquad (9.3.22)$$

当 $x = 0.35$ 时,对于 β 稳定线上的核素,约有 $A = 90$。这表明只有 $A > 90$ 的原子核发生裂变才有能量放出。实际上,由于存在着裂变势垒,只有对那些很重的核素才能观察到自发裂变现象。

这样,裂变核的裂变参量 x 只能限制在一定的范围内:

$$0.35 < x < 1 \qquad (9.3.23)$$

三、势能面

由液滴模型可以讨论原子核形变时势能的变化。一般讲,势能为形变参量的函数。当只考虑 α_2,α_4 不为零的简单对称形变时,$\alpha_2 - \alpha_4$ 平面上的一些等能线可以表示势能随形变参量的变化,称为原子核形变的势能面 $V(\alpha_2, \alpha_4)$。连接势能相等的点所成的曲线称为等势线,与表示地形图的等高线类似。

图 9-10 所示为 $x = 0.8$ 的势能面,其中 $a_\lambda = [(2\lambda + 1)/4\pi]^{1/2} \alpha_\lambda$。从图中可以看出,球形裂变核的基态是个局部极小,是个势能谷。在 α_2 和 α_4 相当大的地方是个更深的势能深渊,形变很大就要进入势能深渊而发生核裂变。由球形

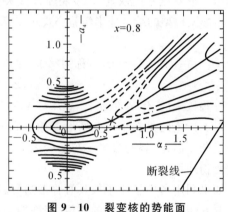

图 9-10 裂变核的势能面

势能谷到断裂的势能深渊要经过一个势能突起的垒。由球形核开始形变到发生裂变的形变过程称为裂变路径,每一裂变路径上都有一个势能最高点,其中最低的一个最高点称为鞍点,在图 9-10 中用"×"表示。鞍点如同山路的隘口,是山脊的最低点。那里的势能面呈马鞍形,因而得名鞍点。

更一般地处理,可以计算多维 α_i 形变空间的势能面。对于对称裂变,有人曾算过 18 个形变参量的势能面。

四、裂变势垒

自发裂变和诱发裂变的讨论都表明核裂变受到裂变势垒的阻挡。由势能面还知道,裂变势垒是核裂变要克服的最低势垒。现在由液滴模型讨论,荷电液滴沿着过鞍点的裂变路径形变时势能的变化情形,作出势能随形变的一条曲线。断裂后的形变由两碎片球心的距离表示。断裂后只有两碎片的库仑作用,势能曲线具有双曲线形式。图 9-11 所示是核裂变过程势能曲线示意图,取裂变核基态的能量作为势能的零点。裂变核的基态是球形,它的形变为零。有形变时,势能增高,表示球形核是稳定的。这种势能曲线的势垒称为裂变势垒,裂变势垒高度以 E_b 表示。裂变势垒峰值的位置就是鞍点(图中 A 点)。超过鞍点,势能曲线随形变的增大而

下降,形变越来越大。形变发展到一定程度,裂变核断裂成两部分,断裂时的形变称为断点(图中 B 点)。在断点,刚断开的碎片可以有很大的形变。形变的碎片要恢复成球形使形变的集体运动能量转变成碎片的激发能。断点的情形比较复杂,对断点的势能了解得还很不清楚。图 9-11 中断点附近的势能曲线用虚线表示。对于裂变核基态和两个碎片分离相距无限远这两种情形,势能值是知道的,分别记作 E_g 和 E_1+E_2。这两者能量的差就是裂变能 $\Delta E = E_g - (E_1+E_2)$,与裂变前后的质量亏损 ΔM 相对应。

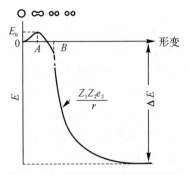

图 9-11　核裂变势能曲线示意图

图 9-11 的上部表示裂变过程中原子核的形变,包括原点处的球形、鞍点形变、断点形变和分离的两个球形碎片等形状示意图。

裂变参量 x 不同的核素有不同的势能曲面,鞍点的核形变也不相同。图 9-12 中画出了各种 x 值鞍点处原子核的形状。当 $x=1$ 时,在鞍点原子核是球形的,不存在裂变势垒。这样的原子核不稳定,球形的核会发生裂变。当 $x=0.9$ 时,鞍点的原子核是略有伸长的椭球。当 $x=0.8$ 时,在鞍点核形变的伸长更显著。当 $x=0.7$ 时,原子核在鞍点的形状是一个中间有凹陷颈的旋转体。形变增大,中间的颈子渐渐变细而成哑铃形。形变再增大达到断点,裂变核的细颈断开分成两个裂变碎片。x 值越小,鞍点时原子核形成的颈子越细,原子核的伸长倒反而小了。作为极端的情形,当 $x=0$ 时,表示库仑能比起表面能已显得无关紧要,核力的吸引作用占绝对优势。这种情形下鞍点原子核的形状是两个相切的球。从原子核在鞍点的形状可以看出,x 大的核素在鞍点的形变小,容易裂变;x 小的核素在鞍点形变得厉害,不容易发生裂变。这些讨论可以使我们进一步了解核素裂变参量 x 的物理意义。

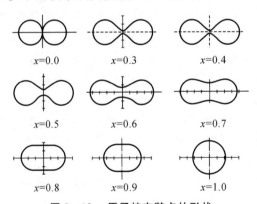

图 9-12　原子核在鞍点的形状

五、核裂变液滴模型理论的成功与不足之处

裂变势垒高度 E_b 和裂变参量 x 之间有一定的关系。当 $2/3 < x < 1$ 时,由液滴模型理论可得近似公式

$$E_b = 0.83(1-x)^3 E_{so} \tag{9.3.24}$$

随 x 的增大,裂变势垒高度 E_b 减小,因此裂变变得容易发生。这与实际情形大体上符合。但是,仔细地与实验数据比较后发现,此公式与锕系核素的情况不符。锕系核素的裂变势垒高度 $E_b \approx 6\ \text{MeV}$,几乎不随 x 变化。

自发裂变半衰期的实验结果见图 9-1。对于偶偶核,由液滴模型理论得到的结果如虚直线所示。从图中看出,液滴模型表示的趋势是对的。又从图中看出,对于偶偶核,同一种元素的各种同位素其自发裂变半衰期有较大变化(由实曲线相连),这是液滴模型不能解释的。

液滴模型理论计算表明,沿着裂变路径,裂变势垒是形状简单的单峰势垒,不存在随形变的更复杂结构。势能曲面在形变为零时是势能极小值;非对称裂变鞍点的势能比对称裂变的高,即非对称裂变的过程中要遇到更高的裂变势垒。也就是说,用液滴模型处理核裂变问题得到这样的结论:裂变势垒是简单的单峰形势垒,裂变核的基态是球形,而且主要的是对称裂变,非对称裂变的概率比对称裂变概率小。这些结论都与锕系核不符。例如,锕系核基态就不是球形的,而且主要是非对称裂变。实验结果和液滴模型的矛盾提醒人们,在讨论核裂变中必定还有重要的因素没有考虑。

第四节　壳　修　正

一、壳修正思想

液滴模型能准确地计算原子核基态的质量,其准确性是现有的其他计算方法所难达到的。但用液滴模型算得的结果只可能是平均结果,完全不能反映实验所表现出来的壳层结构。虽然液滴模型计算的相对偏差不大,但是能量的计算值与实验结果的绝对值相差数 MeV,与某些核素的裂变势垒高度比较起来,就是个不容忽视的数值。例如,锕系核的裂变势垒高度只有 6 MeV。壳模型能很好地反映原子核能级的壳结构,能由平均场中单粒子运动说明实验上出现的幻数,说明单粒子能级的次序和分壳层的现象。但是,壳模型不能准确地计算出核素的势能值,也不能给出核素能量随核形变的正确变化。

这两种模型各从一个侧面反映了原子核的性质,各具优点,也有各自的局限性,不能圆满地反映原子核的性质。如果将液滴模型和壳模型的优点结合起来,使得既能像液滴模型那样准确地计算原子核的总能量,又可以像壳模型那样反映出单粒子运动的壳效应,就使人比较满意了。这就是斯特鲁金斯基(В. М. Струтинский)提出的壳修正方法的出发点。

具体的壳修正方法这里不再展开讨论,感兴趣的读者可以参考相关书籍。

二、双峰势垒

由液滴模型得到的原子核基态是球形的,并给出单峰势垒,如图 9-13 中虚线所示。图中横轴所标形变是沿某一裂变路径的形变。考虑壳修正后,把原子核的壳修正能量加到液滴模型能量表示式上,将对裂变势垒的形状有很大的影响,对于锕系核素就产生了形变基态,即势能极小的原子核不是球形而有一定的形变。随着形变增大壳修正有正有负,使得在比基态形变更大的形变处出现第二个势能极小,壳修正后的裂变势垒在图 9 - 13 中用实线表示。裂变势垒是双峰型的,称为双峰势垒。在双峰势垒中,裂变势垒高度是指两个势垒中较高的那个峰到基态的能量差。图中 I 表示第一阱,II 表示第二阱。我们曾指出过,鞍点附近像个山口,在液滴模型势能曲面上比较平坦,加上壳修正就能形成第二个极小点。第二个势能极小的形变通常在液滴模型的鞍点附近。对于 $142 \leqslant N \leqslant 148$ 的核素有明显的双峰势垒。

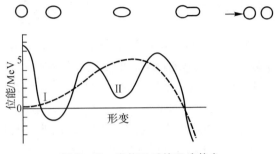

图 9 - 13 壳修正后的双峰势垒

三、裂变同核异能素

1962 年,波列卡诺夫(C. M. ПоДИКаНОВ)等人在试图由重离子核反应合成 Z 为 102 或 104 等新元素时,发现了同核异能素^{242m}Am。它的自发裂变半衰期是 0.014 s,比通常^{242}Am 的自发裂变半衰期小 21 个数量级,它不同于 γ 跃迁中讨论过的同核异能素而称为裂变同质异能素。到现在,已发现的裂变同核异能素有 30 多种,其中最先发现的^{242m}Am 的自发裂变半衰期最长。

用壳修正后的双峰裂变势垒能成功地解释这种裂变同核异能素。双峰势垒受到实验结果的检验,表明壳修正方法是正确的。

可以认为,裂变同核异能态是处在双峰势垒的第二个势阱中的最低能态,它和基态的不同之点在于形状不同,裂变同核异能态又称为形状同核异能态。第二个阱比第一个阱高,这种态只要穿透第二个势垒就发生裂变,穿透势垒的概率比基态情形下穿透势垒的概率大得多,因此自发裂变的半衰期就很小。只有当双峰势垒的第二个阱足以形成有一定寿命的束缚态时,才出现形状同核异能素。现已发现的形状同核异能素都集中在 $92 \leqslant Z \leqslant 98$ 的区域。

实验上还发现了从第二阱的能级到第一阱能级间的 γ 跃迁,其能量与已知能级差相符。这从一个方面说明确实存在双峰势垒。另一方面,对于个别具有裂变同核异能态的核素,由实验测出了两个转动带,对应于两个不同的转动惯量。这表示这种核素有两种不同的形状,正好说明双峰势垒有两种形状的束缚态。其中,形变小的是裂变核的形变基态,对应于第一阱中的最低态;形变大的是形状同核异能态,对应于第二个阱中的最低态。两者形状不同,自发裂变半衰期有显著的差异。

用壳修正后的双峰裂变势垒不仅正确地解释了形状同核异能素,还能成功地说明诱发裂变的中间结构和共振结构。壳修正对于非对称裂变也能做出解释,还预言在 $Z = 114, N = 184$ 附近可能有稳定的超重核。

第五节　链式反应与裂变反应堆

一、链式反应与裂变反应堆

易裂变物质,例如^{235}U 吸收一个慢中子后发生裂变,裂变中子又可以引起易裂变核产生新的核裂变。这样一个使裂变反应持续进行下去的反应过程称为链式反应。

产生链式反应最基本的条件为:当一个核吸收一个中子发生裂变,而裂变释放的中子中至少平均有一个中子能又一次引起裂变。如果平均不到一个中子能引起裂变,则链式反应逐渐停止。超过一个中子引起裂变,则链式反应就会不断增强。因此只有满足一定条件的体系才能实现链式反应。例如,在一块纯的天然金属铀中就不会发生链式反应。这是因为天然铀中主要是^{238}U(占 99.3%),只有能量在 1 MeV 以上的中子才能引起^{238}U 裂变。而裂变中子经过非弹性散射,很快地能量就降到 1 MeV 以下。^{235}U 的热中子裂变截面虽然很大,但是在碰撞减速过程中,绝大部分中子都会被^{238}U 吸收,能引起^{238}U 裂变的概率非常小。因此,在这种体系中不能发生裂变链式反应。又如纯粹的^{235}U 体系中,若其体积很小时,裂变中子大部分逸出体外,也不能实现链式反应。若其体积很大时,大部分中子能再引起裂变,那么链式反应又会进行得十分剧烈,变成核爆炸。由此可见,要实现可控制的链式反应需要一种适当的装置。这种装置称为核裂变反应堆,简称反应堆。

根据引起裂变的中子能量,反应堆可分为热中子反应堆和快中子反应堆。前者主要利用^{235}U 热中子裂变截面很大的特点。如果将裂变中子的能量在吸收很弱的介质(称为减速剂)中迅速降到热能,则由于^{235}U 热中子裂变截面比^{238}U 的吸收截面大得多,可以用天然铀或低浓缩铀来实现链式反应。这种反应堆称热中子反应堆。若是用高度浓集的^{235}U 或^{239}Pu 作为核燃料,就不必依赖于热中子引起裂变,这种反应堆中没有专门的减速剂,引起裂变的中子主要是能量较高的中子,因此称为快中子反应堆。到目前为止,用于发电的反应堆主要是热中子堆。下面,我们将简要地介绍热中子反应堆的一些基本概念。

二、实现链式反应的条件

若要在可裂变物质中实现链式反应就要求在中子增殖过程中,中子密度不随时间减少。现在讨论一下,一个中子由产生到被吸收的一些遭遇,看看哪些条件影响着链式反应。

一个中子由产生到最后被物质吸收,称为中子的一代。中子一代所经过的时间称为一代时间,用τ表示。各个中子的历史千变万化,这里的一代中子和一代时间都是平均的概念。

在无限大的介质中,一个中子经一代所产生的中子数称为中子的增殖因数,用k_∞表示,即

$$k_\infty = 单位时间生成的中子数 / 单位时间吸收的中子数$$

要使无限大的介质中有链式反应发生,需要$k_\infty \geqslant 1$,称为临界条件。$k_\infty = 1$的情形称为链式反应的临界状态。

在介质中,中子密度$n(t)$满足方程

$$\frac{\mathrm{d}n(t)}{\mathrm{d}t} = n(t)(k_\infty - 1)/\tau \tag{9.5.1}$$

方程式(9.5.1)的解是

$$n(t) = n(0)\mathrm{e}^{(k_\infty - 1)t/\tau} \tag{9.5.2}$$

当 $k_\infty > 1$ 时,中子密度随时间指数地增长,链式反应越演越烈。

增殖因数 k_∞ 是由介质的性质确定的,它取决于核燃料的种类、浓缩程度,还取决于减速剂的种类、核燃料和减速剂的混合方式等等。

在有限大小的反应堆中,有些中子会经反应堆的器壁泄漏而损失。为了达到临界状态,要求 $k_\infty > 1$,以补偿这种损失。对于有限大小的反应堆,有一个有效增殖因数 k:

$k = $ 单位时间生成的中子数 /(单位时间被吸收的中子数 + 单位时间泄漏的中子数)

显然,$k_\infty > k$。k_∞ 只是介质的函数,k 除了与介质有关外,还与反应堆的几何形状、大小有关。$k > 1$ 是有限大小反应堆的临界条件。

热中子能引起 $^{235}\mathrm{U}$ 裂变,也有部分热中子被减速剂吸收,一个热中子在介质中被核燃料吸收的概率称为热中子利用因数 f。每个热中子被核燃料吸收后发出的平均中子数为 η。于是

$$k_\infty = \eta f \tag{9.5.3}$$

这个关系对于 $^{235}\mathrm{U}$ 和减速剂均匀混合的均匀堆近似地正确。

对于天然铀或者稍加浓缩的铀,其中含有 $^{238}\mathrm{U}$。在快中子轰击下,$^{238}\mathrm{U}$ 可发生裂变,也有裂变中子发出。这对中子增殖是有利的。可定义快中子裂变因数 ϵ

$\epsilon = $ (快中子裂变产生的中子数 + 热中子裂变产生的中子数)/热中子裂变产生的中子数

显然,$\epsilon > 1$。

在天然铀中,中子减速到热能之前,要经过共振区。$^{238}\mathrm{U}$ 吸收共振中子的概率很大,共振吸收属于非裂变吸收。中子逃脱共振吸收的概率用 p 表示。只有逃脱共振的中子才有可能经过碰撞减速成为热中子。

ϵ 和 p 都依赖于核燃料、减速剂的组成,并且和它们的几何排列有关。将核燃料棒安置在减速剂内的栅格上的反应堆称为非均匀堆。图 9-14 所示是非均匀堆结构的示意图。这样的几何结构有下列几种效应:① 能够增大快中子裂变因数 ϵ 值,对于中子增殖有利。② $^{238}\mathrm{U}$ 有很强的中子共振吸收。对于非均匀堆,有可能让中子在无铀区完成中子减速,使进入铀棒的中子已经逃脱了共振,增大中子逃脱共振吸收的概率 p 值。③ 还会有些共振中子由减速剂进到铀棒中去。$^{238}\mathrm{U}$ 对共振中子的吸收截面虽然很大,但是只在铀块的表面发生这种共振吸收。在铀块内部还可以有很多中子经过碰撞减速而逃脱了共振吸收,使得中子逃脱共振吸收的概率 p 值并不是很小。如果铀块增大,表面层体积与总体积之比就减小。对于 p 值,铀块大是有利的。④ 另外,对于大块体积的铀,在块内或靠近块处的中子密度比减速剂中的中子密度小。在减速剂中,中子被吸收增多,热中子利用因数 f 降低,这又对中子增殖不利。f 值和 p 值的矛盾要权衡解决。以上 4 种效应中,最重要的是③。非均匀堆的优点是能利用天然铀或者低浓缩铀作反应堆的核燃料。

在考虑了快中子裂变和共振吸收的效应后,反应堆的增殖因数 k_∞ 可以表示为

$$k_\infty = \eta f \epsilon p \tag{9.5.4}$$

这就是著名的四因子公式。

再考虑有限大小的反应堆,有中子经反应堆器壁泄漏出去。用 P 表示中子不泄漏出反应

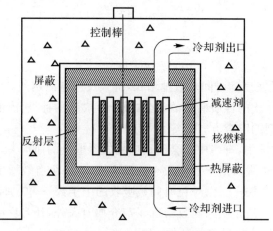

图 9 - 14　非均匀堆结构示意图

堆的概率,有限大小反应堆的有效增殖因数是

$$k = \eta \mathcal{E} p P \tag{9.5.5}$$

天然铀与石墨均匀混合的介质,当碳原子数与铀原子数之比为 400：1 时,得到最大的 $k_\infty = 0.78$。达不到链式反应的临界条件。如果在石墨为减速剂的介质中,将直径 2.5 cm 的天然铀棒放成栅格的样子,使铀棒中心轴间距离是 11 cm,就有

$$\mathcal{E} = 1.028, \quad p = 0.905$$
$$f = 0.888, \quad \eta = 1.308 \tag{9.5.6}$$

从而可以得到

$$k_\infty = \eta f \mathcal{E} p = 1.080\ 6 \tag{9.5.7}$$

这样分布的“裸”堆,边长为 5.55 m 的立方体就能达到链式反应的临界状态。

实际上,绝大多数反应堆都在“裸”堆外面再围以反射层。反射层是用非裂变的减速材料制成。常用石墨和轻金属铍(Be)作反射层。有了反射层还可以减小反应堆的临界体积。

三、反应堆的控制

反应堆要保持链式反应,但又不能使链式反应剧烈到不可收拾的地步,这就存在着反应堆控制问题。反应堆的控制主要是调节反应堆里的中子密度,改变 k 值,将热中子吸收截面很大的镉(Cd)或硼(B)做成柱形的棒作为控制棒。由控制棒插入活性区的多少,调节中子密度的变化。控制棒完全插入反应堆的活性区,使中子密度迅速地下降,就可以使链式反应停止。对反应堆的中子通量监察,能自动调节控制棒的升降,这就可以自动调节 k 值,使反应堆保持所需要的链式反应。

这里特别要指出的就是在反应堆的控制中,缓发中子起着极为重要的作用。

由式(9.5.2)知道,中子密度 $n(t)$ 随时间 t 作指数变化。对于天然铀-石墨反应堆,一代时间 $\tau = 10^{-3}$ s。反应堆周期

$$T = \tau/(k-1) \tag{9.5.8}$$

如果 $k > 1$,在 T 这样长的时间里,中子密度增长为 e 倍。若 $k = 1.001$,反应周期是 1s。

$k = 1.01$ 反应堆周期就是 0.1 s。反应堆周期太短，控制就不易实现。$(k-1)/k = \rho$ 称为介质的活性，可得 $k = 1/(1-\rho)$，活性大，增殖因数也大。

缓发中子是在 β 衰变链中产生，并按 β 衰变半衰期变化，相对来说有较长的半衰期。由于缓发中子比裂变有个滞后时间，因而使反应堆周期 T 主要由各组缓发中子所占分数及各组缓发中子的半衰期所决定。反应堆周期可增加至几十秒或者更长，使得反应堆的控制容易得多，变得比较容易实现。

反应堆里有些裂变产物（如 ^{135}Xe，^{149}Sm）的热中子吸收截面很大，对反应堆很不利。这些裂变产物称为反应堆中的毒物。特别是 ^{135}Xe，它的热中子(n, γ)的截面约 2.7×10^6 b，产额又大。在反应堆运行时，^{135}Xe(n, γ)^{136}Xe 反应使 ^{135}Xe 保持一定含量，达到平衡。在停堆后，^{135}Xe 不能经过吸收中子而减少，在 β 衰变链中反而有积累，约 10 h 积累量达到最大。如果停堆后不久又要启动，需要备有更多的活性。

裂变产物的积累，对热中子利用因数 f 有影响。在反应堆控制有关动力学中要考虑这些因素。

纯的 ^{235}U 达到临界状态的体积称为 ^{235}U 的临界体积。对于有反射层的球体，^{235}U 临界体积的球半径约 2.4 cm。相应地，^{235}U 的球形临界质量约 1 kg。

超过临界体积的 ^{235}U 将是危险的，能发生剧烈的链式反应。原子弹爆炸就是不可控制的链式反应，核爆炸可以用普通炸药起爆，将几块稍小于临界体积的 ^{235}U 同时挤到一起。使得 ^{235}U 具有超临界的体积，随即就发生裂变链式反应的核爆炸。

易裂变核素还有 ^{239}Pu，^{233}U 和 ^{233}Th 等。很多超钚元素如镅、锔和锫的某些同位素都是很好的可裂变物质。

四、裂变反应堆的应用

一般地说，利用原子核反应所释放的能量作为能源就称为核能源。目前已经应用的只有裂变这一种核能源。在下一节中，我们将讨论聚变能源，那是一个潜力更大的核能源。但是，由于很多技术上的困难，人们预测在近几十年中最主要的核能源还是裂变能源。

到 2008 年初，世界在 31 个国家的 201 座核电站中运转着 442 个核电反应堆。其中，104 个在美国，58 个在法国，55 个在日本，合计占总数约一半。利用裂变反应堆作为能源，要特别注意安全问题，以防止发生释放大量放射性，危害工作人员及居民的事故。应该指出，由于核工程技术人员和管理人员对安全问题的重视，到目前为止已经运行的核电站极少发生过严重的放射性逸出事故。但是，由于一旦发生重大事故，后果十分严重，因而安全问题始终应该是核能利用中要特别注意的头等重要的问题。其次是放射性废物的处理问题，对于建立个别的反应堆或核电站，这个问题并不严重，但是，从长远的观点来看，在核电站大量发展的情况下，放射性废物的处理问题就变得严重起来，目前已受到各核能利用较多的国家的重视。关于核能利用的另一个重要问题是核燃料的再生问题。天然的核燃料主要是 ^{235}U，这是天然铀中含量极少的一种核素。而自然界大量的 ^{238}U 和 ^{232}Th 吸收中子经过两次 β 衰变后分别转变成 ^{239}Pu 和 ^{233}U，这两种核素都是很好的核燃料。因此，利用反应堆中的中子还可以产生核燃料，这种过程称为核燃料的再生。从燃料经济的观点看,如何能使反应堆中再生的燃料超过消耗的燃料是核燃料循环中一个重大的问题。这也是目前核能发展中的一个重要技术问题。不少国家都在进行这方面的研究工作。

核能利用虽然是建造反应堆的主要目的,但不是唯一的目的。人们还为其他目的建造各种不同的反应堆。例如,生产堆,着重用来生产^{239}Pu,这种堆主要采用天然铀热中子反应堆。还有的堆专门设计用来生产超铀元素,如^{252}Cf,或者其他放射性核素。也有一种中子注量率特别高的材料试验堆,专门用来研究和检验反应堆的燃料元件和结构材料的抗辐照性能。最后还应指出,反应堆能提供强中子源和强γ辐射源,它是开展原子核物理、固体物理、辐射化学和放射生物学研究的重要设备。对于大规模推广核技术的应用,反应堆也是不可缺少的设备。

第六节　轻核的聚变反应及受控核聚变

一、巨大的能源

由比结合能曲线图可知,轻原子核的结合能都比中重核平均比结合能 8.4 MeV 低,特别是最前面的几个核的比结合能特别低。氘的比结合能为 1.112 MeV,^{4}He 的比结合能是 7.075 MeV。因此,当四个氢或两个氘结合成一个氦时,会放出很大的能量,分别为每核子 7 MeV 和 6 MeV。这种轻原子核聚合成较重原子核的核反应称为核聚变反应,简称为核聚变。一般说来,轻原子核聚变比重原子核裂变放出更大的比结合能。现在人们已经知道,在宇宙中能量的主要来源就是原子核的聚变,太阳和宇宙中的其他大量恒星,能长时间发热、发光,都是由于轻核聚变的结果。

随着人类社会的发展,人们对能源的需要已越来越大。随着能量消耗量的增加,寻找新能源已引起人们的极大关注。1 L 海水所含的氘的聚变能相当 400 L 石油燃烧时所产生的能量,这样,从海水中提取氘,它聚变所放出的总能量,估计可达 5×10^{31} J。因此,核聚变是一个很重要的潜在能源。

二、太阳中的核聚变

早在 20 世纪 30 年代人们就认识到,炽热的太阳和天空中大部分恒星的能量的主要来源是轻核的聚变。它们是怎样的一种核聚变过程呢? 根据太阳和恒星中存在的主要元素是氢,人们认为是四个 p 结合成一个 ^{4}He 的过程。当然,四个 p 不会一下就结合成为一个 ^{4}He,而要通过一定的反应链来实现。通过理论和实验的分析,目前人们认为在太阳和其他恒星中主要存在两种反应过程。

(1)质子-质子反应链。

$$
\left.
\begin{array}{ll}
\text{反应方程式} & \text{反应寿命} \\
p+p \longrightarrow d+e^+ +\nu & 7\times 10^9\,a \\
d+p \longrightarrow {}^3_2He+\gamma & 4\,s \\
{}^3_2He+{}^3_2He \longrightarrow {}^4_2He+2p & 4\times 10^5\,a \\
4p \longrightarrow {}^4_2He+2e^+ +2\nu+24.7\ MeV
\end{array}
\right\} \tag{9.6.1}
$$

其中反应寿命定义为

$$
\tau = \frac{n}{\omega R}
$$

式中,n 是单位体积中核的数目,R 为单位时间和单位体积中的反应数,ω 是每次反应消耗的核数。所给反应寿命的数值是对太阳中心温度为 1.5×10^7 K 而言的。反应链中第一个反应截面很小,实验没法测量,理论估算为 10^{-23} b。这截面小的原因在于,当两个质子要形成 d 时,必须在相碰的一瞬间,其中有一个质子发生 β^+ 衰变成为中子。这是一个弱相互作用过程,概率很小,因而反应截面很小,反应寿命长。由于太阳中 ${}^3He$ 的动能不高,受到库仑势垒的作用,${}^3He$ 和 ${}^3He$ 之间的反应截面也小,因此这一反应的反应寿命比较长,但比第一个反应寿命短。恒星的寿命主要由第一个反应所决定。

(2)碳-氮反应链。

$$
\left.
\begin{array}{ll}
\text{反应方程式} & \text{反应和衰变寿命} \\
{}^{12}_6C+p \longrightarrow {}^{13}_7N+\gamma & 10^6\,a \\
{}^{13}_7N \longrightarrow {}^{13}_6C+e^+ +\nu & 10\ min \\
{}^{13}_6C+p \longrightarrow {}^{14}_7N+\gamma & 2\times 10^5\,a \\
{}^{14}_7N+p \longrightarrow {}^{15}_8O+\gamma & 2\times 10^7\,a \\
{}^{15}_8O \longrightarrow {}^{15}_7N+e^+ +\nu & 2\,min \\
{}^{15}_7N+p \longrightarrow {}^{12}_6C+{}^4_2He+\gamma & 10^4\,a \\
\hline
4p \longrightarrow {}^4_2He+2e^+ +2\nu+24.7MeV
\end{array}
\right\} \tag{9.6.2}
$$

在碳-氮反应链中,其中的 C,N 等元素是不损失的,只起催化剂的作用。当恒星开始形成时,${}^{12}C,{}^{13}N,{}^{13}C,{}^{14}N$ 等核素的量是变化的,但经过几百万年就形成一个稳定的丰度。与放射性衰变链相似,各核素的丰度与其反应寿命成正比,反应寿命长的,相应成分就多。

对以上两个反应链,在恒星中到底哪个起主要作用呢?这取决于恒星的成分和它的中心温度的高低。当恒星中心温度高于 18×10^6 K 时,产生的能量主要来源是碳-氮反应链;温度低于 18×10^6 K 时,反应以 p-p 链为主。太阳中心温度是 15×10^6 K,因此反应以 p-p 链为主,其产生的能量约占总能量的 96%。

三、人工可利用的核聚变反应及其截面

以上两组反应链,要在地球上人工实现是不可能的,因其反应截面太小,反应时间太长。除了恒星的引力条件外,在地球上不可能把那么高温度的等离子体约束那么长的时间。因此,在地球上人工可能利用的轻核聚变反应,应是在温度不太高时具有较大截面的反应。这类反应主要有以下两种:

$$T+d \longrightarrow {}_2^4He+n+17.58MeV \tag{9.6.3}$$

$$D+d \longrightarrow \begin{cases} {}_2^3He+n+3.27MeV \\ T+p+4.04MeV \end{cases} \tag{9.6.4}$$

反应式(9.6.3),在入射氘能量为 105 keV 附近出现共振,相应的截面是 5 b;当能量比 100keV 低时,仍然有比其他反应较高的截面。

在能量较低时,D+d 反应截面比 T+d 反应截面小两个数量级。但是,氚材料天然存在的极少,需要人工生产。生产氚的反应除了 D(d,p)T 外,主要还有 ${}^6Li(n,\alpha)T$ 反应和 ${}^7Li+n$(快)$\longrightarrow {}^4He+T+n$(慢)的反应。而氘是天然存在的,容易从水中提取出来。因此,对今后建立大量的聚变反应堆来说,最好采用 D+d 反应。

除反应式(9.6.3)以外,还可利用的聚变反应有:

$$^3He+d \longrightarrow p+{}_2^4He+18.4 \ MeV \tag{9.6.5}$$

$$^{11}_5B+{}_1^1H \longrightarrow {}_6^{12}C+\gamma+18.4 \ MeV \tag{9.6.6}$$

反应式(9.6.5)的优点,一方面是反应 Q 值高,另一方面是反应产物是质子和 α 粒子,没有中子,因此具有防护条件简单、能量转换容易等特点。它的缺点就是在温度较低时,反应截面小,建堆需用较高的温度,^3He 要靠人工生产。反应式(9.6.6)的优点是燃料容易得到,缺点也是温度较低时反应截面小。

四、热核反应

利用加速器产生上面的一些反应是很容易的。但是,从一个简单的计算就会发现,利用加速器得到的加速粒子去打固定靶,不可能产生富余的能量。

现以 D+d 反应为例来说明,利用倍加器加速氘,使能量达到 50 keV,用它去轰击固体的氘靶,产生聚变反应:

$$D+d \longrightarrow \begin{cases} T+p \\ {}^3He+n \end{cases}$$

当 d 打入冷的靶物质时,必与其中的冷电子相互作用,其碰撞截面可以简单地利用库仑散射截面来估算

$$\sigma_C \approx (e^2/\mu v_i^2)^2$$

其中 v_i 是入射氘的速度,μ 为折合质量。每次碰撞,d 的能量损失近似为 $\Delta E=\dfrac{m}{M}E_d$,E_d 是入射 d 的动能,m 和 M 分别为电子和氘核的质量。因此,当 d 进入靶后,与电子作用产生的能量损失率为

$$\frac{dE}{dt}=n_e\sigma_C v_i \frac{m}{M}E_d=n_e\left[\left(\frac{e^2}{\mu v_i^2}\right)^2\frac{m}{M}\right]v_iE_d=n_e\left[\left(\frac{e^2}{2E_d}\right)^2\frac{m}{M}\right]v_iE_d \tag{9.6.7}$$

其中,n_e 是电子的密度,方括号中的量相当于氘核损失掉全部入射能量的有效截面,以 σ_e 表示,当 $E_d=50$ keV 时,可以算出

$$\sigma_e=\left[\frac{(4.8\times10^{-10})^2}{10^5\times(1.6\times10^{-12})}\right]\times 3\ 600 \ cm^2 \approx 7.5\times10^{-21} \ cm^2$$

相同氘核入射能量下,D+d 聚变反应总截面 σ_F 约为 $8.7\times10^{-27}cm^2$,这两种截面之比为

$$R=\frac{\sigma_{\mathrm{F}}}{\sigma_{\mathrm{e}}}=\frac{8.7\times10^{-27}}{7.5\times10^{-21}}\approx10^{-6}$$

这表示 10^6 个氘核进入靶内,大约只有 1 个引起 D+d 反应,其他的都因库仑散射而损失掉了。可见,即使每次反应放出 4 MeV 能量,近似为 50 keV 的 100 倍,从能量平衡角度来看,此方法仍是得不偿失的。怎样才能消除散射电子的能量损失呢?那只有将电子温度加热到跟入射离子一样高,也就是其平均动能相等。这时,物质已不是一般的固体,而是等离子体了。

等离子体是大量正离子和电子的集合体,是物质的一种新形态,称为物质的第四态。将上亿度的等离子体约束在一定区域内,维持一段时间,使其中轻核产生聚变反应,称为热核反应。

氢弹爆炸就是一种人工实现的不可控的热核反应。据一般猜测,氢弹中的爆炸材料主要是氘、氚、锂的某种凝聚态物质。比较大的可能性是氘化锂和氚化锂的混合物,锂的作用是在爆炸过程中补充氚的供应,反应式为

$$\mathrm{D+T}\longrightarrow{}^4\mathrm{He+n}$$
$$6\mathrm{Li+n}\longrightarrow{}^4\mathrm{He+T}\tag{9.6.8}$$
$$\overline{{}^6\mathrm{Li+D}\rightarrow2\,{}^4\mathrm{He}+22.4\ \mathrm{MeV}}$$

一般认为氢弹爆炸所需要的初始高温是由裂变的原子弹提供的。装在氢弹内的裂变物质爆炸产生高温高压,使轻核聚变,放出更大的能量。一般原子弹爆炸威力为 2 万吨级,氢弹的爆炸威力为 100 万吨级。一刹那间在局部产生 100 万吨 TNT 炸药的爆炸力,除了进行杀伤和爆破外,是很难作为一般能源来加以利用的。受控热核反应就是要根据人们的需要,有控制地源源不断地产生聚变,以提供能源。为了达到这个目的,必须造成一个稳定的高温等离子体,使它有足够的时间产生聚变反应,放出的能量能够超过维持这反应所消耗的能量。

五、受控核聚变的劳森判据

要实现受控热核反应,必须建立一个热绝缘的稳定的高温等离子体。在其中产生的聚变核能,减去辐射和其他能量损失以后,还能超过加热物质所需要的能量,并在能量上有所增益,为达到这一点,对产生反应的轻核等离子体的温度、密度和约束时间将有一定的要求,其临界要求称为劳森(Lawson)判据。

一个热核装置的输入功率,应包括加热等离子体的能量和各种热力学过程引起的能量损失。冷却的器壁不但受不了灼热的等离子体的碰撞,而且会由于溅射产生大量的杂质,使等离子体区遭受破坏。因此,不能用固体容器对等离子体进行约束,而必须利用磁场或惯性约束,在这种情况下,对流和热传导引起的能量损失可以暂不考虑,而只考虑辐射的能量损失。若韧致辐射功率为 P_{b},等离子体约束时间为 τ,当温度为 T 时所需输入的能量为

$$E_{\mathrm{in}}=3nkT+P_{\mathrm{b}}\tau\tag{9.6.9}$$

式中右边第一项是等离子体的动能,第二项是韧致辐射的能量损失。这里假定等离子体中电子和离子具有同样的密度 n 和温度 T,k 是波尔兹曼常量。系统的输出能量来源于热核聚变,取聚变功率为 P_{R},则输出能量为

$$E_{\mathrm{out}}=P_{\mathrm{R}}\tau\tag{9.6.10}$$

劳森判据最简单的形式为 $E_{\mathrm{in}}\leqslant E_{\mathrm{out}}$,即

$$3nkT+P_{\mathrm{b}}\tau\leqslant P_{\mathrm{R}}\tau\tag{9.6.11}$$

对一个具体装置来说,产生的能量是不可能完全转变为输入能量的。假定转换效率为 ϵ,作为一个装置的起动条件应为

$$\epsilon(E_{in} + P_R\tau) \geqslant E_{in} \qquad (9.6.12)$$

即

$$\epsilon\left(\frac{3nkT + P_b\tau + P_R\tau}{3nkT + P_b\tau}\right) \geqslant 1 \qquad (9.6.13)$$

改变一下形式可写成

$$\epsilon\left(1 + \frac{P_R/(3n^2kT)}{1/(n\tau) + P_b/(3n^2kT)}\right) \geqslant 1 \qquad (9.6.14)$$

这就是一个实际可控热核装置的 $n\tau$ 值和 T 起动时必须满足的条件,即为劳森判据的一般形式。取 $\epsilon = 1/2$,就得到式(9.6.11)的条件。为了得到 $n\tau$ 值和 T 的具体结果,需要具体计算 P_b 和 P_R 的大小。

对于轫致辐射功率,根据量子力学计算结果为

$$P_b = \frac{32}{3}\sqrt{\frac{2}{\pi}}\,\frac{Z^3 e^6 n_i n_e}{m_e c^3}\sqrt{\frac{kT}{m_e}} \qquad (9.6.15)$$

式中 Z 是离子的电荷数,n_i 和 n_e 分别是离子和电子的数密度,m_e 是电子的质量,c 为光速。对 D+D 反应系统,电子的动力学温度 kT 以 keV 为单位时,代入具体数据得到

$$P_b = 5.35 \times 10^{-31} n_D^2 (kT)^{1/2} (\text{W} \cdot \text{cm}^{-3}) \qquad (9.6.16)$$

而对 50%D 和 50%T 的混合系统,有

$$P_b = 2.14 \times 10^{-30} n_D n_T (kT)^{1/2} (\text{W} \cdot \text{cm}^{-3}) \qquad (9.6.17)$$

式中 n_D 和 n_T 分别是氘和氚的数密度,单位为 cm^{-3}。

设单位时间、单位体积中产生的聚变反应数为 R,每次反应放出的能量为 E_R,则聚变反应的功率密度为

$$P_R = RE_R \qquad (9.6.18)$$

假如 i, j 两类离子的数密度为 n_i 和 n_j,反应截面为 σ,相对运动速度为 v,则 i 类离子中一个离子在单位时间和 j 类离子发生反应的概率为 $n_j \sigma v$。现单位体积中有 n_i 个 i 类离子,则单位时间、单位体积内两类离子发生反应的总数为

$$R = n_i n_j \langle \sigma v \rangle \qquad (9.6.19)$$

其中 $\langle \sigma v \rangle$ 表示 σv 对粒子速度分布的平均。假定系统已达到热平衡,可取麦克斯韦分布,再利用截面和能量的具体表达形式,可以算出相应的平均值。对 D+D 和 D+T 反应得到

$$R_{DD} = 2.3 \times 10^{-14} n_D^2 \left(\frac{1}{kT}\right)^{2/3} e^{-18.8/(kT)^{1/3}}$$

$$R_{DT} = 3.7 \times 10^{-12} n_D n_T \left(\frac{1}{kT}\right)^{2/3} e^{-20/(kT)^{1/3}} \qquad (9.6.20)$$

当取 $kT = 10$ keV 时,分别算出 D+D 和 D+T 反应的功率密度为

$$P_R^{DD} \approx 5 \times 10^{-31} n_D^2 (\text{W} \cdot \text{cm}^{-3}) \qquad (9.6.21)$$

$$P_R^{DT} \approx 2.1 \times 10^{-28} n_D n_T (\text{W} \cdot \text{cm}^{-3}) \qquad (9.6.22)$$

式中 n_D 和 n_T 分别是氘和氚的数密度,单位为 cm^{-3}。把这结果与式(9.6.16)、式(9.6.17)比较可以看出,当等离子体温度 $kT = 10$ keV 时,D+T 反应产生的功率大于轫致辐射的功率损失,而 D+D 反应则小于轫致辐射的功率损失。通常我们把满足式(9.6.11)中等号的条件称为点

火条件。将已求出的 P_b，P_R 与 n，T 的关系式代入式(9.6.11)，取等号可得

$$\frac{P_R\tau}{3nkT + P_b\tau} = \frac{P_R/(3n^2kT)}{1/(n\tau) + P_b/(3n^2kT)} = \frac{f(T)}{1/(n\tau) + c/T^{1/2}} = 1 \qquad (9.6.23)$$

其中，c 是一个常量，$f(T)$ 是和反应有关的温度函数。下面，分别就磁约束和惯性约束两种情况，讨论为实现点火，$n\tau$ 和 T 要取的数值。

六、实现受控核聚变的可能途径

由上面的讨论可以知道，为了实现受控热核聚变并获得能量增益，必须至少满足由式(9.6.14)给出的劳森判据。核心问题是设法产生并约束一个热绝缘的稳定的高温等离子体，其密度要足够高，被约束的时间要足够长。人们为此目标已经进行近半个世纪的不懈努力，正在一步步地接近实现受控热核聚变的最终目的。

目前，研究受控热核聚变的实验装置多种多样，但是，根据其实现约束的原理，这些装置可以分为两类：磁约束和惯性约束。这里，只是非常简单地介绍这两类装置的原理及各自的点火条件。

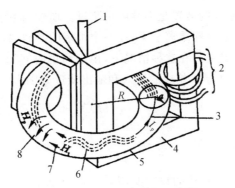

图 9 - 15　托卡马克装置示意图

1—产生环场的线圈盘；　2—变压器线圈；　3—等离子体电流；　4—变压器铁芯；

5—金属外壳；　6—螺旋场；　7—环场 H_t；　8—角场 H_p

磁约束是受控热核聚变研究中最早提出的方法，也是目前认为比较更有希望在近期内实现点火条件的途径。根据等离子体中带电粒子与磁场间的洛仑兹力作用以及高温等离子体的稳定性研究，精心设计的各种特殊的磁场形态实现对高温等离子体的约束，在众多类型的磁约束装置中托卡马克(Tokamak)装置则是最有希望的一种。图 9 - 15 所示是托卡马克装置示意图。利用变压器的脉冲磁场，在真空盒内形成很强的电流，大型装置的流强可达 10^6 A 以上。由于电流的欧姆加热使等离子体的温度自动上升，可达到 20 keV。为了约束和稳定等离子体，另外利用绕环的线圈产生强大的环向磁场，其磁力线方向与电流方向相反。这磁场和电流所产生的磁场一起约束等离子体，并具有抑制磁流体不稳定性的作用。在稳定状态下，等离子体压强和磁压强必须相等。设等离子体内部的磁场强度为 H_i，外部的磁场强度为 H_o，内部等离子体压强为 p_i，则有

$$p_i + \frac{H_i^2}{8\pi} = \frac{H_o^2}{8\pi} \qquad (9.6.24)$$

若 $H_i=0$,外磁场 H_o 所能维持的最大压强 p_m 为

$$p_m=\frac{H_o^2}{8\pi} \tag{9.6.25}$$

当 $H_o=2T$ 时,算出 $p_m=15.8$ atm(1 atm$=101.325$ kPa)。利用近似理想气体的压强公式,等离子体压强 $p=nkT$,当 $kT=10$ keV 时,对应 p_m 的等离子体密度被限制为 $n_m\approx 10^{15}$ cm^{-3}。这表明在外磁场为 2T 时,等离子体密度为 10^{15} cm^{-3} 时所能支持的等离子最高温度 $kT=10$ keV。从点火条件式(9.6.23)可以导出,对 D+T 核燃料,$kT=10$ keV 时相应等离子的 $n\tau$ 值为 $n\tau=10^{14}$ s·cm^{-3}。取 $n=10^{15}$ cm^{-3},相应约束时间为 $\tau\approx0.1$ s。综合上面的讨论,对于磁约束装置,D+T 反应达到点火所需要的基本条件为

$$kT=10 \text{ keV}, \quad n\tau=10^{14} \text{ s·cm}^{-3}$$

当 $n=10^{15}$ cm^{-3} 时

$$\tau=0.1\text{s} \tag{9.6.26}$$

实际上,在美国普林斯顿实验室建成的名为 TFTR 的托卡马克装置十多年前已经实现等离子体温度高达 20 keV(略大于 10^8 K)及 $n\tau\approx7\times10^{13}$ s·cm^{-3},应该说已经十分接近满足点火条件的要求。

另一类研究可控热核聚变的装置是惯性约束装置。惯性约束装置是精确利用来自四面八方的激光束、相对论电子束或高能重离子束,在一个很短的时间内,同时射向一个微小的靶丸,使其加热、压缩以产生热核聚变。在这种情况下,由于约束时间短,可不考虑辐射能量损失。对于 T+D 靶丸,每一次靶丸爆炸相应的输入和输出能量分别为

$$E_{in}=\frac{4}{3}\pi r^3\times\frac{3}{2}nk(T_e+T_i)$$
$$E_{out}=\frac{4}{3}\pi r^3\times\frac{n^2}{4}<\sigma v>E_R\tau \tag{9.6.27}$$

其中 r 和 n 分别是靶丸的半径和核的数密度,T_e 和 T_i 分别是电子和离子的温度,$\frac{n^2}{4}\langle\sigma v\rangle$ 是平均聚变反应率,E_R 则为一次 T+D 反应释放的能量,其值为 17.58 MeV,τ 为热等离子体维持的时间,即惯性约束时间。当 $kT_e=kT_i=10$ keV 时,得到实现点火的条件为

$$n\tau\geq6\times10^{13}\text{s·cm}^{-3} \tag{9.6.28}$$

对固体 T+D 靶,$n=5\times10^{22}$ cm^{-3},给出 $\tau\geq1.2$ ns。由于对等离子体没有加任何力场约束,则约束时间完全取决于等离子体的惯性运动。取热等离子体扩散速度为 v_s,因小球半径是 r,则有 $\tau\approx r/v_s$ 可取等离子体内声速的大小,即 $v_s=\left(\frac{2kT}{M}\right)^{1/2}$,其中 M 为等离子体内离子的平均质量,对 D+T 靶,$M\approx4\times10^{-24}$ g,当其 $kT=10$ keV 时,可算出 $v_s=9\times10^7$ cm·s^{-1},由式(9.6.20)得到靶丸半径 $r=v_s\tau\geq1.1\times10^{-1}$ cm。为加热半径 $r=1.1$ mm 的靶丸球到温度 $kT=10$ keV,所需要的能量

$$E_{in}=\frac{4}{3}\pi r^3\times\frac{3}{2}nkT\approx1.3\times10^6 \text{ J} \tag{9.6.29}$$

考虑到维持时间 τ 为 1.2 ns,则对于激光或相对论电子束所需功率为 1.1×10^{15} W。为使惯性约束的可控热核聚变实现点火,在建造高效率、高功率激光器或在多束相对论电子束的高度精确聚焦方面还有待进一步努力。

　　值得指出,上面讨论的是涉及如何实现可控热核聚变的点火条件的问题。即使实现了点火条件,为了实现可控热核聚变装置的商业运行,仍然还有许多困难问题有待解决。例如聚变装置第一容器器壁抗中子辐照损伤的问题。目前研究较多的热核反应,无论 D+D 还是 T+D,反应过程都有较多注量率的中子产生,对容器壁的损伤是相当严重的。

习　　题

　　1.试估算在贮存的 1 000 kg 天然铀中,每年由于自发裂变有多少 ^{235}U 和 ^{238}U 损失掉？通过 α 衰变的损失又有多少？

　　2.在 ^{235}U(n,f)反应中,碎片共放出两个中子,又经 β 衰变后成为次级碎片 ^{95}Mo 和 ^{139}La。计算这一过程释放的总裂变能。

　　3.试估算下列反应的裂变阈能: ^{232}Th(n,f), ^{240}Pu(n,f)和 ^{237}Np(n,f)。

　　4.已知 ^{240}Pu, ^{232}Pa 和 ^{238}Np 的裂变势垒高度分别为 5.9 MeV,6.3 MeV 和 6.0 MeV,试计算下列核由热中子诱发裂变的裂变阈能:(1) ^{239}Pu;(2) ^{231}Pa;(3) ^{237}Np。

　　5.试导出小形变下椭球表面积的近似表达式(9.3.8)。

　　6.试计算下列核素的可裂变参量: ^{210}Po, ^{235}U, ^{238}U, ^{240}Pu, ^{242}Am, ^{252}Cf 和 ^{254}Fm。

　　7.已知氘在氢元素中的丰度是 1/6 000,试计算将 1 L 水中氘提取出来产生核聚变所能放出的能量。

参 考 文 献

[1] 褚圣麟.原子核物理学导论[M].北京:高等教育出版社,1987.

[2] 卢希庭.原子核物理[M].北京:原子能出版社,1981.

[3] 杨福家.原子物理学[M].2 版.北京:高等教育出版社,1990.

[4] 王炎森,史福庭.原子核物理学[M].北京:原子能出版社,1998.

[5] 杨福家,王炎森,陆福全.原子核物理[M].上海:复旦大学出版社,1993.

[6] 徐四大.核物理学[M].北京:清华大学出版社,1992.

[7] 曾谨言.量子力学[M].北京:科学出版社,1989.

[8] R 范德博许,J R 休伊曾加.原子核裂变[M].北京:原子能出版社,1980.

[9] 颜一鸣,等.原子核物理学[M].北京:原子能出版社,1990.

[10] 高崇寿,曾谨言.粒子物理与核物理讲座[M].北京:高等教育出版社,1990.

[11] 胡济民,等.原子核理论[M].北京:原子能出版社,1987.

[12] 廖继志.近代原子核模型[M].成都:四川大学出版社,1990.

[13] 刘圣康.中子物理[M].北京:原子能出版社,1986.

[14] 夏元复,倪新伯,彭郁卿.实验核物理应用方法[M].北京:科学出版社,1989.

[15] 杨福家,赵国庆.离子束分析[M].上海:复旦大学出版社,1985.

[16] 吴茂良.应用核物理[M].成都:四川大学出版社,1989.

[17] 郭奕玲,林木欣,沈慧君.近代物理发展中的著名实验[M].长沙:湖南教育出版社,1990.

[18] V F 韦斯科夫.二十世纪物理学[M].北京:科学出版社,1979.

[19] 国家自然科学基金委员会.核技术[M].北京:科学出版社,1991.

[20] 丁大钊,陈永寿,张焕乔.原子核物理进展[M].上海:上海科学技术出版社,1997.

[21] E Segre.核与粒子[M].沈子威,等,译.北京:科学出版社,1984.

[22] Krane K S. Introductory Nuclear Physics[M]. New York:John Wiley & Sons, Inc. ,1987.

[23] Valentin L. Subatomic physics:Nuclei and Particles[M]. Amsterdam:North - Holland,1981.

[24] 汉斯·费朗费尔德,欧内斯特 M 亨利.亚原子物理学[M].北京:原子能出版社,1981.

[25] Nuclear Physics, Nuclear Physics Panel, Physics Survey Committee, et al. Physics Through The 1990s[M]. Washington D C:National Academy Press,1986.

[26] Cohen B L. Concepts of Nuclear Physics[M]. New York:McGraw - Hill,1971.

[27] de - Shelit,Feshbach H. Theoritical Nuclear Physics,VolI,Nuclear Structure[M]. New York:John - Wiley and Sons,Inc. ,1974.

［28］　玻尔 A,莫特逊 B R.原子核结构［M］.北京:科学出版社,1982.

［29］　Mayer M G, Jensen J H D. Elementary Theory of Nuclear Shell Structure[M]. New York:John-Wiley and Sons Int. ,1955.

［30］　Siegbahn K. Alpha -, Beta - and Gamma - Ray Spectroscopy［M］. Amsterdam: North - Holland,1965.

［31］　Hodgson P E. Nuclear Reactions and Nuclear Structure[M]. Oxford:Clarendon Press, 1971.